农业部武陵山区定点扶贫县农业特色产业

技术指导丛书——咸丰篇

农业部科技发展中心
恩施州农科院　编著
湘西州农科院

中国农业科学技术出版社

图书在版编目（CIP）数据

农业部武陵山区定点扶贫县农业特色产业技术指导丛书．咸丰篇／农业部科技发展中心，恩施州农科院，湘西州农科院编著．—北京：中国农业科学技术出版社，2017.10

ISBN 978-7-5116-3131-2

Ⅰ.①农… Ⅱ.①农… ②恩… ③湘… Ⅲ.①农业技术-丛书 Ⅳ.①S-51

中国版本图书馆 CIP 数据核字（2017）第 145898 号

责任编辑 张志花
责任校对 李向荣

出 版 者 中国农业科学技术出版社
北京市中关村南大街 12 号　邮编：100081
电　　话 (010)82106636(编辑室)　(010)82109702(发行部)
(010)82109709(读者服务部)
传　　真 (010)82106631
网　　址 http://www.castp.cn
经 销 者 全国各地新华书店
印 刷 者 北京富泰印刷有限责任公司
开　　本 880mm×1 230mm　1/32
印　　张 13.125
字　　数 405 千字
版　　次 2017 年 10 月第 1 版　2017 年 10 月第 1 次印刷
定　　价 38.00 元

编 委 会

前　言

根据农业部计划司统一安排，按照《农业部定点扶贫地区帮扶规划（2016—2020 年）》，农业部科技发展中心与湖北省恩施州（恩施土家族苗族自治州，全书简称恩施州）农业科学院、湖南省湘西州（湘西土家族苗族自治州，全书简称湘西州）农业科学院联合编写了《农业部武陵山区定点扶贫县农业特色产业技术指导丛书》，对 2016—2020 年农业部定点扶贫地区的 4 县（恩施州咸丰县、来凤县和湘西州龙山县、永顺县）的重点和特色产业进行科普解读。恩施州农业科学院、湘西州农业科学院组织马铃薯、茶叶、红衣米花生、食用菌、猕猴桃、黑猪、草食畜、甘薯、藤茶、生姜、百合、柑橘、高山蔬菜等方面的专家和 4 县的农业局、畜牧局及农业技术推广部门 30 多人参加了编写工作，在编写过程中我们深入 4 县进行了产业调研，结合每个县的产业发展状况，以特色作物的起源与分布、产业发展概况、主要栽培品种及新育成品种、栽培技术、主要病虫害防治技术、产业发展现状为主要内容，力求图文并茂，既着眼当前，又考虑长远，兼具科普性、可读性和可操作性，达到助力精准扶贫、科技扶贫、精准脱贫的目的。

感谢农业部驻武陵山区扶贫联络组，恩施州、湘西州两地州委、州政府，州委农业办公室，州农业局，州畜牧局等各有关部门对丛书编写工作给予的大力支持和配合。

感谢所有关注丛书编写、关注扶贫攻坚工作的领导、专家和同志们！现在这套丛书已经完成，这是我们对农业部定点扶贫工作所尽的绵薄之力，希望能够对4县乃至武陵山区的特色产业发展起到科学普及、指导、引领作用，助推精准脱贫奔小康。

由于时间紧，调研时间短，丛书难免有不足和错漏之处，敬请读者批评指正。

编委会

2017年2月

目　　录

产业规划与布局

茶叶产业

香菇产业

猕猴桃产业

黑猪产业

红衣米花生产业

马铃薯产业

甘薯产业

黄牛产业

山羊产业

产业规划与布局

一、产业选择

咸丰县选择茶、蔬菜（食用菌）、猕猴桃、黑猪、草食畜、红衣米花生、薯类作为当地扶贫重点产业。从资源禀赋来看，咸丰县地形以山区为主，平均海拔 800m，气候以亚热带温润性季风气候和南温带季风气候为主，雨热同期，平均降水量 1 460 mm，自然条件适宜茶叶、高山蔬菜、薯类种植；境内拥有草场面积 5.5 万亩*，饲草料资源丰富，适宜发展草食畜产业；咸丰县还拥有红衣米花生等独有的品种资源。从产业基础来看，咸丰茶、蔬菜、黑猪、薯类等产业发展具备了较好的基础，是湖北最大的乌龙茶、白茶生产基地，生猪调出大县，湖北马铃薯主产地。从市场需求来看，随着居民消费结构升级，市场对猕猴桃、红衣米花生、马铃薯、黑猪、草食畜等优质、绿色和特色农产品的需求将进一步增加。从带动作用来看，茶、蔬菜（食用菌）、猕猴桃、黑猪、草食畜、红衣米花生、薯类产业共覆盖贫困户 24 697 户，贫困人口 75 262 人。

二、产业布局

茶产业重点布局在高乐山镇龙坪、马河、老寨、沙坝、太坪沟村，黄金洞乡巴西坝、尧坪、兴隆坳、麻柳溪、黄家村，小村乡大村、田坪、土地溪、小村村，活龙坪乡活龙、晓溪、凤凰、茶林堡、海龙坪、河坎村，唐崖镇钟塘、龙潭坝、邓家沟、两河口、卷洞门，清坪镇排丰坝、泗坝、马家坪、高峰、灯笼寺村，覆盖贫困户 2 246 户，贫困人口 6 880 人。

蔬菜（食用菌）产业重点布局在高乐山镇晨光、马河、白岩、老寨、麻谷溪、头庄坝村，忠堡镇明星、黄木坨、马倌屯、庙梁子村，丁寨乡湾田、渔塘坪、曲江、渔泉口村，朝阳寺镇凉桥、曾沟、鸡鸣坝、五龙坪村，黄金洞乡金洞寺、巴西坝、白果树村，活龙坪乡二仙岩、马鞍山、板桥河、凤凰、茶林堡、河坎村，唐崖镇邓家沟、苏麻溪、彭家沟、小水坪、何家沟村，清坪镇团坝子、马家坪、团坝子、杨家庄、小河村，坪坝营镇黄泥塘、筒车坝、大溪、官田堡、新

---

* 1 亩≈667m^2，15 亩=1hm^2

场村，覆盖贫困户 4 450 户，贫困人口 13 566 人。

猕猴桃产业重点布局在高乐山镇核桃园、白岩村，坪坝营镇水车坪、中琐、梨树垭村，覆盖贫困户 888 户，贫困人口 2 934 人。

黑猪产业重点布局在高乐山镇小模、白岩、龙家界、马河、核桃园，忠堡镇明星、廖家堡、板桥、庙梁子村，丁寨乡天上坪、马家楼、沙子坝、渔泉口，朝阳寺镇长岭、水井槽、鸡鸣坝、五龙坪，黄金洞乡水杉坪、石人坪、葫芦坝、黄家村、白果树，活龙坪乡凤凰、板桥河、海龙坪、茶林堡、河坎，唐崖镇杨家营、双河、小水坪、南河、铜厂坡、何家沟、横路村，清坪镇把界、兰家沟、排丰坝、大石坝、小河，坪坝营镇杨洞、官田堡、中坝、铧厂、廖家田村，大路坝区谭家坪、掌上界、汪大海村，覆盖贫困户 7 120 户，贫困人口 21 580 人。

草食畜产业重点布局在高乐山镇老寨、白岩、龙家界、核桃园，丁寨乡马家楼、沙子坝、渔泉口、天上坪，朝阳寺镇长岭、鸡鸣坝、五龙坪村，黄金洞乡水沙坪、葫芦坝，活龙坪乡板桥河、蛮界、茶林堡、汤岩嵌、瘾疱树，唐崖镇邓家沟、小水坪、何家沟、空山岭村，清坪镇杨家庄、茅坝子、大石坝、渔塘湾，坪坝营镇大溪、真假坑、梨树垭、水车坪，大路坝区掌上界、汪大海、茅坪村，覆盖贫困户 1 850 户，贫困人口 5 850 人。

红衣米花生产业重点布局在小村乡小村、白果、大村、土地溪，清坪镇大石坝、高峰、泗坝村，活龙坪乡八家台、蛮界、河坎村，唐崖镇钟塘、龙潭坝、小水坪村，覆盖贫困户 1 623 户，贫困人口 5 202 人。

薯类产业重点布局在高乐山镇大坝、白岩、龙家界、大茅坡、核桃园，忠堡镇明星、黄木坨、庙梁子，丁寨乡天上坪、马家楼、沙子坝、渔泉口，朝阳寺镇凉桥、鸡鸣坝、五龙坪，黄金洞乡金洞寺、葫芦坝、黄家村，活龙坪乡茅坝、板桥河、凤凰、茶林堡、河坎，唐崖镇横路、小水坪、南河、何家沟，清坪镇杨家庄、把界、太坪坝、大石坝，坪坝营镇杨洞、荀家营、官田堡、中坝、廖家田，大路坝区茅坪、掌上界、汪大海，覆盖贫困户 6 520 户，贫困人口 19 250 人。

——全文摘自《农业部定点扶贫地区帮扶规划（2016—2020 年）》

茶叶产业

第一章 概 述

第一节 茶叶的来源与分布

一、茶叶的来源

中国是茶树的原产地。中华民族的祖先最早发现和利用茶叶，经过历代长期的实践，创造了丰富多彩的茶文化，传播世界，造福人类。

据考证，野生茶树最早出现于我国西南部的云贵高原、西双版纳一带，后北传巴蜀，并本土化，逐渐孕育出适宜巴蜀生长的巴蜀茶。陆羽是探讨我国茶叶起源的第一人。《茶经》中记载："其巴山峡川，有两人合抱者。"巴山峡川即今川东鄂西。茶经中又说"茶之为饮发乎神农，闻于鲁公"。有关神农氏，据考证，最早生活在川东或鄂西山区。距今已经有5 000多年的历史。而人工栽培茶树的最早文字记载始于西汉的蒙山茶，记载在《四川通志》中。

隋朝开通南北大运河，便利南茶北运和文化交流，社会上出现专用的茶字。而我国唐代茶叶发展为鼎盛时期，开元年间，北方佛教禅宗兴起，坐禅祛睡，倡导饮茶，饮茶之风由南方向北方发展。唐代以后，制茶技术日益发展，饼茶（团茶、片茶）、散茶品种日渐增多，种植、加工、贸易规模也日益加大，日益与人们的生活密切相关了。

上元至大历年间，陆羽《茶经》问世，成为我国也是世界第一部茶叶专著。宋元时期茶区继续扩大，种茶、制茶、点茶技艺精进。

明代朱元璋时期，我国茶叶生产由团饼茶为主转为散茶为主。茶类有了很大发展，在绿茶基础上，白茶、黑茶、黄茶、乌龙茶、红茶及花茶等茶类相继创造出来。明代强化茶政茶法，为巩固边防设立茶马司，专营以茶换马的茶马交易。

清朝到民国时期，海外交通发展，国际贸易兴起，茶叶成为我国主要出口商品。康熙二十三年，清朝廷开放海禁，我国饮茶文化和茶叶商品传往西方。在民国初期，创立初级茶叶专科学校，设置茶叶专修科和茶叶系，推广新法种茶、机器制茶，建立茶叶商品检验制度，制订茶叶质量检验标准。

新中国成立后，政府十分重视茶业。1949 年 11 月 23 日，专门负责茶业事务的中国茶业公司成立。自此，茶叶在生产、加工、贸易、文化等多方面蓬勃发展。

我国茶叶最早向海外传播种茶技术的是日本，公元 804 年日本僧人最澄来我国浙江学佛，回国时（805 年）携回茶籽。印度尼西亚于 1731 年从我国运入茶籽。印度第一次栽茶始于 1780 年，由东印度公司船主从广州带回茶籽种植于不丹和加尔各答植物园。斯里兰卡的华尔夫于 1867 年从我国游历回国，带回几株茶树栽于普塞拉华的咖啡园中。

二、茶叶的分布

1. 世界茶区分布

茶树自然分布在南纬 33°以北和北纬 49°以南地区，主要集中在南纬 16°至北纬 20°。目前世界上有 60 个国家引种了茶树，列入国际统计的有 34 个国家，其中分布在亚洲 12 个、非洲 13 个、欧洲 3 个、拉丁美洲 4 个、大洋洲 2 个。亚洲的茶叶产量占世界茶叶总产量的 81. 79%左右，非洲约占 15. 10%，其他 3 个洲中，除了阿根廷有一定的产量外，其他国家和地区产茶很少，约占世界比重的 3. 11%。近 10 年来，一般情况下，斯里兰卡茶叶出口量第一，中国第二，肯尼亚第三，印度第四。

2. 中国茶区分布

我国茶区辽阔，分布极为广阔，南至北纬 18°的海南岛，北至北纬 38°的山东蓬莱，西至东经 95°西藏自治区（以下简称西藏）东南部，东至东经 122°的台湾东岸。在这一广大区域中，有浙江、安徽、湖南、台湾、四川、重庆、云南、福建、湖北、江西、贵州、广东、广西壮族自治区（以下简称广西）、海南、江苏、陕西、河南、山东、甘肃等共有 21 个省（区、市）967 个县、市生产茶叶。全国分四大茶区：西南茶区、华南茶区、江南茶区、江北茶区。

（1）西南茶区。西南茶区又称“高原茶区”。位于米仑山、大巴山以南，红水河、南盘江、盈江以北，神农架、巫山、方斗山、武陵山以西，大渡河以东区域，包括黔、川、渝、滇中北、藏东南等地，是我国地形地势最为复杂的茶区，包括云南、贵州、四川、重庆等省市。本区具有立体气候的特征，年平均气温为15~19℃，年降水量为1 000~1 700 mm。该区为茶树原产地，是我国最古老的茶区，是茶叶的发源地。区内茶树品种资源丰富，茶树的种类也很多，灌木型、小乔木型、乔木型茶树一应俱全。土壤以黄壤、棕壤、赤红壤和山地红壤为主，土壤有机质含量比其他茶区更丰富。以生产绿茶、红茶和边销茶为主。

（2）华南茶区。华南茶区又称“南岭茶区”。位于大漳溪、雁石溪、梅江、连江、浔江、红水河、南盘江、无量山、保山、盈江以南区域，包括闽南、粤中南、桂南、滇南、台湾、海南等地。是我国最南茶区，包括南岭以南的广东、海南、广西、闽南和台湾等地。年平均气温为19~22℃，年降水量在1 200~2 000mm，茶年生长期10个月以上，年降水量是中国茶区之最，其中台湾雨量特别充沛，年降水量常超过2 000 mm。有乔木、小乔木、灌木等各种类型的茶树品种。茶区土壤以砖红壤为主，部分地区也有红壤和黄壤分布。该区以生产红茶、乌龙茶为主，还是生产乌龙茶、白茶、六堡茶、花茶等特种茶的重要生产基地。

（3）江南茶区。又称“中南茶区”。种植的茶树以灌木型为主，少数为小乔木型。茶区大多为低丘、低山，只有少数在千米以上的高山，如安徽的黄山，江西的庐山，浙江的天目山、雁荡山、天台山、普陀山等。这些高山，既是名山胜地，又是名茶产地，黄山毛峰、武夷岩茶、庐山云雾、天目青顶、雁荡毛峰、普陀佛茶均产于此。茶园分布于丘陵地带，土壤多为黄壤，部分为红壤。全区基本上属中亚热带季风气候，四季分明，年平均气温为15~18℃，冬季气温一般在−8℃，年降水量1 400~1 800mm。

（4）江北茶区。江北茶区又称华“中北茶区”。位于长江以北，秦岭、淮河以南，大巴山以东，山东半岛以西区域，包括甘南、陕南、鄂北、豫南、皖北、苏北、鲁东南等地。是我国最北的茶区，地处亚热带北缘，茶区年平均气温为15~16℃，冬季绝对最低气温一般为-10℃左右。年降水量较少，为800~1 100mm，且分布不匀，气温低，茶树采摘期短，尤其是冬季，会使茶树遭受寒、旱危害。种植的是灌木型中叶种和小叶种茶树，生态环境和茶树品种均适宜绿茶生产。茶区土壤多属黄棕壤或棕壤，是中国南北土壤的过渡类型。

第二节　发展茶叶产业的重要意义

我国是世界茶叶的发源地，有着悠久的种茶历史和饮茶历史。截至2016年，全国21省1 000多个县市已经发展茶园总面积4 500万亩，年产量240万t。种茶是弘扬中华茶文化的一个重要途径。

发展茶叶产业是生产健康饮品的需要。茶叶是著名的世界三大饮料之一。经分析，茶叶中含有咖啡碱、单宁、茶多酚、蛋白质、碳水化合物、游离氨基酸、叶绿素、胡萝卜素、芳香油、酶、维生素A原、维生素B、维生素C、维生素E、维生素P以及无机盐、微量元素等400多种成分。茶叶具有解渴生津、提升醒脑、利尿解毒、延年益寿、抗菌抑菌，抑制动脉硬化、降脂降血压、抗癌抗辐射等多种功效。种茶是生产健康饮品、保护人民身体健康的一个重要途径。

发展茶叶产业是企业增收、农民增效的需要。茶叶产业是一个高效、环保、富民的产业。长期发展证明，茶叶产业不仅绿色生态环保，而且产值高效，茶农平均亩产年收入可达到4 000元以上。与此同时，茶叶为目前山区最稳定的避灾农业，即使在气候恶劣的年份，也不会因为环境的影响而造成较大的影响。同时借助茶产业的发展，许多县市通过茶旅融合，带动了茶叶和旅游业的双丰收。

第三节　茶叶产业的发展概况

咸丰县是恩施州五大重点产茶县市之一。茶叶是咸丰县的重点支柱产业，茶叶收入占咸丰县农业总收入的一半左右。有湖北省“乌龙茶第一县”荣誉称号的咸丰县，2016年首次被中国茶叶流通协会列为“全国重点产茶县”。目前政府也在着力打造“湖北省白茶第一县”。

2016年咸丰县发展茶园面积18.57万亩，其中采摘面积13.5万亩，无性系茶园面积 14.4 万亩，无公害认证面积 10.2 万亩。2016 年干毛茶总产量 8 530 万 t，总产值 100 680 万元，其中名优茶总产量 3 306 万 t，总产值 30 096.8 万元。主要产品为红茶、绿茶、乌龙茶、黑茶，另有少量藤茶，其中绿茶产量 3 600 t，总产值 43 000 万元；红茶产量 3 500 t，总产值 32 800 万元；乌龙茶产量 500t，总产值 13 000 万元；黑茶产量 930t，总产值 18 600 万元。

咸丰县八个乡镇都产茶，主要品种有槠叶齐、福鼎大白、福云六号、龙井 43、安吉白茶、金萱、金观音、铁观音、白牙奇兰、青心乌龙等十多个品种。其中槠叶齐、福鼎大白、金观音为咸丰县主栽品种，槠叶齐面积约 7 万亩，福鼎大白面积约 3 万亩，金观音面积约 2 万亩。另外，龙井 43 面积约 1 万亩，安吉白茶面积约 1 万亩。近几年主要引进浙农 117、乌牛早、中茶 108、名山白毫等。

咸丰县有加工企业 85 家，其中规模企业 11 家，QS 认证企业 11 家，通过 ISO 质量体系认证 10 家，有出口权的企业 9 家，其中 3 家企业有直接出口权。区域公用品牌为“咸丰帝茶”，2016 年“唐崖土司城”申遗成功，咸丰县集中力量，重点恢复“唐崖土司茶”区域品牌。目前咸丰县重点品牌为“硒源山”，获湖北省著名商标。

第二章　茶树的形态特征及生长环境

第一节　茶树的形态特征

茶树植株是由根、茎、叶、花、果和种子等器官构成。根、茎和叶是营养器官；花、果和种子为生殖器官。根系称为地下部分，其他则称为地上部分，亦称为树冠。根颈是地上下部的交接处，它是茶树各器官中比较活跃的部分。

茶树的外部形态受生态环境条件的影响，在系统发育过程中会发生变异，但其种性遗传、形态特征及其解剖结构等仍具共同之处。茶树的各个器官是有机的统一整体，彼此之间密切联系，互相依存。

一、根

茶树的根为轴状根系，由主根、侧根、细根、根毛组成（图 2–1）。

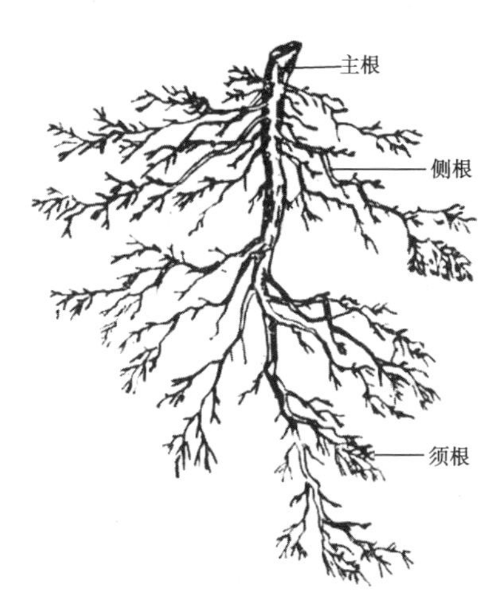

图 2–1　茶树根系结构

主根，又称初生根，由种子胚根发育而成的，它垂直向下生长，一般深入 1m 以上。无性系品种一般无主根。

侧根，又称次生根，从主根上分枝，着生于主根上的统称侧根。

细根，又称吸收根，从生于侧根周围的细小根，乳白色的质体脆弱的根。

根毛，根伸长期最前沿的毛状体，在细根表面形成密生的根毛区。

茶树的主侧根呈红棕色，寿命长，起固定、贮藏和输导作用。细根和根毛，寿命短，处在不断的衰亡更新之中，是根系吸收水分和无机盐的主要部分。根系在土壤中的形态与分布，受土壤条件、品种、树龄而有显著的差异。根系的生育随年龄而增长，青壮年茶树比幼年或老年茶树分布深和广。一般一年生茶树主根长 20cm，二年生则深达 40cm，水平分布 30cm，三年生深达 55cm，水平达 60cm，垂直且出现两层，四年生深达 70cm，水平达 60cm。

二、茎

茎是联系茶树根与叶、花、果，输送水、无机盐和有机养料的轴状结构。主要包括主干、分枝和当年新枝。它是构成树冠的主体。

茶树的分枝习性有两种形成，即单轴分枝与合轴分枝。按照分枝习性不同，通常把茶树分为乔木型、半乔木（小乔木）型、灌木型 3 种（图 2-2）。

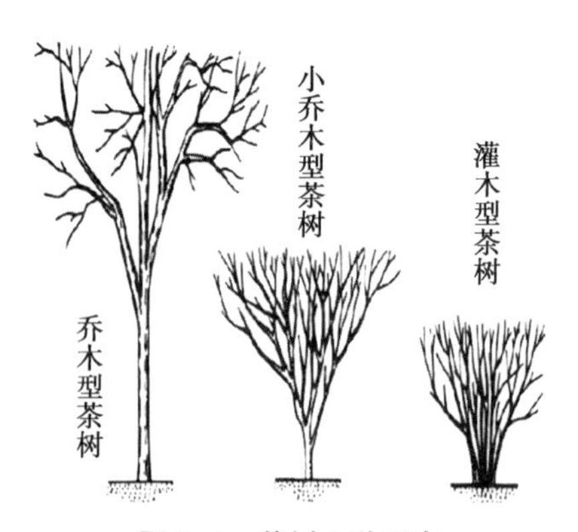

图 2-2　茶树 3 种形态

乔木型：植株高大，有明显的主干。小乔木型：植株中等，基部主茎明显，分枝部位离地较近。灌木型：植株矮小，无明显的主干，分枝部位近地面或从根颈处发出。

树冠是茶树主干以上的全部枝、叶的总称。主茎是由胚芽发育而成的茎。枝条是由叶芽发育而成，初期未木质化的枝条称为新梢。

自然生长的茶树，主枝生长明显，侧枝生长受抑，分枝粗细悬殊，每年生长轮次又少，无法形成整齐密集的采摘面。

根据分枝部位不同，从下至上分为主干枝、骨干枝和生产枝。从主干枝上发生的为一级骨干枝，从一级骨干枝上发生的为二级骨干枝……以此类推。

三、芽

芽是指茶树系统发育过程中产生叶、枝条、花的原始体，是茶树系统发育过程中新梢与花的雏体。发育为枝条的芽称为叶芽或营养芽，发育为花的芽称花芽（图 2-3）。

图 2-3　茶芽

茶树枝干上的芽按其着生的位置，分为定芽和不定芽。茶树的根、根颈和茎上都可以产生不定芽，这部分芽的萌发是茶树更新复壮的基础。

根据芽的生理状态，分越冬芽（或休眠芽）、活动芽和休止芽。根据芽的性质，可分叶芽和花芽。叶芽展开后形成的枝叶称新梢。根据新梢展叶多少，分一芽一叶梢、一芽二叶梢……新梢顶芽成休止状的称驻梢，称为“对夹叶”。

茶芽的再生能力——当茶树失去某些部分后，如果环境条件适合，植物体便能恢复其失去部分，直至形成一个新个体的能力。在一定程度上，采掉一批芽能萌发下一批嫩芽，依其特性，采去一个顶芽有更多的芽形成。

四、叶

茶树叶片的可塑性最大，易受各种因素的影响，但就同一品种而言，叶片的形态特征还是比较一致的。因此，在生产上，叶片大小、叶片色泽，以及叶片着生角度等，可作为鉴别品种和确定栽培技术的重要依据之一。

茶树属于不完全叶，有叶柄和叶片，但没有托叶。茶树叶片可分为鳞片、鱼叶和真叶。

鳞片：也称芽鳞，包在茶芽外面的鳞状变态叶。质体比较坚硬，无叶柄，黄绿色或褐色，外表有茸毛和蜡质，有保护幼芽和减少蒸腾失水等作用。越冬芽通常有3~5个鳞片，当芽体膨大开展，鳞片就会很快脱落。

鱼叶：是新梢上抽出的第一片叶子，也称“胎叶”，由于其发育不完全，形如鱼鳞，并因此而得名。一般每梢基部有1片鱼叶，也有多至2~3片或无鱼叶的。

真叶：发育完全的叶片，茶树叶片一般指真叶而言（图2-4）。真叶的大小、色泽、厚度和形态各不相同，并因品种、季节、树龄、生态条件及农业技术措施等不同而有很大差别。叶片形状有椭圆形、卵形、长椭圆形、披针形、倒卵形、圆形等。其中，以椭圆形和卵形居多。

茶树叶片大小变异很大，叶短的为5cm，长的可达20cm。叶片上的茸毛是茶树叶片形态的又一特征。茸毛多是鲜叶细嫩、品质优良的标志。但茸毛多少与品种、季节和生态环境有关。在同一梢上，茸毛的分布以芽上最多，且密而长，其次为幼叶，再次为嫩叶；随着叶片成熟，茸毛渐稀短而逐渐脱落，一般至第四叶叶片上虽留有痕迹，但已无茸毛可见。

图 2-4　茶叶不同形态

五、花、果实、种子

茶树的花芽由当年生新梢上叶芽基部两侧的数个花原基分化而成。茶花为两性花，微有芳香，色白，少数呈淡黄或粉红色。花的大小不一，大的直径 5~5. 5cm，小的直径 2~2. 5cm。花由花托、花萼、花瓣、雄蕊、雌蕊 5 个部分组成，故属完全花（图 2-5）。

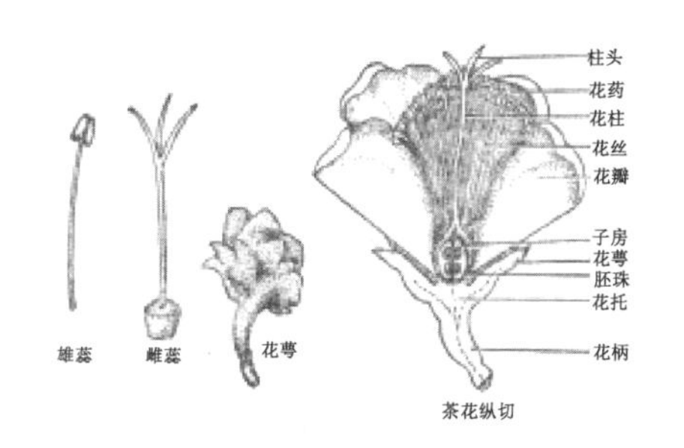

图 2-5　茶花的形态结构

由茶花受精至果实成熟，约需 16 个月，在期间，同时进行着花与果形成的过程，这种“带子怀胎”也是茶树的特征之一。

茶树果实属于蒴果，果实通常有五室果、四室果、三室果、双室果和单室果等，它是山茶科植物的特征之一。果实的大小因品种而不同，直径一般 3~7cm。果实的形状呈圆形、近长椭圆形、近三角形、近方形、近梅花形。幼果为绿色，成熟后呈现绿色、紫红色、杂班色等（图 2-6）。

种子大多数为棕褐色或黑褐色。茶子的形状有近圆形、半球形、肾形 3 种，其中以近球形居多，半球形次之，肾形制在西南地区少数品种发现（图 2-7）。

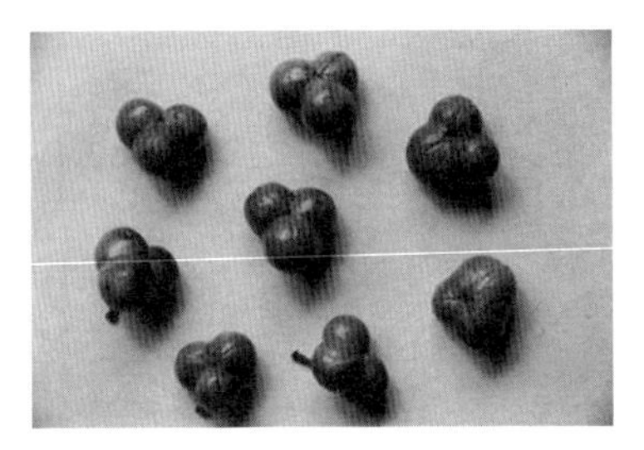

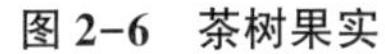
图 2-6　茶树果实

图 2-7　茶树种子

第二节　茶树的生长环境

茶树原产于我国西南部湿润多雨的原始森林中，在长期的生长发育进化过程中，茶树形成了喜温、喜湿、耐阴的生活习性。凡是在气候温和、雨量充沛、湿度较大、光照适中、土壤肥沃的地方采制的茶叶，品质都比较好。

一、土壤条件

1. 土质

茶叶喜酸，种茶土壤要求呈酸性或微酸性，即 pH 值 4.5~6.5 为宜。含石灰质的碱性土壤不能选用。

2. 土层厚度

要求土层（表、心、底 3 层相加）厚度在 1m 以上，表土层越厚，土壤越肥。

3. 土壤肥力

要求土壤富含有机质，并且通透性良好的壤土和砂壤土，有机质含量在 1.5%及以上的砂质壤土、红壤、砖红壤或黄壤、紫色土均可。

二、气候条件

茶树生长要求是湿润气候，雨量充沛、多云雾、少日照。

1. 温度

茶树生长最适宜的温度在 18~25℃，低于 5℃时，茶树停止生长，高于 40℃时容易死亡。要求年平均气温 15℃以上，年活动积温 5 000~6 000℃·d。

2. 降水量及空气湿度

茶树性喜潮湿，需要多量而均匀的雨水，湿度太低，或雨量少于 1 500 mm，都不适合茶树生长。要求年平均降水量 1 000~2 000mm，月平均降水量 100mm，空气相对湿度 70%~90%。

3. 光照

茶树生长要求的光照以漫射光和散射光为好，雾日多的地块最适宜茶树生长。而山地阳坡有树木荫蔽的茶园，其茶叶品质最佳。

三、海拔及地形条件

海拔高低决定茶叶的好坏。所谓高山云雾出好茶，主要是因为云雾笼罩、湿度足够且气压低、日照长，使得茶芽柔嫩，芬芳物质增多，因此醇而不苦涩。另外紫外光照射多，对茶叶水色及出芽影响极大。但海拔太高茶园容易受冻，一般海拔高度应在 1 200 m 以下，茶地要选择坡度在 30°以下的山坡或丘陵地。坡向宜选择北面坡或东面坡（图 2-8）。

图 2-8　高山云雾茶园

四、水源条件

茶树喜水又怕水，平地种茶要求地下水位在 1m 以下。土壤含水量在 60%~70%，茶地选择靠河流、水塘，以利于引水抗旱和方便施肥、施药。

五、有害物质污染源

茶叶生产基地，必须远离有害物质污染源的地块。避免因大气、水和土壤污染带来有害物质超标的问题。

第三章 茶树的繁殖技术

茶树短穗扦插育苗技术是无性繁殖方法之一。是利用茶树植株营养器官的一部分，插入湿润疏松的红黄壤的苗圃里，形成新的完整的植株。扦插繁殖培育出的茶苗表现与母株相似的遗传性，在相同的环境条件下，能保持母株的性状和特性。咸丰县在茶产业发展过程中，也先后应用该技术繁育无性系茶苗，支撑全县产业发展，目前每年发展面积600多亩，培育无性系茶苗1.5亿多株。

第一节 母穗园的选择与培育

一、母穗园的选择与修剪

母穗园是专门用于培育扦插枝条的茶园。建立专用母穗园，是保证插穗质量和数量的重要措施。母穗质量不仅关系到扦插成活率，而且还影响苗木的长势，因此，应选择穗条产量多的青壮年无性系良种茶树作为母本。一般是在春茶采收后适度水平修剪茶树蓬面，剪除病虫枝、细枝等，增强树冠通风透光性，使得养分集中与新梢生长。

二、母穗园的肥培管理

在养穗前一年的秋季要施入足够的基肥，肥料种类及数量为：饼肥200~250kg，或厩肥2 000~2 500kg，另加硫酸钾20~30kg、过磷酸钙30~40kg，拌和后施入。另外要进行追肥，每亩用15kg纯氮，分2次施用，第一次在春茶前，施用总量的60%；第二次在剪取插穗后，施用剩余的40%。如果采完春茶后再修剪养穗，则在修剪后要立即追施1次氮肥。

三、病虫害防治

枝条培育阶段时刻注意病虫害的预防，尤其是在剪取枝条前一个星期根据情况喷药防治。

四、分期打顶

符合新梢要求的先打顶，将每个枝梢的顶端摘去一芽一叶或对夹叶，以茎的基部开始变红为适宜期。在扦插前20d左右打顶芽，促进芽萌发及梗、叶成熟。当枝条大部分变红或黄绿色，即可剪下枝条作插穗用。

第二节　苗圃地的选择与前处理

一、选地

选择低纬度、低海拔、气候热量丰富、昼夜温差较大的气候育苗，要求苗圃所在地年降水量在1 100 mm以上，且无明显冻害，交通方便、水源方便的地方。

二、土壤条件

土质肥沃、土层深厚、结构疏松、透气性良好的壤土，且地势平坦、地下水位低，土层厚度在60cm以上，土层内有机质含量在1.5%以上。土壤pH值在4.5~5.5。

三、苗圃地规划

根据地形，建好主干道，道宽1.5~2.0m。同时建好若干支干道，道宽0.6~0.8m。主干道和支干道连成道路网，将苗圃地分成若干小块。主干道和支干道旁边都设立排水沟，每小块苗圃地中间根据排水情况另设2~3条排水沟。苗圃地长度为20m左右，宽度不等，畦沟宽0.3m，畦面宽1.2m。第一次全面深耕40cm，有积水的地方需及时排水。第二次复耕后即可做苗床，做到土块碎，无树根、石块、草根等杂物，表面土块整细、整平。苗圃地中间以沟代替步行道。

四、苗圃地整理

根据地势，以有利于排水的方向做畦，土地平整后，按照苗畦和畦沟的规格实地定好。整理好苗畦后，及时喷施育苗剂、病虫害预防药物。

五、搭遮阴棚

分矮棚和高棚两种方式。矮棚用竹块做棚架，竹块长2.0m，宽25cm，拱架间隔50cm，架高50cm。冬季下雪较少的地方也可搭建高棚遮阴，采用水泥杆、铁丝做支架。遮阴材料均为遮阴网（图3-1、图3-2）。

图 3-1　矮棚遮阴

图 3-2　高棚遮阴

第三节　剪穗与插穗

一、剪穗

剪枝时留一片大叶或鱼叶，一芽一叶长 3～4cm，母穗一叶，具生长芽 1 个，剪口平滑，上口离芽基 0.2～0.3cm，剪时切勿伤芽。

二、插穗

扦插时期选择在 9—11 月，苗畦行距 8～12cm，后行叶尖近于前行穗干，株距 2～3cm，叶片互不遮盖。亩扦插茶苗 25 万～30 万株，扦插前 3～4h 先在苗畦上洒水，待水分下渗，土壤呈湿而不黏的松软状态下开始扦插。扦插前按行距的要求先划行后插穗，深度以插到叶柄基部为宜。每插完一行将插穗两旁的土壤压紧，使插穗与土壤紧密接触，当插完一定面积后及时洒水遮阴（图 3-3）。

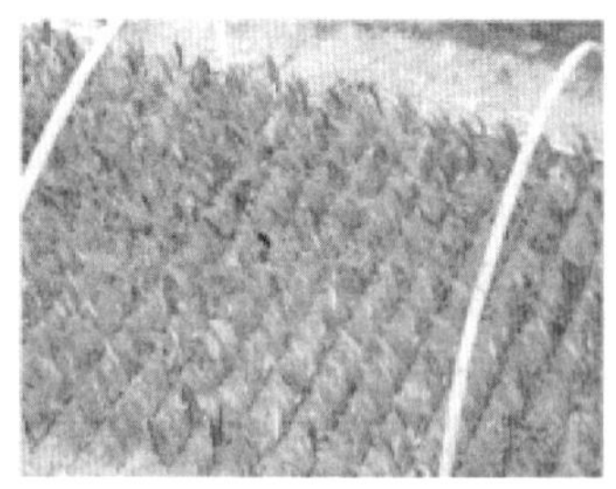

图 3-3　插穗

第四节　苗圃管理

一、管理

适时除草，及时防治病虫害，防止人畜践踏。

二、遮阴

遮光度为70%左右，茶苗生根到地上部分达1芽5叶左右，选择阴天揭掉遮阳网。当棚内温度达30℃以上时，应立即揭开棚的两端，让其通风，使茶苗继续生长。冬季及早春（3月中旬前）可加盖塑料薄膜保温，使水分保留在畦内，满足茶苗所需水分，有利于茶苗生长。

三、浇水

在扦插后5~10d内，浇水湿度适当偏高。晴天每日淋水1次，苗圃土壤含水量80%~90%，阴天可几天1次，前30d土壤含水量保持在80%左右。揭棚后水肥合理搭配，满足茶苗所需水肥，雨后积水应及时排出。

四、追肥

分叶面施肥和根部施肥两种。叶面施肥在茶苗扦插满1个月后进行，采用0.5%~1%的磷酸二氢钾每15d喷施1次，掌握先淡后浓。根部施肥一般在6月后茶苗长出新根后进行，选择阴雨天之前进行，每15d 1次，采用尿素，化水后均匀喷施，亩用量2~4kg，掌握先淡后浓。

五、防旱防寒

冬季土壤水分蒸发少，一般不会出现旱情，但有时也会出现冬旱，从而加剧寒害。夏季高温容易造成旱害，注意及时浇水或灌水抗旱。

第四章　茶树的栽培技术

20 世纪 90 年代前，咸丰县主要推广籽播建园技术和速生密植矮化栽培技术，1990 年后咸丰县按照标准茶园创建技术，选用无性系良种，选择在全县宜茶区进行茶园标准化建设。先后发展茶园面积 18 万多亩。

第一节　园地选择

根据茶树的生长习性，选择在宜茶区进行种植。要求年平均气温 15℃以上，年平均降水量 1 000 mm 以上，雾日较多；海拔高度应在 1 200 m 以下，700~800m 最佳；坡度在 30°以下的山坡或丘陵地；壤土、砂壤土或紫色土，呈酸性或微酸性，土层深厚，有机质丰富；水源方便、交通便利，远离有害物质污染源的区域。

第二节　茶园规划

本着平地和缓坡地宜大，丘陵地宜小的原则，以道路、林段、自然河流、水沟、分水岭为界线，将环境条件基本一致和种植同一品种集中连片的 50~100 亩茶园规划为一个种植区。

一、种植带的规划

1. 坡度在 15°以下的缓坡地茶园

实行环山等高开挖种植沟，以后结合茶园田间管理，在行间修筑采茶步道（图 4-1）。

2. 坡度在 15°~30°的地块

实行等高水平梯地建园，行与行的坡面距离为 2~3m，开梯后梯面宽度在 1. 8~2m，植茶沟距梯内壁 40~60cm，并设置内沟外埂，梯面外高内低，成 3°~5°内倾斜，梯壁呈 60°~70°倾斜。

3. 平面茶园

实行等距开挖种植沟种植，行距 1. 5~1. 8m（图 4-2）。

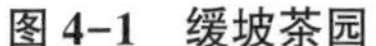

图 4-1　缓坡茶园

图 4-2　咸丰县高乐山平地茶园

二、道路网的规划

1. 主干道

基地或加工厂连接外公路的道路，宽度 6m（图 4-3）。

2. 支道

连接主道与步道的道路，是运送肥料、鲜叶的道路，宽 4m，可单行一辆货车。

3. 步道

从支道向各茶地块运送肥料、鲜叶的通道，宽 1m，能通人力车、三轮车。也可以说是茶地块之间的间隔道路（图 4-4）。

图 4-3　茶园主干道

图 4-4　茶园步道

三、排灌系统的规划

1. 纵沟（也称主沟）

指汇集和排出横沟、截洪沟、梯面内沟之间的渠道。平地茶园设在道路两旁，坡地茶园应充分利用自然纵沟或顺山坡开设，沟宽 60cm，深 40cm。坡地茶园每隔 5～10 行茶带挖一个沉泥坑，以便沉积泥沙和蓄水（图 4-5）。

图 4-5　茶园纵沟

2. 横沟（也称支沟）

间隔 5~10 行茶带开设一条横沟与纵沟垂直相接，与茶行平行设置，沟宽 50cm，深 40cm。

3. 截洪沟

为防洪蓄水而开设在茶行最顶的一条横沟，沟宽 70cm，深 50cm。

4. 梯面内沟

在梯地内壁开设与纵沟连接的小沟，沟深和宽各 20cm。

此外，还应建立抽水、引水和蓄水系统，修建园内蓄水池和肥水池，蓄水池平均每亩茶园需建 15m^3，肥水池平均每亩茶园需建 5m^3。

第三节　茶园的开垦

一、平地、缓坡地开垦

1. 清洁茶地

茶园开垦时，先将园地内的灌木丛、树头、树根、碎石、杂草、树枝等清除，将其燃烧。

2. 深耕改土

对土壤进行深耕，土质疏松的可浅些，土质浅薄结实的应深耕 60cm 以上。对于从未深耕的生荒地，应分别初耕和复耕，初耕 60cm，复耕可浅些 30cm 左右（图 4-6）。

二、陡坡地开垦

修筑水平梯台，减少冲刷，起到保水、保土作用，同时有利于机

图 4-6　茶园机械开垦

械操作和水利灌溉。

梯面等高水平，尽可能做到等高等宽，外埂内沟，梯梯接路，沟沟相通，梯层高度不宜超过 1.8m。

第四节　茶树的种植

一、品种选择

选择适宜本区域生态气候条件的，具有抗病、适制、制优率高等特性的茶树良种。注意品种搭配，选最优 1~2 个品种做基本品种，以早、中品种为宜。

二、种植规格

可实施两种种植模式，双行单株种植或单行单株种植。双行单株种植，大行距 1.5m，小行距 30~35cm，株距 30~35cm。单行单株种植，大行距 1.5m，株距 20~25cm。咸丰县目前主要推广单行单株种植方法（图 4-7、图 4-8）。

三、种植时间

定植茶苗要求选择在阴雨天。定植的茶苗，以地上部分处于休眠状态为适宜。出圃茶园苗时，如遇有正在伸长嫩梢的茶苗，应将嫩梢部分剪去再起苗。最佳的定植一般在 10—12 月，或者早春 2—3 月，如果水源条件好，定植后可以随时浇水。

图 4-7　麻柳溪单行条栽茶园

图 4-8　唐崖镇单行条栽茶园

四、种植方法

1. 出圃茶苗管理

出圃后的茶苗，在定植前不得置于强阳光下，否则会失水干死。如放置或运输时间过长，应经常保持通风，并浇水保持湿润状态。在运输或放置过程中，不得长时间堆压，以免发热红变。

2. 泥浆蘸根

茶苗出圃后在茶苗地旁，用清洁的红壤土或黄壤土搅拌成泥浆，然后将茶苗根部充分蘸匀泥浆，再用薄膜包扎根部后装运。

3. 机械起垄

先用桩绳定好种植行，应用珍珠岩等物质划好线，然后采用起垄机起好垄，覆盖薄膜或不覆盖薄膜均可。之后用小铲锄开挖 10～15cm 深的种植沟，注意每个种植行必须在同一方向开挖，确保大小行距不变（图 4-9）。

图 4-9　茶园机械起垄

4. 茶苗定植

采用沟植法。茶苗栽入沟中，左手垂直持苗于沟中，使根系保持舒展状态，右手覆土埋去根的一小半，后稍将茶苗向上提动一下，使根系舒展，以右手按压四周土壤，使下部根土紧接。然后埋土填平沟中，至原来苗期根系土壤位置，适当镇压茶树周围土壤（图 4-10）。

图 4-10　茶苗定植

5. 浇定根水

在雨天定植茶苗，可以不浇定根水。若在晴天定植，应在早上或傍晚阳光较弱时及时浇足定根水。浇定根水后可在茶苗根部周围覆盖一层杂草，以保持土壤湿度。

6. 定型修剪

在茶园出圃前或定植后，须按定型修剪的要求剪除主枝上部，留下 15~20cm（或 3~5 片叶）高度，保留分枝。这样做可以减少叶片水分蒸腾，保证茶苗成活。整个茶苗定植过程，就是围绕保“水”而采取一系列的保水措施，可以说，保水就是保苗。

第五节　幼年茶园的管理

一、浇水抗旱

茶苗定植后第一年内，水源条件好的地块，要经常浇水保苗，可避免茶苗干旱而枯死。一般在气温高于 30℃，连续晴 7d 以上，就需要抗旱保苗了。

二、地面覆盖

在茶苗根部周围，用稻草、秸秆、谷壳或薄膜等将种植部分覆盖，可起到保水保温的作用。1~2 年生茶园实行稻草覆盖，可保湿增肥，提高茶苗成活率和增强生长势，提前投产（图 4-11、图 4-12）。

图 4-11　茶园覆盖（谷壳）

图 4-12　茶园覆盖（稻草）

三、清除杂草

一是耕锄次数和时间。耕锄次数一年 4~5 次，一般在每次施肥时进行。二是耕锄除草方法。采用人工除草或者割灌机除草，忌药剂除草，除草时应尽量避免松动茶苗根部土壤，并在茶苗附近适当培土，提高抗旱效果，高温季节一般不提倡用挖锄除草。

四、茶园间作

茶园间作是指在同一茶园内，以茶为主，利用茶树行间空隙种植一种或一种以上其他作物的种植方式。包括茶树与农作物间作、茶果间作、茶胶间作。其中茶园间作的农作物中，以豆科绿肥和豆科油料作物为主。一亩豆科作物，一般能固定 5kg 左右纯氮，绿肥又含有较高的有机质，能改善土壤理化性状（图 4-13、图 4-14）。

五、补苗

在定植后 1~2 年内用同品种茶苗将缺苗补齐。

六、树冠培育

幼龄茶园（1~3 年）一般需 3 次定型修剪。第一次在茶苗栽后

图 4-13　茶园间作蔬菜

图 4-14　茶园间作黄豆

第一年年底进行，当苗高达 30cm 时，有 1~2 个分支，离地 15~20cm 剪去主枝，侧枝不剪。第二次在栽后第二年年底进行，当苗高达 50cm 时，剪口高度 30~40cm。第三次在栽后第三年年底进行，当苗高达 70cm 时，剪口高度 45~50cm。前两次用整枝剪，第三次用水平剪。经过 3 次定型修剪后茶树就进入丰产期，第四次可采取弧形修剪了（图 4-15）。

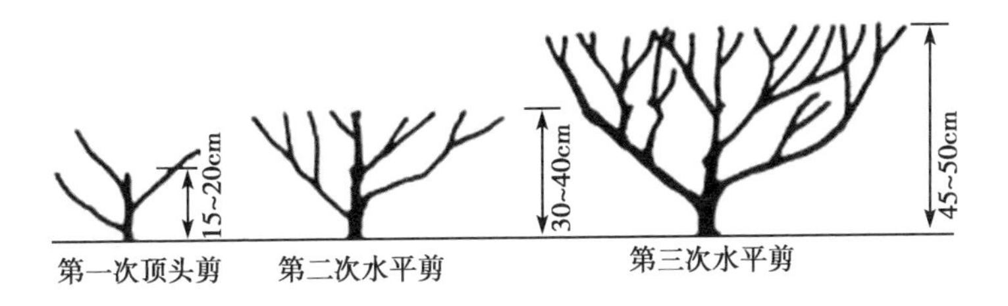

图 4-15　幼龄茶园 3 次定型修剪

七、茶园施肥

1. 幼龄茶树的施肥原则

幼龄茶树施肥，应以有机农家肥和茶叶专用肥为主，少量多次，多元复合，逐年增加。

2. 施肥时期及数量

立春前后，下透雨时施第一次茶叶专用肥，每亩 2. 5~5kg；立夏前后施第二次茶叶专用肥，每亩 2. 5~5kg；立秋前后施第三次追肥，每亩 2.5kg；霜降节令施基肥，每亩 250~400kg。

3. 施肥方法

条栽茶园多以开施肥沟施，在茶树冠边缘或茶行上方开 15~20cm 深的施肥沟，将肥料均匀施下后盖土至沟满。

第五章　茶树主要病虫害防治技术

茶树病虫害一直是影响咸丰县茶叶产业发展的一个重要因素。过去，茶农以化学防治为主，茶园病虫害不但没得到根治，相反，给茶叶质量安全带来极大隐患，茶园生态也受到较大程度的破坏。“十二五”期间，咸丰县主抓茶园综合防控，重点开展了生物防治，并加强了茶园投入品的管控，茶园病虫害得到较好控制，茶叶质量安全大大提高。

第一节　茶园病虫害防治技术措施

一、农业防治

通过茶园栽培管理及农艺措施，预防和控制病虫害的发生。

1. 优化茶园生态环境

茶园及其周围的生态环境，决定着茶园生物的多样性和茶园病虫害的发生程度。在良好的生态环境中，生物群落多样性指数高、稳定性好，对有害生物的自然调控能力强，害虫大发生的概率小。如茶园周围植树绿化，改善茶园的生态环境，以创造不利于病虫草害滋生和有利于各种天敌繁衍的环境条件，保持茶园生态平衡和生物群落多样性，增强茶园生态系统的自然调控能力（图 5-1）。

图 5-1　生态茶园

2. 选择抗性强的品种

不同茶树品种对病虫害具有不同程度的抗性。在发展新茶园或改种换植时，选用的茶树品种应适当考虑对当地主要病虫害的抗性。只有选用对当地主要病虫害有较强抗性的茶树良种，才能从根本上达到减轻这些病虫害为害的目的。在大面积种植新茶园时，要选择和搭配不同无性系品种，以避免某些茶树病虫害大发生。

3. 茶树合理修剪

修剪是培植树冠、更新茶树的重要措施，修剪可清除栖息在茶树上的大量害虫和病源物，同时茶树修剪剪除了茶树绿叶层，减少害虫的食料，对害虫的发生繁衍有较好的控制效果（图 5-2）。

图 5-2　茶园修剪

4. 茶叶适时采摘

采摘本身是茶叶优质高产的措施，同时通过适时采摘，减少了害虫的食物原料，对病虫害有很好的防控效果。多次分批采摘能明显地抑制假眼小绿叶蝉、茶橙瘿螨、茶跗线虫，茶细蛾、茶蚜、茶芽枯病等对茶树的为害（图 5-3）。

5. 茶园中耕除草

土壤是很多害虫越冬越夏的场所。通过冬季深耕，可将害虫及其各种病菌翻入深处，阻止其羽化出土或使其死亡，减少来年虫口中、病原基数。同时翻耕可改善土壤的通气状况，促进茶树根系生长和土壤微生物的活动，提高茶树生长势，进而提高茶树的抗性。

茶园浅耕锄草，不仅促进茶树生长，还可以恶化病虫害滋生的环境。对于茶园恶性杂草可通过人工耕除、刈割，并将割锄的杂草就地

图 5-3　茶叶适时采摘

埋入茶园土中，让其腐烂，以增加土壤肥料、改良土壤性状。一般杂草可不必除尽，保留一定数量的杂草有利于天敌栖息，可调节茶园小气候，改善生态环境。

6. 茶园合理施肥

施肥对茶树病虫害发生有着间接或直接的影响，合理施肥、增施有机肥可促进茶树生长，有助于提高茶树抗病虫害能力。过量使用氮肥或偏施氮肥有助于茶叶螨类、蚧类和茶炭疽病、茶饼病等的发生，而增加磷、钾肥可提高抗病性。施肥要根据土壤理化性质、茶树长势、气候条件等，确定合理的肥料种类、数量和施肥时间，通过测土配方，实施茶园平衡施肥，防止茶园缺肥和过量施肥（图 5-4）。

图 5-4　茶园重施有机肥

二、物理防治

主要是利用害虫的趋光性、群集性和食性等，通过信息素、光、色等诱杀或机械捕捉控制害虫的发生。

1. 灯光诱杀

利用害虫的趋光性，设置诱虫灯诱杀害虫，从而达到防治害虫的目的。茶树害虫中的鳞翅类目害虫其成虫大多具有趋光性。目前生产上应用较多的频振式杀虫灯、LED 诱虫灯等，选用对天敌相对安全、对害虫有较强的诱杀作用的杀虫灯，并掌握开灯时间，应在主要害虫的成虫羽化高峰期开灯诱杀，以防止杀伤天敌（图 5-5、图 5-6）。

图 5-5 频振式杀虫灯诱杀

图 5-6 LED 诱虫灯诱杀

2. 色板诱杀

利用害虫对不同颜色的趋光性，在田间设置有色黏胶板进行诱杀。目前生产上用黄素馨色或芽绿色做成的黏胶板用来监测和诱杀叶蝉和粉虱。色板与信息素组合成诱捕器能增加防治效果（图 5-7）。

图 5-7 茶园色板诱杀

3. 性信息素诱杀

利用害虫异性间的诱惑力来诱杀和干扰昆虫的正常行为，从而达到害虫发生和繁衍的目的。目前生产上应用人工合成茶毛虫、茶尺蠖等性诱剂，可以用来诱杀相应雄虫，也可以用于害虫的预测测报。

4. 食饵诱杀

利用害虫的趋化性，用食物制作毒饵可以诱杀到某些害虫。常用糖醋诱蛾法。将糖（45%）、醋（45%）和黄酒（10%）按比例调成。放入锅中微火煮成糊状，将少量熬成的糖醋倒入盆钵底部，并涂在盆钵的壁上，将盆钵放在茶园中，略高出茶蓬，引诱卷叶蛾、小地老虎等成虫飞来取食，接触糖醋液后粘连致死。

三、生物防治

生物防治目前是茶树病虫害防治的发展方向和重要的绿色防控手段。用食虫昆虫、寄生昆虫、病原微生物或其他生物天敌来控制、降低和消灭病虫害的方法。生物防治对人畜无害，不污染环境，对作物和自然界很多有益生物无不良影响，且对害虫不产生抗性。

1. 保护和利用自然天敌

我国茶树虫害的天敌资源丰富，如绒茧蜂、赤眼蜂、草蛉、瓢虫、蜘蛛、捕食螨和鸟类等（图 5-8、图 5-9）。在茶园自然天敌种群中，蜘蛛为最大种群，其数量大，繁殖率高，蜘蛛对假眼小绿叶蝉有较好的控制作用，但是蜘蛛对环境比较敏感，在生态复杂和稳定的茶园内数量较多，对施用化学农药的茶园数量较少。

图 5-8 茶园蜘蛛

图 5-9 茶园瓢虫

为保护和利用天敌，茶园需要建立良好的生态环境，可在周围种防护林，也可采用茶林间作、茶果间作、幼龄茶园间作绿肥，夏、冬季在茶树行间铺草，均可给天敌创造栖息繁殖的场所，尽量减少化学农药在茶园的使用。

2. 人工释放天敌

人工大量繁殖和释放天敌，可以有效地补充田间自然天敌种群，既对害虫有较好的防治效果，又不对环境造成污染。例如，在茶橙瘿螨等害螨数量上升期释放捕食螨（胡瓜钝绥螨）；防治茶蚜，按瓢蚜比 1∶250 的比例人工释放异色瓢虫、七星瓢虫。

3. 施用生物农药

（1）真菌治虫。白僵菌、韦伯座孢菌等对鳞翅目、鞘翅目等害虫有一定的防治效果。如球孢白僵菌 871 粉虱真菌剂对黑刺粉虱、小绿叶蝉、茶丽纹象甲有较好的防控效果。

秋季封园防治病虫害效果十分显著，可明显减少第二年病虫害发生。既能防治螨类、蚧类、粉虱类等茶树害虫，又能杀卵和防治煤烟病等多种茶树病害，且投入成本较低（图 5-10）。

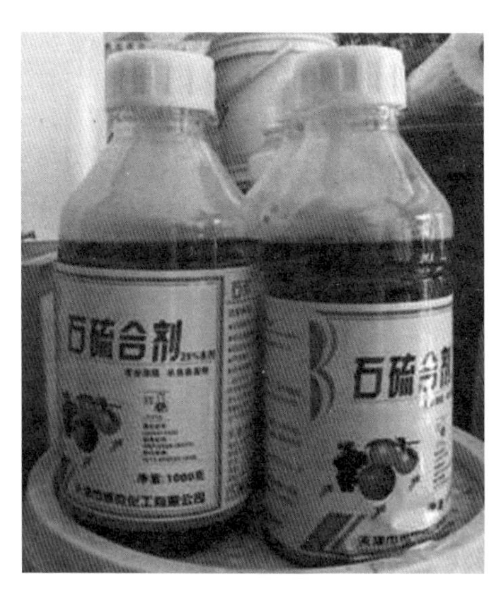

图 5-10　石硫合剂

（2）病毒治虫。目前茶树害虫上发现的病毒有数十种，由于病毒保存时间长，有效用量低，防效高，专一性强，不伤害天敌及具有扩散和传代作用，对茶园生态系统没有副作用，成为一项很有前途的生物防治技措施。生产上应用较多的核型多角体病毒。使用时应选择阴天进行，一般每年喷施一次即可（图 5-11）。

图 5-11　核型多角体病毒

四、化学防治

化学农药防治仍然是茶树病虫草害防治的重要手段，尤其是病虫草害暴发时，显得尤为重要，具有不可替代的作用，但农药带来的负面效应也不可忽视。

茶叶是一种特殊的传统饮料，鲜叶不经洗涤直接加工成成品，饮用者又经多次冲泡，所以对农药的使用有着严格的要求。

1. 科学使用农药

根据防治对象，选用农药种类，化学农药由于化学成分及作用机理的不同，不同类别的害虫及同种害虫在不同发育阶段，对同一化学农药表现的敏感程度截然不同。农药的作用方式主要有触杀、胃毒、内吸、熏蒸等作用。具体选用时，应根据不同的防治对象合理选药。

2. 掌握适期施药

“适期”是指害虫对农药最敏感的发育阶段，此时施药易收到较好防效。掌握适期施药是提高农药的防治效果、降低农药使用量、减少周年喷药次数和降低防治费用的关键。要认真做好茶园病虫害发生情况的调查，加强病虫害的预测预报。例如，假眼小绿叶蝉应在发生高峰前期，且若虫占总虫量的80%以上时施药；尺蠖类、毒蛾类、卷叶蛾类、刺蛾类害虫，应在幼虫3龄前施药，介壳虫、粉虱类害虫，应在期卵孵化盛末期施药；叶螨类应在田间出现重害状之前，且幼、若螨占多数时施药。

3. 按照防治指标确定施药地点

害虫的防治指标是一种经济指标，当田间害虫数量达到一定程度时，其为害造成的经济损失与人们采用化学农药防治一次的工本相等时，此时的田间虫量即为此虫的防治指标。从根本上克服了“见虫就治”或“治虫不计成本”的偏向，体现了农药防治目的是控制主要害虫为害，并非是消灭某一害虫。

4. 农药的合理混用

农药的合理混用，是在农业害虫防治中经常采用的一种措施。混用的目的是增效、兼治、无药害，而不是盲目地将两种或几种农药加在一起。经混用后能提高防治效果，减少农药用量，或对已产生抗药性的害虫能获得良好地防治效果。且喷一次药能同时防治几种害虫，以减少周年的喷药次数，节省工本支出。农药混合使用若大面积推广，应事先做小区试验，观察防治对象的药效和对作物的安全性，同时观察农药混用后有无不良理化反应。

5. 遵守安全间隔期

农药的安全间隔期，是指最后一次施药至收获农作物前的时期，即自喷药到残留量降至允许残留量所需时间。在农业生产中，最后一次喷药与收获之间的时间必须大于安全间隔期，不允许在安全间隔期内收获作物。农药的安全间隔期，是控制茶叶中农药残留的一项关键措施。

6. 轮换使用农药

农药连续使用后，目标病虫会逐渐对该类农药产生适应性而表现出抗性，导致药效下降、用药量增加。轮换使用农药是延缓害虫产生抗药性的有效措施，一般每年使用一类农药次数不超过2次。

在化学防治时，特别要注意的是：所选用的农药品种必须是已在茶树上使用获得登记，出口茶叶基地用药还需要参照茶叶进口国农药残留限量的标准的高低值选用。

第二节　茶园主要病虫害发生规律及防治技术

一、茶园主要虫害发生规律及防治技术

1. 假眼小绿叶蝉

又称叶跳虫，是咸丰县各茶区发生最普遍、为害最严重的一种虫害。该虫成虫淡绿至黄绿色，会跳跃。以成虫和若虫刺吸茶树嫩梢汁液为害茶树，造成芽叶失水萎缩，枯焦，严重影响茶叶产量和品质。一年发生 9~11 代，以成虫在茶丛中越冬，开春后当日平均气温达 10℃以上时，越冬成虫开始产卵繁殖。一般有两个虫口高峰，第一虫口高峰自 5 月中下旬至 7 月上中旬，以 6 月虫量最多，主要为害夏茶。第二个虫口高峰自 8 月中旬至 11 月上旬，以 9—10 月虫量多，主要为害秋茶。它以针状口器刺入茶树嫩梢及叶脉，吸取汁液（图 5-12）。

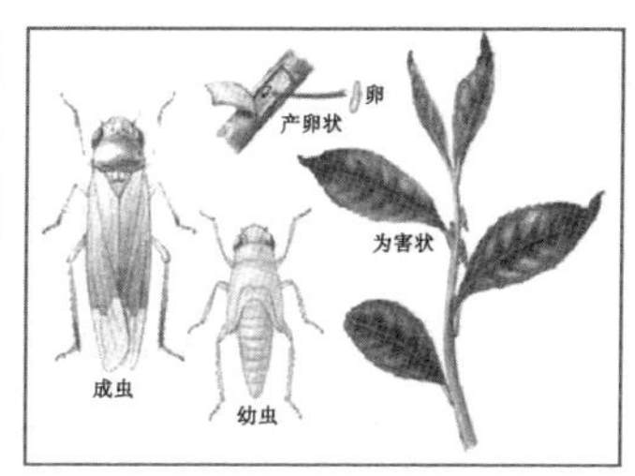

图 5-12　假眼小绿叶蝉

防治措施：①及时勤采。②保护茶园蜘蛛等天敌。③用茶蝉净 750 倍液防治。④10 月下旬用 0.7~1 波美度的石硫合剂进行冬季清园。

2. 茶尺蠖

又称拱拱虫。以幼虫残食茶树叶片，低龄幼虫为害后形成枯斑或缺刻，3 龄后残食全叶，大发生时可使成片茶园光秃。其生活习性为一年发生 5~6 代，以蛹在茶树根际土壤中越冬，次年 2 月下旬至 3 月上旬开始羽化。幼虫发生为害期以 4 月上中旬至 7 月上旬发生频繁，一年中以夏秋茶为害最重（图 5-13）。

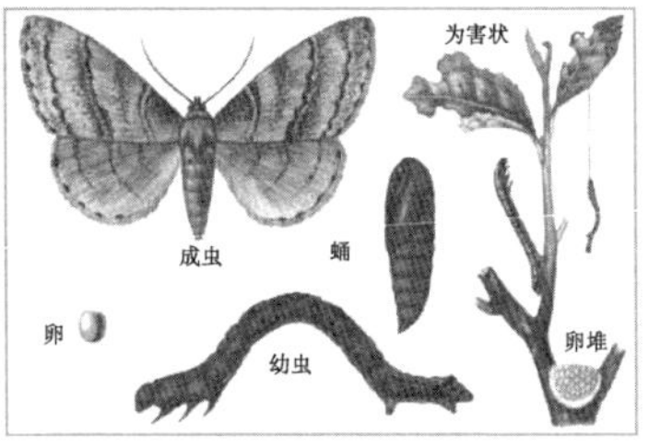

图 5-13　茶尺蠖

防治措施：①保护天敌。②轻修剪。③成虫盛发期利用黑光灯诱杀。④3 龄前应用茶尺蠖核型多角体病毒喷雾防治。

3. 茶毛虫

又称毒毛虫，痒辣子。浑身披满毒刺。主要为害茶树，严重时可食尽叶片，枝条光秃。一年发生 2 代，以卵块越冬，翌年 4 月中旬越冬卵开始孵化，各代幼虫发生期分别为 4 月中旬至 6 月中旬、7 月下旬至 9 月下旬。幼虫 3 龄前群集，成虫有趋光性。低龄幼虫多栖息在茶树中下部成叶背面，取食下表皮及叶肉，2 龄后食成孔洞或缺刻，4 龄后进入暴食期，严重发生时也可使成片茶园光秃（图 5-14）。

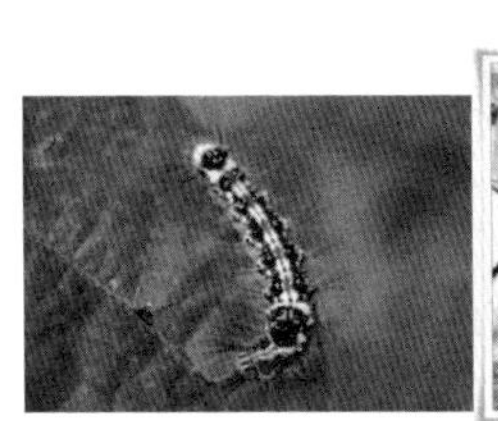

图 5-14　茶毛虫

防治措施：①秋冬季清园。②成虫羽化期用和信息素或灯光诱杀。③应用茶毛虫核型多角体病毒防治。

4. 茶橙瘿螨

又称茶刺叶瘿螨。成若螨刺吸茶叶汁液，它吸取茶树汁液，使受害芽叶失去光泽，叶脉发红，叶片向上卷萎缩，严重时造成芽叶干枯，叶背并有褐色锈斑，影响茶叶产量和质量。该虫虫态混杂、世代重叠，一年可发生10多代。各虫态均可在成、老叶越冬，其卵散产于嫩叶背面，尤以侧脉凹陷处居多。气温18~26℃最适于其生长繁殖，一般全年有两个为害高峰，第一次发生于5月下旬至6月，第二次高峰在7—8月间发生（图5-15）。

图5-15　茶橙瘿螨

防治措施：①及时分批采摘。②秋末结合清园用0.5波美度石硫合剂封园。③用24%帕力特1 500倍液进行蓬面叶背喷雾防治。

二、茶园主要病害发生规律及防治技术

1. 茶饼病

为低温高湿病害。是咸丰县各茶区发生最普遍的一种病害。嫩叶上初发病为淡黄色或红棕色半透明小点，后渐扩大并下陷成淡黄褐色或紫红色的圆形病斑，直径为2~10mm；叶背病斑呈饼状突起，并生有灰白色粉状物，最后病斑变为黑褐色溃疡状，偶尔也有在叶正面呈饼状突起的病斑，叶背面下陷。叶柄及嫩梢被感染后，膨大并扭曲，严重时，病部以上新梢枯死。全年在4—5月、9—10月为发病高峰期。在海拔600m的茶区发生较重（图5-16）。

防治措施：①勤除杂草，加强修剪和茶园通风透光，适当增施磷、钾肥。②茶园冬季用0.3~0.5波美度石硫合剂封园。③用1 000亿/g枯草芽孢杆菌600倍液进行防治。

2. 茶炭疽病

为高温病害，主要为害成叶和老叶。病斑多自叶缘或叶尖，开始成水渍状暗绿色，圆形，后渐扩大，成不规则形，并渐呈红褐色，后期变灰白色，病健分界明显。病斑上生有许多细小、黑色突起粒点，

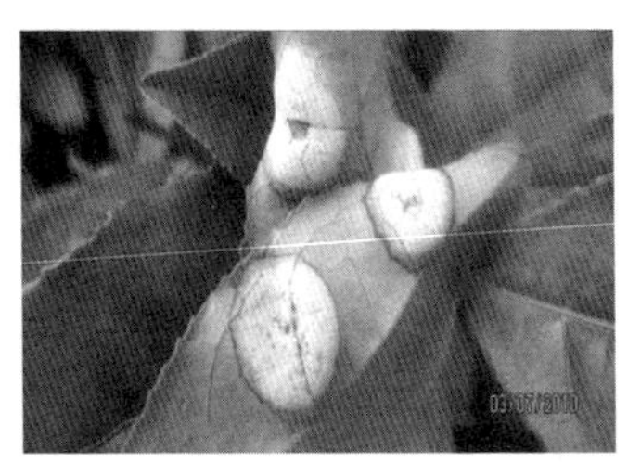

图 5-16　茶饼病

无轮纹。其发病通常在多雨年份，在一年中以霉雨和秋雨期间发生较多。同时，偏施氮肥的茶园中也易发生。该病害在龙井 43 号茶树品种发生较多（图 5-17）。

图 5-17　茶炭疽病

防治措施：①加强茶园管理，做好积水茶园的开沟排水；②秋冬季清园；③增施磷钾肥及有机肥；④茶园冬季用 0.3～0.5 波美度的石硫合剂封园。

3. 茶白星病

主要症状：为低温高湿型病害，主要侵害幼嫩芽梢。嫩叶被侵染后，初生针头状褐色小点，周围有黄色晕圈，后渐扩大成圆形病斑，直径在 0.3～2mm，边缘有紫褐色隆起线，中央呈灰白色，上生黑色小粒点，后期数个或百个病斑融合成不规则大斑。叶片常畸形扭曲，易脱落。嫩茎上的病斑与叶片上相似。气温 16～24℃，相对湿度高于 80%易发病。全年在春、秋两季发病，5 月是发病高峰期。高山及幼龄茶园或缺肥贫瘠茶园、偏施过施氮肥易发病，采摘过度、茶树衰弱的发病重（图 5-18）。

图 5-18　茶白星病

防治措施：①加强茶园管理，增施磷钾肥及有机肥，强壮树势；发病严重时进行轻修剪；②秋冬季清园；③茶园冬季用 0.3~0.5 波美度的石硫合剂封园，或用 500 倍液的百菌清喷雾。

第六章　茶叶采收、加工技术

第一节　茶叶采收

茶叶采摘是茶叶加工的开始，茶叶鲜叶采摘时间、采摘质量，是加工高品质茶叶的重要因素之一。

茶鲜叶理化性状主要表现在3个方面：嫩度、匀净度和新鲜度。

嫩度：它是指芽叶伸育的成熟程度。随着茶树的新陈代谢和营养器官的生长发育，芽叶从营养芽伸育并逐渐增大，伸展叶片；随着芽叶的成长，叶片逐渐增加，芽逐渐变小，最后完成一个生长期形成驻芽。随后叶片成熟，叶肉组织厚度相应增厚，叶片逐渐老化。一般情况下，鲜叶幼嫩，制茶品质好，鲜叶粗老，制茶品质差；生产上鲜叶采摘，要根据茶树特性、外界条件及技术措施，进行合理的采摘。

匀净度：鲜叶匀净度是指同一批鲜叶质量的一致性，即鲜叶老嫩是否匀齐一致，它是反映鲜叶质量的一个重要标志。对于制茶来说，无论哪种茶类都要求鲜叶匀净好，如匀度不好，老嫩混杂，制茶技术就无法保证制出品质优良的茶叶。影响鲜叶净度因素很多，如采摘不合理、茶园品种混杂、鲜叶运送和鲜叶管理不当等，都会造成老嫩叶混杂、雨露水叶与无表面水叶子混杂、不同品种鲜叶混杂和进厂时间不同的叶子混杂，匀净度不高。

新鲜度：是指鲜叶保持原有理化性质的程度。鲜叶采下来脱离茶树后，就存在着内含物的转化。随着水分不断散失，鲜叶内的各种酶的作用逐渐加强、内含物质不断分解和转化而消耗减少。一部分可溶性物质转化为不溶性物质、水浸出物减少，使制出的茶叶香低味淡、影响品质。而且这种转化随时间的延长而逐渐加强。内含有效物质消耗越多。环境温度越高，转化越快，干物质消耗越大。

一、采收时间

咸丰县地处江南茶区，茶季在4—10月。每季茶开采的迟早，采期的长短，除受自然条件影响外，与茶树品种特性和栽培技术也有密切关系。在自然因子中，气温和降水起主导的作用，而在栽培技术中，除采摘技术影响外，修剪技术、肥水管理关系较为密切。

咸丰县春茶的开采期，主要受早春气温的影响，一般 3 月平均气温较高时，开采期就早。早春进行轻修剪的，一般开采期要相应推迟，剪得越重越迟，影响越大。开采期宜早不宜迟，以略早为好，特别是春茶。采用手工采摘的，春季当茶蓬上有 10%～15%的新梢达到采摘标准时，夏秋茶有 10%左右的新梢达到采摘标准时，就要开采。采用机械采摘的，春季有 70%～80%的新梢达到采摘标准，夏秋季有 60%左右新梢达到采摘标准时，为适宜开采期。

二、采收工具

茶为净物，应天时地利而生，采茶尤其要谨慎小心，不能伤其色味。这就要有适宜的采茶器具。

咸丰县产竹子，取材方便、价格低廉。用竹子编成的篓子，通风透气，鲜茶叶短时间堆积其中也不会因为温度升高导致发热变质。而且竹篓的质量轻便。无论肩背手提，茶农都会非常省力。虽然现今采茶已经从手工采摘过渡到机械采摘，但竹器依然是茶农采茶时的必备工具（图 6–1）。

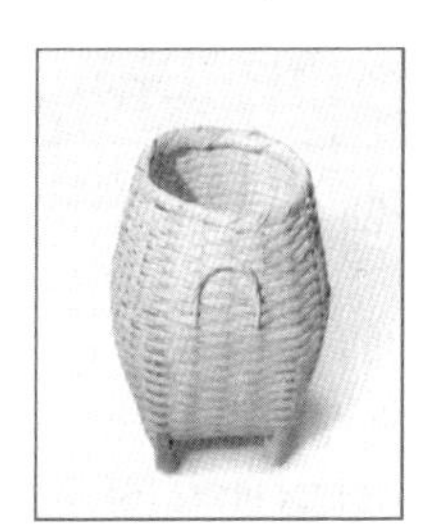

图 6–1　采茶用的茶篓

三、采收方法

合理采摘是指在一定的环境条件下，通过采摘技术，借以促进茶树的营养生长，控制生殖生长，协调采与养、量与质之间的矛盾，从而达到多采茶、采好茶、提高茶叶经济效益的目的。其主要的技术内容，可概括为标准采、留叶采。

标准采

指按一定的数量和嫩度标准来采摘茶树新梢。成品茶的品质，除受加工技术左右外，主要是由鲜叶原料的质量决定的。一般说，采摘细嫩的芽叶，内质好，但重量轻，产量低；而采摘粗老的芽叶，重量重，产量较高，但内质差。也就是说，茶叶产量的高低，品质的优劣，权益的多少，一定程度上是由采摘标准决定的。所以在生产实践中，合理制订并严格掌握采摘标准，是非常重要的。

我国茶类众多，品质风格各异，对鲜叶采摘标准的嫩度要求，差别很大，其中名优茶类，采制精细，品质优异，经济价值高，是我国茶叶生产的一大优势。名优茶类对鲜叶的嫩度和匀度要求大多较高，很多只采初萌的壮芽或初展的一芽一叶、二叶。这种细嫩采摘标准，产量低，花工大，季节性强，多在春茶前期采摘。名茶也采取细嫩采摘这种标准（图 6–2）。

图 6–2　标准采的单芽、一芽一叶

留叶采

指在采摘芽叶的同时，把若干片新生叶子留养在茶树上，这是一种采养结合的采摘方法，具有培养树势、延长采摘期和高产期的功效，是合理采摘的中心环节。

茶树在年生育周期中，留叶过多过少都是不适宜的。过多的留叶，虽可使茶树树冠长得高大广阔，但却导致树冠郁闭，叶片重叠，发芽稀，花果多，经济产量较低。如留叶过少，短期内可促使早发芽，多发芽，获得较高的产量，但茶树生理机能逐渐衰退，茶树未老先衰，后期产量急剧下降。

在科学实验中，多以叶面积指数，即单位面积上茶树叶面积总量与土地面积的比值，来衡量留叶的适宜度。研究结果表明，茶树适宜的留叶范围，叶面积指数在2~4。其中壮龄茶树适宜的叶面积指数为3~4，老年茶树叶面积指数2~3时产量较高。留叶数量以树冠的叶子相互密结，见不到枝干为适度。

留叶采摘方法很多，大体可归纳为打顶采摘法、留真叶采摘法和留鱼叶采摘法3种。

打顶采摘法亦称打头采摘法，适宜新梢展叶5~6片叶子，或新梢即将停止生长时，摘去一芽二叶、三叶，留下基部鱼叶及三片、四片以上真叶，一般每轮新梢采摘一二次。采摘要领是采高养低，采顶留侧，以促进分枝，培养树冠。这是一种以养树为主的采摘方法。

留真叶采摘法亦称留大叶采摘法。是当新梢长到一芽三叶、四叶或一芽四叶、五叶时，采去一芽二叶、三叶，留下基部鱼叶和一片、二片真叶。留真叶采摘法又因留叶数量多少、留叶时期不同，分为留一叶采摘法、留二叶采摘法、夏季留叶采摘法等多种。这是一种既注意采摘，也注意养树，采养结合的采摘方法。

留鱼叶采摘法是当新梢长到一芽一叶、二叶或一芽二叶、三叶时，采下一芽一叶、二叶或一芽二叶、三叶，只把鱼叶留在树上，这是一种以采为主的采摘法。在生产实践中，应根据树龄树势、气候条件，以及产制茶类等具体情况，选用不同的留叶采摘方法，并组合运用，才能取得良好的效果。

另外按照采收方式又分为手工采收和机械采收两种方式。

手工采收

采摘鲜茶讲究技法。基本的采茶技法分为“掐采”“提手采”“双手采”等。

掐采：又称折采，细嫩茶叶的标准采摘包括托顶、撩头等。

提手采：标准采摘手法，即掌心向下，用拇指和食指夹住鱼叶上的嫩茎，向上轻提，芽叶折落掌心。

双手采：茶树有理想的树冠、采摘面平整的，适合用双手采，可提高效率50%~100%，熟练的采茶人喜欢这种采法。

采摘时不可一手捋，否则会伤害芽叶的完整性，放入竹篮中不可紧压；鲜叶要放在阴凉处，堆放时不可重压。

机械采收

机械采收茶叶能大大提高生产效率。我国对采茶机的研究始于20世纪50年代末期，近60年来，研制并提供了生产上试验、试用的多种机型。以动力形式分，有机动、电动和手动3种。以操作形式分，有单人背负手提式、双人抬式两种（图6-3、图6-4）。一般单人往复切割式采茶机，两人操作，台时产量达50~75kg鲜叶，可比人工采摘提高工效10倍以上。双人抬往复切割式采茶机，三人操作，台时产量达200~300kg，可比人工采摘提高工效30倍以上。

图6-3　双人采茶机

图6-4　单人采茶机

实行机械采茶是降低茶叶生产成本，提高经济收益的一条有效途径。但茶树经连续几年机械采摘后，新梢密度迅速增加，密集于树冠表层，展叶数逐渐减少，叶层变薄，生长势削弱的速度要比手工采摘的快。需通过深修剪和加强肥培管理来解决。机采初期，对茶叶产量影响较大，机采一二年后，影响转小，甚至没有影响，已形成采摘面的茶园影响小，未形成采摘面的茶园影响大；对春茶影响大，而对夏秋茶反有增产效果。机采鲜叶容易漏采，在机采初期，采用机采和手采相结合的采摘方法，效果很好。

第二节　茶叶加工技术

中国制茶历史悠久，从唐代至今，经历了从饼茶到散茶、从绿茶到多茶类、从手工操作到机械化制茶的巨大变迁。中国茶类之多，制造技术之精湛，堪称世界之最。各种茶类的品质特征的形成，除了茶树品种和鲜叶原料的影响之外，加工条件和制造方法是重要的决定因素。

鉴于绿茶、红茶、乌龙茶是咸丰县的主要茶类，本节主要以此三大茶类加工技术进行介绍。

一、名优绿茶——唐崖白茶加工技术

咸丰县名优绿茶产品众多，就形状分有条形、卷曲形、针形、扁形名优绿茶。而适制名优绿茶品种众多，包括槠叶齐、龙井 43、中茶 108、白茶等。“唐崖白茶”是绿茶中的珍品，生产“唐崖白茶”是咸丰县名优绿茶的一大亮点。就其加工制作工艺流程而言，有与其他绿茶的相同之处，也有与其他绿茶的不同之处。其主要工艺流程为摊放、杀青、理条、烘干（初烘、复烘）等工艺流程。

1. 摊放

摊放是名优绿茶加工前必不可少的处理工序。鲜叶摊放作用是促进鲜叶内含成分的转化，促进鲜叶水分的散失，有利于控制杀青时茶锅的温度，提高杀青的质量，使得最终的成品茶颜色更为绿黄新鲜。

唐崖白茶鲜叶细嫩，摊放要注意：一是鲜叶要摊放在软匾、篾席或专用的摊放设备上。二是鲜叶摊放时，应根据采摘时间的不同、鲜叶老嫩度、晴天雨天采摘的鲜叶的不同，要分开摊放。例如，晴天可以适当厚摊，以防止鲜叶失水过多；雨天采摘的鲜叶水分含量多，鲜叶应适当薄摊，延长摊放的时间，以便加速散发水分。三是摊放的鲜叶，要避光摊放。四是鲜叶摊放过程中，薄厚要均匀，尽量减少翻动。五是一般当鲜叶发软，芽叶舒展，水分散发，清香透露即可，说明摊放的时间够了。摊放时间一般在 8~12h（图 6-5）。

图 6-5　摊放

2. 杀青

唐崖白茶属于绿茶，采用的是绿茶的加工制作方法。杀青主要目的是高温钝化鲜叶酶活性，保持茶鲜叶本色。可采用滚筒杀青机杀青或理条机杀青。

采用滚筒杀青机杀青，滚筒内壁温度控制在260~280℃，时间为2~3min。采用8~10槽理条机杀青，每锅投叶量为2.5~3kg，下锅温度控制在250~280℃，以鲜叶下锅能听到轻微的爆点声为度，温度先高后低，后期温度控制在200~240℃，理条约1min后关掉温度开关，1min后下锅摊凉（图6-6、图6-7）。

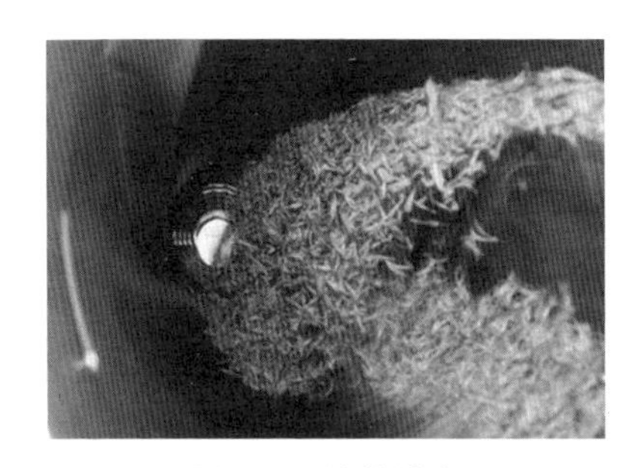

图6-6　滚筒杀青

图6-7　理条机杀青

3. 理条

鲜叶杀青后，采用多功能机理条，先快后慢，叶温从烫逐步降到比较热，锅内温度逐步降低。投叶量100~150g/槽，锅内温度100~150℃，用时约5min，待条索挺直、紧结时出锅摊凉。采用理条机理条时，要开风机，增加鲜爽度。

4. 烘干

干燥的目的是继续蒸发茶叶中的水分，是茶叶的干燥度达到95%以上，一是为了防止茶叶因为有水分而发酵变质，二是因为充分的干燥可以使茶叶发挥更好的香味。

唐崖白茶烘干通常采用履带式烘干机或五斗式烘干机烘干，前者适用于量大的干燥，后者是量小的干燥（图6-8）。

烘干过程分为初烘：烘干机温度100~120℃，时间10min；摊凉15min；复烘：温度80~90℃；低温长烘70℃左右。期间有个摊凉回潮的过程，即烘叶摊于软匾上，进行摊凉回潮，使茶叶内部水分重新分布均匀。干燥程度为水分含量低于6.5%，干燥后经冷却即为成品(图6-9)。

图6-8　五斗式烘干机烘干

图6-9　咸丰圣浩白茶产品

二、功夫红茶加工技术

我国的红茶包括功夫红茶、红碎茶和小种红茶。它们的制法，大同小异，都有萎凋、揉捻、发酵、干燥4个工序。各种红茶的品质特点都是红汤红叶，色香味的形成都有类似的化学变化过程，只是变化的条件、程度上存在差异而已。

功夫红茶制造分初制和精制两个阶段，初制分鲜叶验收和管理、萎凋、揉捻、发酵及干燥。制成红条茶后，送售精制厂，经筛分、风选、拣剔、复火、拼装等工序制成功夫茶成品。工艺复杂，费时费工，技术性强，功夫红茶也因此得名。

咸丰县功夫红茶主要吸收福建红茶金骏眉加工工艺特点，结合优良的乌龙茶品种和细嫩的材料，经过精心加工而成。

1. 鲜叶验收与管理

嫩度是衡量鲜叶品质的重要因子，是评定鲜叶等级的主要指标，它将决定毛茶的等级。一般细嫩的鲜叶，叶质肥厚柔软，制成毛茶条，索紧细锋苗好，色泽纯润、汤色较亮，香味浓爽醇厚，叶底红匀艳亮。

从茶树上采摘的离体鲜叶，要及时送至初制厂，以保持鲜叶的新鲜，在运输及贮藏过程中不能紧压，不能造成机械损伤。鲜叶存放过久，运输中踩压，会使鲜叶发生红变，将严重地损害品质。

2. 萎凋

萎凋是红茶初制的第一道工序，也是形成红茶品质的基础工序。萎凋的目的：其一是蒸发部分水分，使叶梗变软，便于揉捻成条；其二是促进茶梢中的内含物质的一系列化学变化，为形成茶色香味的特定品质，奠定物质变化的基础。

功夫红茶的萎凋程度，一般以萎调叶的含水量为指标，在大生产中，萎凋分重萎凋、中度萎凋、轻萎凋 3 种。其中以中度萎凋最佳，其鲜叶含水量为 60%~62%，此时叶片柔软，摩擦叶片无响声，手握成团，松手不易弹散，嫩茎折不断，叶色由鲜绿变为暗绿，叶面失去光泽，无焦边焦尖现象，并且有清香。

萎凋方法有自然萎凋、萎凋槽萎凋、连续式自动萎凋机 3 种。目前 3 种方法都有使用，其中咸丰县茶叶企业多采用萎凋槽加温萎凋，萎凋时间相对较短，设备造价低（图 6-10、图 6-11）。

图 6-10　自然萎凋

图 6-11　萎凋槽萎凋

3. 揉捻

揉捻是形成功夫红茶品质的第二道工序。揉捻的目的有 3 个：其一，破坏叶细胞组织，使茶汁揉出，便于在酶的作用下进行必要的氧化作用；其二，茶汁溢出，粘于条表增进色香味浓度；其三，使芽叶紧卷成条，增进外形美观（图 6-12）。

揉捻方法一般视萎凋叶的老嫩度而异，一般来说嫩叶揉时宜短，加压宜轻；老叶揉时宜长，加压宜重；轻萎叶适当轻压；重萎叶适当重压；气温高揉时宜短，气温低揉时宜长。加压应掌握轻、重、轻原则，先空揉 5min 再加轻压；待揉叶完全软再适当加以重压，促使条

图 6-12　揉捻

索紧结，揉出茶汁，待揉盘中有茶汁溢出，茶条紧卷，再松压。

揉捻时间一般控制在 60～90min。揉捻适度的标志为茶叶紧卷成条无松散折叠现象；以手紧握茶坯，有茶汁向外溢出，松手后茶团不松散，茶坯局部发红，有较浓的青草气味。

4. 发酵

红茶的发酵是指将揉捻叶按一定厚度摊放于特定的发酵盘中，茶坯中化学成分在有氧的情况下继续氧化变色的过程。揉捻叶经过发酵，从而形成红茶红叶的品质特点。

红茶发酵设备主要是发酵室或发酵机（图 6-13、图 6-14）。发酵温度一般由低至高，然后再降低。发酵时间以春茶 3～5h，夏茶 5～8h 为宜。当叶温平稳上升并开始下降时即为发酵适度。叶色由绿变黄绿尔后呈绿黄，待叶色开始变黄红色，即为发酵适度的色泽标志。从香气来鉴别，发酵适度应具有熟苹果味，使青草气味消失。若带馊酸则表示发酵已经过度。

5. 干燥

干燥的工序，是将发酵好的茶坯，采用高温烘焙，迅速蒸发水分到保质干度的过程。干燥的目的有 3 个：其一，利用高温迅速地钝化各种酶的活性，停止发酵，稳定茶叶品质。其二，蒸发茶叶中的水分，保证足干。其三，获得红茶特定的甜香。

干燥一般分为两次：第一次称为毛火，第二次称足火。一般毛火

图 6-13　红茶发酵室

图 6-14　红茶发酵机

温度为 105℃，摊叶厚度为 1.5～2cm，时间为 12～16min，茶坯含水量为 18%～25%，下机后摊凉 30min 左右。足火温度较低，一般 90～95℃，摊叶厚度为 2～2.5cm，时间为 12～16min，茶坯含水量为 5%～6%足火后立即摊凉，使茶坯温度降至略高于室温时，装袋装箱（图 6-15、图 6-16）。

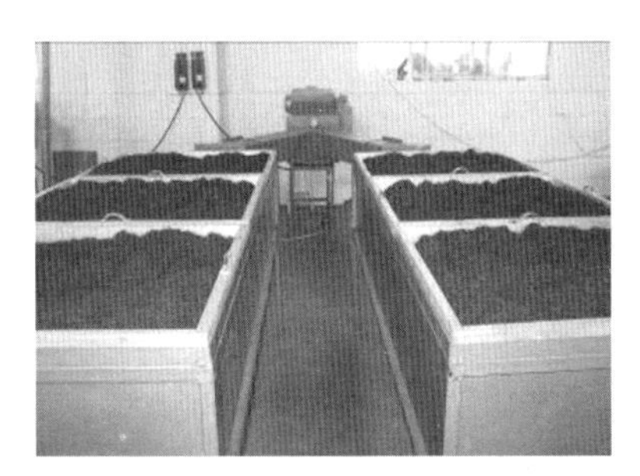

图 6-15　红茶两次烘干

图 6-16　咸丰瀑泉红茶

三、乌龙茶加工技术

乌龙茶闻名中外，有茶中“明珠”之称。乌龙茶冲泡之后，有一股浓郁“如梅似兰”的幽香。其所特有的花香、果香，并非茉莉、珠兰、玉兰的鲜花熏制而成，而是由乌龙茶的茶树品种、气候、季节以及独特的工艺引发出来的。

咸丰县乌龙茶加工工艺又分为台式乌龙茶加工和国内乌龙茶加工新技术。鉴于国内乌龙茶加工新技术在咸丰县应用较广，本文仅以国内乌龙茶加工新技术做介绍。

国内乌龙茶加工工艺共分为萎凋、做青、杀青、包揉、做形、烘干等过程。其中做青是形成乌龙茶特有品质特征的关键工序，是奠定乌龙茶香气和滋味的基础。

1. 萎凋

乌龙茶产区所指的凉青、晒青，在制茶学上称为萎凋。

萎凋是乌龙茶初制的第一道工序。通过萎凋散发部分水分，提高叶子韧性，便于后续摇青工序的进行；同时伴随着失水过程，使鲜叶发生一系列的化学变化，酶的活性加强，散发部分青草气，有利于香气透露。萎凋的程度，一般减重10%~15%。主要方法有凉青、晒青和加温萎凋。

晒青：茶青应该在太阳没有下山前运回茶厂，这样才可以晒到青。晒青时主要看品种、茶青老嫩、采摘时间、天气。晒青叶面温度30~35℃为宜，观察芽叶第二叶光泽消失叶面成波浪凋萎状，应该停止日光萎凋（图6-17）。

图6-17　晒青

凉青：把晒青后的茶青移入室内，翻松后均匀摊放散热，历时0.5~1.5h，叶色由暗转亮，叶态由软变硬，俗称“返阳”，即可摇青（图6-18）。

2. 做青

做青包括摇青和凉青两个部分。把晒、凉青后的茶青装入摇青笼进行摇青，摇青后应及时把茶青倒出，摊放在竹筛上进行凉青，摇青与凉青交替进行，一般进行3~4次，历时8~16h。摇青转数先少后

图 6-18　凉青

多，凉青摊叶厚度先薄后厚，凉青时间先短后长，并根据季节、气候等因素，灵活掌握。整个摇青过程茶青减重率为 6%～14%，青蒂绿腹红镶边，叶色转黄绿色，均匀适度，透出青香，达到所需的发酵程度后可转入杀青工序（图 6-19、图 6-20）。

图 6-19　手工摇青

图 6-20　摇青机摇青

3. 杀青

使用杀青机，利用高温杀死酶促的氧化，以保证茶叶的特征、特性，提高品质。当筒壁温度达 260℃左右时投入适量摇青叶，进行滚炒，历时 4～8min。杀至做青叶减重率为 18%～22%，叶色转暗黄绿，叶质柔软，梗折弯不断，有熟香味，即可出筒揉捻（图 6-21）。

4. 揉捻

根据乌龙茶对外形的要求，在专用车间内进行揉捻。杀青叶趁热

图 6-21 杀青

揉捻，适当重压，快速短时，揉捻时间为 3~6min，初步使杀青叶卷曲成条。通过揉捻，使叶片揉破变轻，卷转成条，体积缩小。同时部分茶汁挤溢附着在叶表面，对提高茶滋味浓度也有重要作用。

5. 烘焙和包揉

烘焙即制茶中的干燥作业。烘焙是为了抑制酶性氧化，蒸发水分和软化叶子，并起热化作用，消除苦涩味，促使滋味醇厚。包揉是闽南乌龙茶的做法，主要是使形状更加卷曲紧结。咸丰县乌龙茶主要采用闽南乌龙茶工艺，杀青后的工序是：初揉、初焙、初包揉、复焙、复包揉、足火、毛茶。兹分述如下。

初揉：已如上述。

初焙：经过揉捻的叶子，进行初焙，主要是弥补炒青的不足或不均匀，并蒸发部分水分，便于包揉。初焙应适当高温，以 100~110℃为宜。力求茶条干湿一致，烘至茶条不粘手。约六成干时即可包揉。烘焙用竹制焙笼或烘干机。

初包揉：包揉主要是塑形。用白细布，将初焙茶坯趁热包裹，进行包揉，运用揉搓、压、抓的手法，使茶叶在布包中转动。揉时要先松后紧，用力要先轻后重，每包叶量 0.5kg 左右。包揉中要翻拌 2~3 次，揉至卷曲成形，历时 3~4min。初包揉后立即解去布，将茶解开散热，以免闷热发黄。为减轻包揉的繁重劳动，近 40 年来，普遍推行了包揉机做茶，以替代人工包揉（图 6-22）。

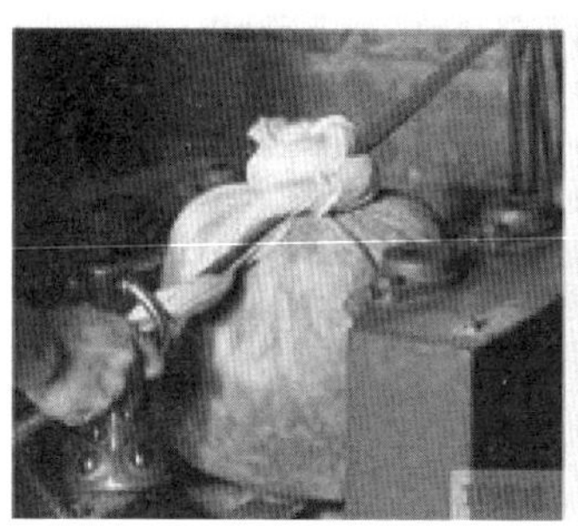

图 6-22　包揉

复焙：即足火。应采取“低温慢烤”，分二道进行。第一道火温70~75℃，每焙笼放3个压扁的茶团，1.5~2.0kg，焙至茶团自然松开解块，再焙至八九成干起焙摊凉。使叶内水分重新分布。烘干机烘干温度100℃左右。第二道火温60~70℃，每焙笼投叶量2.5kg，时间1~2h，翻拌2~3次，有“炖火”作用，焙至茶梗手折断脆，气味清纯，即可起焙。

其中咸丰县乌龙茶的烘焙，要求做到高温水焙和文火慢烤，形成特有的火功。操作时，先将炒揉完成后的茶叶，进行初焙，俗称“走水焙”。不论用手工焙笼或烘干机，初焙温度应在100~110℃。焙10~15min，七八成干时，筛去碎末，簸去黄片，进行摊凉。摊凉后拣剔，拣去茶梗、粗黄片、茶扑和杂物。然后进行复焙。复焙采用低温慢烤，火温75~85℃，时间1~2h，烘至足干发出茶香时，下焙趁热收藏。

编写：梁金波　戴居会　罗　鸿　田　青　赵　亮

香菇产业

第一章　概　述

第一节　香菇的起源及分布

一、香菇的起源

香菇［*Lentinus edodes*（Berk.）Sing］，又名香蕈、椎茸、香信、冬菇、厚菇、花菇，是伞菌纲（Agaricomycetes）、伞菌目（Agaricales）、光茸菌科（Omphalotaceae）、香菇属（*Lentinus*）的一种典型木腐菌。其子实体肉质，中等至偏大。菌盖直径5~12cm，最大可达20cm，扁球形至稍平展，表面浅褐色，深褐色至深肉桂色，有鳞片，幼时边缘往往有白色至污白色状或絮状鳞片。菌肉白色，厚或稍厚，细密。菌柄中生或偏生，白色，弯曲，长3~8cm，粗0.5~1.5cm。

香菇高蛋白、高葡萄糖、高纤维、低脂肪、高钾低钠、高维生素、高微量元素，有“蘑菇皇后”之称，在组成香菇蛋白质的18种氨基酸中，有8种是人体必需的氨基酸，有利于幼儿和儿童的生长发育。

香菇干品脂肪含量在3%左右，脂肪的碘价为139，不饱和脂肪酸含量丰富，其中亚油酸、油酸含量高达90%以上，由于香菇富含人体必需的脂肪酸，它不仅能降低血脂，又助于降低血清胆固醇和抑制动脉血栓的形成，是预防心脑血管疾病的佳品。

香菇干品中矿物质含量较多，其中钙、磷、铁含量极为丰富，香菇还含有锰、锌、铜、镁、硒等微量元素，可维持机体正常代谢从而延长人类寿命，并对某些矿物质缺乏地区儿童的生长发育具有重要意义。

浙江庆元是世界人工栽培香菇的发源地，制菇史与置县史不相上下。人工栽培香菇已有800多年的历史。800多年前，龙岩村农民吴三公发明了“砍花法”“惊蕈术”和“烘焙术”等一系列制菇及加工技术，被当地菇农膜拜为“菇神”，800多年来，香菇成为庆元人民赖以生存的传统产业，菇民足迹遍布全国 11 个省 200 多个县、市，从此，香菇开始了造福人类的新纪元。庆元历史地被誉为“香菇之源”。随着庆元的吴克甸研究人造菇木露地栽培技术获得成功，这一技术被列入国家星火计划项目，把香菇生产发展推向高潮。庆元建起了全国最大的香菇市场，成为全国最大的香菇流通集散地。说起香菇，还有一段美丽的传说：相传明朝年间，因久旱无雨，皇帝朱元璋为祈雨需素食，数日后已食而无味，国师刘伯温献上香菇，朱元璋食后顿觉神怡，赞口不绝，下旨把香菇定为岁岁需上献皇家的“贡品”，并敕定香菇为刘伯温国师家乡处州府龙泉、庆元、景宁三县生产的专利产品，其他地域一律不允许种制香菇。庆元民间自此就把香菇视为“皇上圣品”“菜中之王”。对此，民间有“国师献山珍，香菇成圣品，皇帝开金口，谕封龙庆景”之说。因此，庆元人对香菇怀有特殊感情。

二、香菇的分布

野生香菇秋、冬、春季生长于阔叶树倒木上，常有大量群生。在我国，野生香菇主要分布在浙江、福建、台湾、安徽、湖南、湖北、江西、四川、广东、广西、海南、贵州、云南、陕西、甘肃和吉林等地。目前，香菇人工栽培已十分普及，香菇也成为我国重要的出口食用菌品种之一。

我国历史上段木香菇的主产区分布在长江流域及以南地区。推广木屑代料栽培后，南至海南、北至黑龙江，东起福建、浙江沿海，西至新疆维吾尔自治区（以下简称新疆）、西藏，全国 33 个省、自治区和直辖市均有栽培，香菇生产已成为山区经济发展的重要增长点和数百万劳动力的就业门路。

目前，我国香菇主产区可分为东南（福建、浙江）、华中（湖北、河南）、东北（辽宁、吉林）和西南（四川、重庆、云南）四大产区。我国香菇产量主要来自代料香菇，而代料香菇的主产地是东南和华中产区。此外，段木栽培香菇生产也主要集中在华中地区，其次，陕西、甘肃、黑龙江、安徽、广西、江西和福建等省区至今仍存有极少量段木栽培。

东南产区气候冬暖夏凉，香菇种植历史悠久，但菇木资源相对匮乏。目前，该产区的香菇产品以保鲜菇、光面菇为主。

华中产区气候四季分明，秋冬季气候干燥，夏季也较炎热，昼夜温差大，代料香菇栽培历史相对较短，菇木资源丰富程度各地不一，总菇木蓄积量相对匮乏。华中地区的香菇产品有花菇、茶花菇、光面菇，其中花菇比例高。目前，我国出口的花菇、茶花菇主要来自该产区。

西南产区气候温和，冬暖夏凉，四季差别较小，香菇种植历史短，菇木资源相对丰富。但该地区香菇生产规模还偏小，总产量较小。

第二节　发展香菇产业的重要意义

香菇是重要的园艺类经济作物，现在也是我国种植的30多种商业性食用菌中最大宗种类，产量已超过蘑菇。全国约有500万劳动力从事香菇的生产、加工和贸易。根据中国食用菌协会统计，2014年全国食用菌鲜品总产量达3 169.68万t，香菇约710.32万t，占食用菌总产量的22.4%左右，产值占食用菌总产值2 017.9亿元的30%左右。20世纪90年代中期以来，我国香菇年产量和贸易量占全球的80%左右，近几年来，我国每年香菇出口4万~5万t，创汇6亿~7亿美元。在香菇出口的强有力拉动下，香菇生产已遍布全国大部分地区，且发展迅猛。

香菇为人类提供优质的营养品和保健食品。香菇营养丰富、营养种类齐全，子实体和菌丝中的许多成分具有良好的防病、治病功能，既有食用功能又有保健功效。在提高人体免疫功能、降低血液胆固醇、预防感冒和钙缺乏症等方面作用显著。同时，在我国人多、耕地少的国情条件下，开辟了一条利用农林下脚料转化生产非粮优质蛋白质的有效途径。

香菇生产是农业增效、农民增收的有效途径。福建、河南、浙江等省的许多贫困山区的农户是靠种植、加工香菇脱贫致富奔小康的。在全国有7个省的24个县食用菌年产值超亿元，许多农村家庭的日常现金支出、子女上学、建房娶亲靠着种植香菇的收入来维持，香菇主产区的富余劳力靠着种植香菇得到部分转移。

香菇的培养料栽培对于农林下脚料资源合理、充分利用，促进生态良性循环有重要意义。利用培养料栽培香菇对于节约林木资源，促进农林下脚料综合利用，变废为宝，提高这些资源的利用率和转化率，缩短生产周期，便于规模生产和工厂化生产，提高经济效益均具有重要意义。

第三节　咸丰县香菇产业的发展概况

咸丰县共有食用菌生产场家 40 余家，主要以城区附近的高乐山镇为主，其中 1/5 为大型食用菌场，年生产食用菌 14 万袋以上；3/5 为中型食用菌场，年生产食用菌 8 万~14 万袋；1/5 为小型食用菌场，年生产食用菌 4.5 万~8 万袋。全县 2016 年生产食用菌 350 万袋，总产量近 3 000 t，品种以香菇为主，占总生产量的 70%左右，其余为平菇、木耳、金针菇、鸡油菌等，主要销往本县城镇及恩施、利川、来凤、黔江等周边地区，以鲜货销售为主，极少量的香菇和木耳销售干制品。

咸丰县 2016 年食用菌生产情况统计表见表 1-1。

表 1-1　2016 年咸丰县食用菌生产情况统计

品种	产量（万袋）	单产（kg/袋）	总产（t）	单价（元/kg）	总产值（万元）	主要种植方式	主要产区
香菇	210	0.75	1 575	10.00	1 575	大、中棚	高乐山、丁寨、活龙等
平菇	95	1.10	1 045	8.00	836	大棚	高乐山、丁寨、活龙等
木耳	20	1.00	200	10.00	200	大棚	高乐山
金针菇	10	0.60	60	12.00	72	大棚	高乐山
鸡油菌	5	0.75	37.5	8.00	30	大棚	高乐山
其他	10	0.75	75	7.00	52.5	大棚	高乐山、丁寨、活龙等
合计	350	1.71	2 992.5	4.60	2 765.5	大、中棚	

第二章 香菇的形态特征及生长环境

第一节 香菇的形态特征

香菇子实体单生、丛生或群生，子实体中等大至稍大。菌盖直径5~12cm，有时可达20cm，幼时半球形，后呈扁平至稍扁平，表面菱色、浅褐色、深褐色至深肉桂色，中部往往有深色鳞片，而边缘常有污白色毛状或絮状鳞片。

菌肉白色，稍厚或厚，细密，具香味。幼时边缘内卷，有白色或黄白色的绒毛，随着生长而消失。菌盖下面有菌幕，后破裂，形成不完整的菌环。老熟后盖缘反卷，开裂。

菌褶白色，密，弯生，不等长。菌柄常偏生，白色，弯曲，长3~8cm，粗0.5~1.5cm，菌环以下有纤毛状鳞片，纤维质，内部实心。菌环易消失，白色。孢子印白色。孢子光滑，无色，椭圆形至卵圆形，(4.5~7) μm×(3~4) μm，用孢子生殖。双核菌丝有锁状联合。

第二节 香菇的生长环境

一、营养

香菇是木生菌，以纤维素、半纤维素、木质素、果胶质、淀粉等作为生长发育的碳源，但要经过相应的酶分解为单糖后才能吸收利用。香菇以多种有机氮和无机氮作为氮源，小分子的氨基酸、尿素、铵等可以直接吸收，大分子的蛋白质、蛋白胨就需降解后吸收。香菇菌丝生长还需要多种矿质元素，以磷、钾、镁最为重要。香菇也需要生长素，包括多种维生素、核酸和激素，这些多数能自我满足，只有维生素 B_1 需补充。

二、温度

香菇菌丝生长的最适温度为23~25℃，低于10℃或高于30℃则有碍其生长。子实体形成的适宜温度为 10～20℃，并要求有大于10℃的昼夜温差。目前生产中使用的香菇品种有高温型、中温型、低温型 3 种温度类型，其出菇适温高温型为 15～25℃，中温型为 7～20℃，低温型为 5～15℃。

三、水分

香菇所需的水分包括两方面，一是培养基内的含水量，二是空气湿度，其适宜量因代料栽培与段木栽培方式的不同而有所区别。

（1）代料栽培。长菌丝阶段培养料含水量为 55%～60%，空气相对湿度为 60%～70%。出菇阶段培养料含水量为 40%～68%，空气相对湿度 85%～90%。

（2）段木栽培。长菌丝阶段培养料含水量为 45%～50%，空气相对湿度为 60%～70%。出菇阶段培养料含水量为 50%～60%，空气相对湿度 80%～90%。

四、空气

香菇是好气性菌类。在香菇生长环境中，由于通气不良、二氧化碳积累过多、氧气不足，菌丝生长和子实体发育都会受到明显的抑制，这就加速了菌丝的老化，子实体易产生畸形，也有利于杂菌的滋生。新鲜的空气是保证香菇正常生长发育的必要条件。

五、光照

香菇菌丝的生长不需要光线，在完全黑暗的条件下菌丝生长良好，强光能抑制菌丝生长。子实体生长阶段要散射光，光线太弱，出菇少，朵小，柄细长，质量次，但直射光又对香菇子实体有害。

六、酸碱度

香菇菌丝生长发育要求微酸性的环境，培养料的 pH 值在 3～7 都能生长，以 5 最适宜，超过 7.5 生长极慢或停止生长。子实体的发生、发育的最适 pH 值为 3.5～4.5。在生产中常将栽培料的 pH 值调到 6.5 左右。高温灭菌会使料的 pH 值下降 0.3～0.5，菌丝生长中所产生的有机酸也会使栽培料的酸碱度下降。

第三章　香菇主栽品种

第一节　品种类型与特点

香菇品种繁多，可按需要划分品种类型，可按栽培基质划分、按出菇早晚划分、按销售形式划分、按大小划分、按出菇温度划分等。

一、按栽培基质划分

香菇可段木栽培，可代料栽培，代料又分为若干类型，为木屑、蔗渣、玉米芯、稻草等，因此，可划分为段木种、木屑种（代料种）草料种、菌草种、段木代料两用种五大类型。

二、按出菇早晚划分

按此划分可分为早生种（接种后 70~80d 出菇）、迟生种（接种后 120d 以上出菇）。

三、按销售形式划分

这主要分为干销种和鲜销种。干销种相对菇质紧密。含水量低，出干率高，适于干制；鲜销种则菇质较疏松，含水量较高。

四、按大小划分

可分为大叶种、中大叶种、小叶种三大类。前者菌盖多在 5~15cm，后者 4~6cm，居二者大小之中的为中大叶种。

五、按出菇温度划分

根据出菇期子实体对温度的适应能力的高低，把香菇品种分为低温型品种、中温型品种、高温型品种、广温型品种四类。

低温型品种：出菇的中心温度为 5~15℃。出菇晚，菇大、肉厚。中温型品种：出菇的中心温度为 10~20℃。菇体中等，品质一般，出菇温度范围大。高温型品种：出菇的中心温度为 15~25℃。出菇早，菇小、肉薄，品质较差，适宜鲜销。广温型品种：出菇温度范围较广，在5~28℃，但以10~20℃出菇最高，品质最好。栽培者要根据自己的实际需求选择适当品种。

第二节　主要品种

一、武香1号

武香1号子实体大，菌肉肥厚，菌盖色较深，柄中粗，稍长，其最大的优点是出菇温度高，在28℃的高温条件下能大量出菇，最高至34℃，菌龄60d，适宜的接种期为3—4月，出菇期5~11个月。其抗逆性强，为多地夏季出菇的首选品种，主要适宜鲜销和保鲜销售。

该品种主要特征是高温型香菇品种，能在夏秋高温季节出菇。菌丝生长温度范围5~34℃，最适温度为24~27℃，出菇温度5~30℃，在偏干管理下子实体质量好，高产、稳产。但在高温高湿、通风不足的环境下菌筒易受杂菌感染，且子实体发生量多，生长快，肉质薄、菇柄长、易开伞。适宜在低海拔（100~500m）、半山区、小平原地区高温季节栽培及海拔更高的地区进行夏季栽培。栽培季节为3月下旬及4月中下旬进行投料制菌筒，6月中下旬开始排场转色、出菇、采收。

二、香菇241-4

该品种是庆元县食用菌科研中心选育出的一个非常适宜袋栽的优良香菇菌株。其所产香菇朵型圆整、盖大、肉厚、柄短，菌肉组织致密，含水量低，十分适宜烘干，是目前干菇品质最优的品种。属中低温型迟熟品系，菌丝生长温度范围5~33℃，最适生长温度25℃左右，出菇温度为6~20℃，最适出菇温度为12~15℃。菌丝抗逆性强、适应性广，适合春种秋收，从而避免在夏秋季节高温接种，有利于提高接种成活率，与农事无冲突。高山区一般2月下旬至4月上旬，低山区3月中旬至4月下旬。

三、香菇303

该品种菌丝生长速度较快、颜色白、适应性较强。同时对栽培条件要求不严，可以做秋冬及初春季的开放式压块栽培，生物转化率较高。出菇时对温度要求较严，温度高不易出菇，应加强对温度的管理。

四、香菇 SD-1

该品种由香 62 与野生香菇（湖北远安）杂交选育而成。属中温型品种，菌丝浓白，绒毛状。子实体丛生，菌盖浅褐色，覆有少量鳞片，直径 4.4~6.5cm，厚度 1.2~2.3cm，菌柄白色，中生，柄长 2.2~4.5cm，伞柄比为（4~5）:1，菌褶细白，孢子印淡白色。

菌丝最适生长温度为 22~25℃，子实体生长温度范围为 7~22℃，适宜温度为 10~17℃。子实体生长期的空气相对湿度 85%~90%，光线 500lx。发菌期料温控制在 22~25℃，避光培养，适度通风，空气相对湿度 70%以下，转色期温度控制在 18~25℃，空气相对湿度 85%，散射光照，转色后加大温差刺激催蕾，出菇期温度控制在 7~22℃，空气相对湿度 90%。第一茬菇采收后，补水至原重，准备第二茬菇生长。

五、香菇 SD-2

该品种由香菇 L26 与香菇泌阳 3 号杂交选育而成。属中高温型品种。菌丝浓白，绒毛状。子实体单生或丛生，菌盖浅褐色，有少量鳞片，直径 4.5~5.8cm，厚度 1.6~2.5cm，菌柄白色，中生，柄长 3.2~4.8cm，伞柄比为（3.6~4.5）:1，菌褶细白，孢子印淡白色，制干率高，适合干制加工。常规熟料栽培。菌丝最适生长温度为 22~25℃，子实体生长温度范围为 8~28℃，适宜温度为 15~22℃，耐温性强，空气相对湿度 85%~90%，光线 500lx。发菌期料温控制在 22~25℃，避光培养，适度通风，空气相对湿度 65%~70%，转色期温度控制在 18~25℃，空气相对湿度 80%，散射光照，转色后加大温差刺激催蕾，出菇期温度控制在 16~28℃，空气相对湿度 85%~90%。第一茬菇采收后，补水至原重，准备第二茬菇生长。

六、香菇新菌株“937”

该品种为中低温型中熟品种，在常规木屑培养基中适温培养，菌丝洁白、粗壮。伸延旺盛，生长速度快，菌丝发满后，继续培养，易形成白色颗粒状的菌瘤，子实体单生，中等大，菇形圆整，大小均匀。适应性广，抗逆性强，耐高温，不易烂筒，产量高，品质优，在同等环境条件下，易形成裂纹洁白的花菇，是目前脱袋栽培高产、稳产、高效、优质的香菇良种。海拔100~1 800m的地区均可栽培，南方诸省的接种适期为4—6月，出菇期为10月至翌年4月。出菇温度8~22℃，最适温度12~18℃。

第三节 品种选择要点

香菇栽培，应根据不同的栽培模式选择相应的栽培品种，在品种选择上，不论哪种栽培模式，必须首选已经成熟推广，其品种特性与技术栽培人员容易掌握的品种，切忌盲目更换品种，尤其对于一些单位推荐的外引品种，必须经过2~3年试种成功，表现稳定后再行栽培。品种选择应注意以下要点。

春季栽培香菇品种，应选择中温偏低的中晚熟品种。生产中常选用的适于袋料春季栽培的香菇品种有939、武香1号、闽丰1号、L-26、135、9015等。其中939在相同条件下花菇比例较高，135属中温偏低型品种，适宜在山区种植。

夏季栽培香菇品种，也是反季节栽培品种，这个季节栽培以产鲜菇为主，必须根据气温条件或海拔高度来选择合适菌种，此期一般应选择中偏高或高温型的菌种。段木栽培的菌种有241、8210等；袋料栽培的菌种有武香1号、241-4（耐旱、出菇期长）、Cr-04、Cr-63、L-66、856、939、135等；两用型品种有8001、7402、241-4等。

秋季栽培香菇品种，除具备所需要的优良综合农艺性状外，还应耐高温、抗杂菌能力强，发菌快，生理后熟期短，出菇早。目前，较适于秋季栽培的优良品种有Cr-04、Cr-02、Cr-42、Cr-62、Cr-63、L26等。

第四章　香菇的栽培技术

第一节　袋料栽培技术

一、菌种选择与播期安排

目前，香菇生产多采用温室、大棚作为出菇场所，受气候条件的影响大，季节性很强。各地香菇播种期应根据当地的气候条件而定。香菇生产多采用夏播，秋、冬、春出菇，由于秋季出菇始期在9月中旬，所以具体播种时间应在7月初，6月初制作生产种。应选用中温型或中温型偏低温菌株。但由于夏播香菇发菌期正好处在气温高、湿度大的季节，杂菌污染难以控制，所以近年来冬播香菇有所发展。一般是在11月底、12月初制作生产种，12月底、1月初播种，3月中旬进棚出菇。多采用中温型或中温偏高温型的菌株（图4-1）。

图4-1　香菇袋料栽培

二、栽培料配制

栽培料是香菇生长发育的基质，生活的物质基础，所以栽培料的好坏直接影响到香菇生产的成败以及产量和质量的高低。由于各地的有机物质资源不同，香菇生产所采用的栽培料也不尽相同。

1. 几种栽培料的配制

其配料以100kg计，视生产规模大小增减。

（1）木屑78%、麸皮（细米糠）20%、石膏1%、糖1%，另加尿素0.3%。料的含水率55%~60%。

（2）木屑78%、麸皮16%、玉米面2%、糖1.2%、石膏2%~2.5%、尿素0.3%、过磷酸钙0.5%。料的含水率55%~60%。

（3）木屑78%、麸皮18%、石膏2%、过磷酸钙0.5%、硫酸镁0.2%、尿素0.3%、红糖1%。料的含水率55%~60%。

上述3种栽培料的配制：先将石膏和麸皮拌匀，再和木屑拌均匀，把糖和尿素先溶化于水中，均匀地泼洒在料上，边翻边洒，并用竹扫帚在料面上反复扫匀。

（4）棉籽皮50%、木屑32%、麸皮15%、石膏1%、过磷酸钙0.5%、尿素0.5%、糖1%。料的含水率60%左右。

（5）豆秸46%、木屑32%、麸皮20%、石膏1%、食糖1%。料的含水率60%。

（6）木屑36%、棉籽皮26%、玉米芯20%、麸皮15%、石膏1%、过磷酸钙0.5%、尿素0.5%、糖1%。料的含水率60%。

上述3种栽培料的配制：按量称取各种成分，先将棉籽皮、豆秸、玉米芯等吸水多的料按料水比为1：（1.4~1.5）的量加水、拌匀，使料吃透水；把石膏、过磷酸钙与麸皮、木屑干混均匀，再与已加水拌匀的棉籽皮、豆秸或玉米芯混拌均匀；把糖、尿素溶于水后拌入料内，同时调好料的水分，用锨和竹扫帚把料翻拌均匀。不能有干的料粒。

2. 配料时应注意的几个问题

木屑使用阔叶树的木屑，陈旧的木屑比新鲜的木屑更好。配料前应将木屑过筛，粗细要适度，粗木屑易扎破塑料袋，过细的木屑影响袋内通气。在木屑栽培料中，应加入10%~30%的棉籽皮，有增产作用。栽培料中的麸皮、尿素不宜加得太多，否则易造成菌丝徒长，难于转色出菇。麸皮、米糠要新鲜，不能结块，不能生虫发霉。豆秸要粉成粗糠状，玉米芯粉成豆粒大小的颗粒状。

香菇栽培料的含水量生产上一般控制在55%~60%。含水量略低有利于控制杂菌污染，但出过第一潮菇时，要给菌柱及时补水，否则影响出菇。由于原料的干湿程度不同，软硬粗细不同，配料时的料水比例也不相同，一般料水比为 1：（0.9~1.3），相差的幅度很大。所以生产上每一批料第一次用来配料时，料拌好后要测定一下含水量，确定一个适宜的料水比例。

（1）手测法。将拌好的栽培料，抓一把用力握，指缝不见水，伸开手掌料成团即可。

（2）烘干法。将拌好的料准确称取 500g，薄薄地摊放在搪瓷盘中，放在温度 105℃的条件下烘干，烘至干料的重量不再减少为止，称出干料的重量。配料时，随水加入干料重量的 0.1%多菌灵有利于防止杂菌污染。

三、栽培方法

（一）栽培袋选择

香菇袋栽实际上多数采用的是两头开口的塑料筒，有壁厚 0.04~0.05cm 的聚丙烯塑料筒和厚度为 0.05~0.06cm 的低压聚乙烯塑料筒。聚丙烯筒高压、常压灭菌都可，但冬季气温低时，聚丙烯筒变脆，易破碎；低压聚乙烯筒适于常压灭菌。生产上采用的塑料筒规格也是多种多样的，一般用幅宽 15cm、筒长 55~57cm 的塑料筒。

（二）装袋与灭菌

先将塑料筒的一头扎起来。扎口方法有两种：一是将采用侧面打穴接种的塑料筒，先用尼龙绳把塑料筒的一端扎两圈，然后将筒口折过来扎紧，这样可防止筒口漏气。二是有的生产者采用 17cm×35cm 短塑料筒装料，两头开口接种，也要把塑料筒的一端用力扎起来，但不必折过来再扎了。扎起一头的塑料筒称为塑料袋，装袋前要检查是否漏气，漏气的塑料袋不能用。用装袋机装袋尽量把袋装紧，越紧越好，一定要把袋口扎紧扎严。手工装袋，要边装料，边抖动塑料袋，并用粗木棒把料压紧压实，装好后把袋口扎严扎紧。在高温季节装袋，要集中人力快装，一般要求从开始装袋到装锅灭菌的时间不能超过 6h，否则料会变酸变臭。料袋装锅时要有一定的空隙或者“#”字形排垒在灭菌锅里，这样灭菌时不易出现死角。采用高压蒸汽灭菌时，料袋必须是聚丙烯塑料袋，加热灭菌随着温度的升高，锅内的冷空气要放净，当压力表指向 1.5kg/cm^{2}时，维持压力 2h 不变，停止加热。自然降温，让压力表指针慢慢回落到0位时，先打开放气阀，再开锅出锅。采用常压蒸汽灭菌锅，开始加热升温时，火要旺要猛，从生火到锅内温度达到100℃的时间最好不超过4h，当温度到100℃后，要用中火维持8~10h，中间不能降温，最后用旺火1h左右，再停火焖一夜后出锅。出锅前先把冷却室或接种室进行空间消毒。

出锅用的塑料筐也要喷洒2%的来苏儿或75%的酒精消毒。把刚出锅的热料袋运到消过毒的冷却室里或接种室内冷却，待料袋温度降到30℃以下时才能接种。

（三）接种

香菇料袋多采用侧面打穴接种，要几个人同时进行，所以在接种室和塑料接种帐中操作比较方便。具体作法是先将接种室进行空间消毒，然后把刚出锅的料袋运到接种室内一行一行、一层一层地垒排起，每垒排一层料袋，就往料袋上用手持喷雾器喷洒一次0.2%多菌灵；全部料袋排好后，再把接种用的菌种、胶纸，打孔用的直径1.5~2cm的圆锥形木棒、75%的酒精棉球、棉纱、接种工具等准备齐全。关好门窗，消毒40min；接种人员接种按无菌操作进行。侧面打穴接种一般用长55cm塑料筒作料袋，接5穴，一侧3穴，另一侧2穴。用35cm长的塑料筒作料袋，可用侧面打穴接种，一般打3个穴，一侧2个，一侧1个，也可两头开口接种。接完种的菌袋即可进培养室培养。

用接种箱接种，因箱体空间小，密封好，消毒彻底，所以接种成功率往往要高于接种室。但单人接种箱只能一个人操作，只适用于在短的料袋两头开口接种。如果是侧面打穴接种，最好采用双人接种箱，由两个人共同操作，一个人负责打穴和贴胶粘纸封穴口，另一个人将菌种按无菌程序转接于穴中。

（四）管理

1. 发菌期

菌袋培养期通常称为发菌期，指从接完种到香菇菌丝长满料袋并达到生理成熟这段时间内的管理。可在室内（温室）、阴棚里发菌，发菌地点要干净、无污染源，要远离猪场、鸡场、垃圾场等杂菌滋生地，要干燥、通风、遮光等。进袋发菌前要消毒杀菌、灭虫，地面撒石灰。

夏季播种香菇发菌期正处在高温季节，气温往往要高于菌丝生长的适温（24~27℃），所以发菌期管理的重点是防止高温烧菌。刚接完种的菌袋，3个袋一层呈三角形垒成排，接种穴朝侧面排放，每排垒几层要看温度的高低而定，温度高可少垒几层，排与排之间要留有走道，便于通风降温和检查菌袋生长情况。发菌场地的气温最好控制在28℃以下。开始7~10d内不要翻动菌袋，第13~15d进行第一次翻袋，这时每个接种穴的菌丝体呈放射状生长，直径在8~10cm时生长量增加，呼吸强度加大，要注意通气和降温。在翻袋的同时，用直径1mm的钢针在每个接种点菌丝体生长部位中间，离菌丝生长的前沿2cm左右处扎微孔3~4个；或者将封接种穴的胶粘纸揭开半边，向内折拱一个小的孔隙进行通气，同时挑出杂菌污染的袋。这时由于菌丝生长产生的热量多，要加强通风降温，最好把发菌场地的温度控制在25℃以下。这在夏季播种是很难做到的，但要设法把菌袋温度控制在32℃以下，超过32℃菌丝生长弱，35℃时菌丝会停止生长，38℃时菌丝能烧死。

降温的方法很多，可灵活掌握。如减少菌袋垒排的层数，扩大菌袋间距，利于散热降温；温室和阴棚发菌，白天加厚遮盖物，晚上揭去遮盖物；室内和温室发菌，趁夜间外界气温低时，加强通风降温，有条件的可安装排风扇；气温过高，可喷凉水降温，但要注意喷水后要加强通风，不能造成环境过湿，以防止杂菌污染。菌袋培养到30d左右再翻一次袋。在翻袋的同时，用钢丝针在菌丝体的部位，离菌丝生长的前沿2cm处扎第二次微孔，每个接种点菌丝生长部位扎一圈4~5个微孔，孔深约2cm。为了防止翻袋和扎孔造成菌袋污染杂菌，装袋时一定要把料袋装紧，料袋装的越紧杂菌污染率越低。凡是封闭式发菌场地，如利用房间、温室发菌，在翻袋扎孔前要进行空间消毒，可有效地减少杂菌污染。发菌期还要特别注意防虫灭虫。

由于菌袋的大小和接种点的多少不同，一般要培养45~60d菌丝才能长满袋。这时还要继续培养，待菌袋内壁四周菌丝体出现膨胀，有皱褶和隆起的瘤状物，且逐渐增加，占整个袋面的2/3，手捏菌袋瘤状物有弹性松软感，接种穴周围稍微有些棕褐色时，表明香菇菌丝生理成熟，可进菇场转色出菇。

2. 转色期

香菇菌丝生长发育进入生理成熟期，表面白色菌丝在一定条件下，逐渐变成棕褐色的一层菌膜，叫作菌丝转色。转色的深浅、菌膜的薄厚，直接影响到香菇原基的发生和发育，对香菇的产量和质量关系很大，是香菇出菇管理最重要的环节。

转色的方法很多，常采用的是脱袋转色法。要准确把握脱袋时间，即菌丝达到生理成熟时脱袋。脱袋太早了不易转色，太晚了菌丝老化，常出现黄水，易造成杂菌污染，或者菌膜增厚，香菇原基分化困难。脱袋时的气温要在 15～25℃，最好是 20℃。脱袋前，先将出菇温室地面做成 30～40cm 深、100cm 宽的畦，畦底铺一层炉灰渣或沙子，将要脱袋转色的菌袋运到温室里，用刀片划破菌袋，脱掉塑料袋，把柱形菌块按 5～8cm 的间距立排在畦内。如果长菌柱立排不稳，可用竹竿在畦上搭横架，菌柱以 70°～80°的角度斜靠在竹竿上。脱袋后的菌柱要防止太阳晒和风吹，这时温室内的空气相对湿度最好控制在 75%～80%，有黄水的菌柱可用清水冲洗净。脱袋立排菌柱要快，排满一畦，马上用竹片拱起畦顶，罩上塑料膜，周围压严，保湿保温。待全部菌柱排完后，温室的温度要控制在 17～20℃，不要超过 25℃。如果温度高，可向温室的空间喷冷水降温。白天温室多加遮光物，夜间去掉遮光物，加强通风来降温。光线要暗些，头 3～5d 尽量不要揭开畦上的罩膜，这时畦内的相对湿度应在 85%～90%，塑料膜上有凝结水珠，使菌丝在一个温暖潮湿的稳定环境中继续生长。应注意在此期间如果气温高、湿度过大，每天还是要在早、晚气温低时揭开畦的罩膜通风 20min。在揭开畦的罩膜通风时，温室不要同时通风，将二者的通风时间要错开。在立排菌柱 5～7d 时，菌柱表面长满浓白的绒毛状气生菌丝时，要加强揭膜通风的次数，每天 2～3 次，每次 20～30min，增加氧气、光照（散射光），拉大菌柱表面的干湿差，限制菌丝生长，促其转色。当 7～8d 开始转色时，可加大通风，每次通风 1h。结合通风，每天向菌柱表面轻喷水 1～2 次，喷水后要晾 1h 再盖膜。连续喷水 2d，至 10～12d 转色完毕。在生产实践中，由于播种季节不同，转色场地的气候条件特别是温度条件不同，转色的快慢不大一样，具体操作要根据菌柱表面菌丝生长情况灵活掌握。

转色过程中常见的不正常现象及处理办法。

（1）转色太浅或一直不转色。如果脱袋时菌柱受阳光照射或干风吹袭，造成菌柱表面偏干，可向菌柱喷水，恢复菌柱表面的湿度，盖好罩膜，减少通风次数和缩短通风时间，可每天通风1~2次，每次通风10~20min。如果空间空气相对湿度太低或者温度低于12℃，或高于28℃时，就要及时采取增湿和控温措施，尽量使湿度在85%~90%，温度掌握在15~25℃。

（2）菌柱表面菌丝一直生长旺盛，长达2mm时也不倒伏、转色。造成这种现象的原因是缺氧，温度虽适宜，但湿度偏大，或者培养料含氮量过高等。这就需要延长通风时间，并让光线照射到菌柱上，加大菌柱表面的干湿差，迫使菌丝倒伏。如仍没有效果，还可用3%的石灰水喷洒菌柱，并晾至菌柱表面不黏滑时再盖膜，恢复正常管理。

（3）菌丝体脱水，手摸菌柱表面有刺感。可用喷水的方法提高空气相对湿度及菌柱表面的潮湿度，使罩膜内空气相对湿度保持在85%~90%。

（4）脱袋后两天左右，菌柱表面瘤状的菌丝体产生气泡膨胀，局部片状脱落，或部分脱离菌柱形成悬挂状。出现这种现象的主要原因是脱袋时受到外力损伤或高温（28℃）的影响，也可能是因为脱袋早、菌龄不足、菌丝尚未成熟，适应不了变化的环境造成。解决办法是严格地把温度控制在15~25℃，空气相对湿度85%~90%，促其菌柱表面重新长出新的菌丝，再促其转色。

（5）杂菌污染。出现菌柱出现杂菌污染时，可用Ⅱ型克霉灵1:500倍液喷洒菌柱，每天1次，连喷3d。每次喷完后，稍晾干再罩膜。

除了脱袋转色外，生产上有的采用针刺微孔通气转色法，待转色后脱袋出菇。还有的不脱袋，待菌袋接种穴周围出现香菇子实体原基时，用刀割破原基周围的塑料袋露出原基，进行出菇管理。出完第一潮菇后，整个菌袋转色结束，再脱袋泡水出第二潮菇。这些转色方法简单，保湿好，在高温季节采用此法转色可减少杂菌污染。

3. 出菇管理

香菇菌柱转色后，菌丝体完全成熟，并积累了丰富的营养，在一定条件的刺激下，迅速由营养生长进入生殖生长，发生子实体原基分化和生长发育，也就是进入了出菇期。

（1）催蕾。香菇属于变温结实性的菌类，一定的温差、散射光和新鲜的空气有利于子实体原基的分化。这个时期一般都揭去畦上罩膜，出菇温室的温度最好控制在10~22℃，昼夜之间能有5~10℃的温差。如果自然温差小，还可借助于白天和夜间通风的机会人为地拉大温差。空气相对湿度维持90%左右。条件适宜时，3~4d菌柱表面褐色的菌膜就会出现白色的裂纹，不久就会长出菇蕾。此期间要防止空间湿度过低或菌柱缺水，以免影响子实体原基的形成。出现这种情况时，要加大喷水，每次喷水后晾至菌柱表面不黏滑，而只是潮乎乎的，盖塑料膜保湿。也要防止高温、高湿，以防止杂菌污染，烂菌柱。一旦出现高温、高湿时，要加强通风，降温降湿。

（2）子实体生长发育期的管理。菇蕾分化出以后，进入生长发育期。不同温度类型的香菇菌株子实体生长发育的温度是不同的，多数菌株在8~25℃的温度范围内子实体都能生长发育，最适温度在15~20℃，恒温条件下子实体生长发育很好。要求空气相对湿度85%~90%。随着子实体不断长大，呼吸加强，二氧化碳积累加快，要加强通风，保持空气清新，还要有一定的散射光。

夏播香菇出菇始期在秋季，管理的重点是控温保湿。早秋气温高，出菇温室要加盖遮光物，并通风和喷水降温；晚秋气温低时，白天要增加光照升温，如果光线强影响出菇，可在温室内半空中挂遮阳网，晚上加保温帘。空间相对湿度低时，喷水主要是向墙上和空间喷雾，增加空气相对湿度。当子实体长到菌膜已破，菌盖还没有完全伸展，边缘内卷，菌褶全部伸长，并由白色转为褐色时，子实体已八成熟，即可采收。

整个一潮菇全部采收完后，大通风一次，晴天气候干燥时，可通风2h；阴天或者湿度大时可通风4h，使菌柱表面干燥，然后停止喷水5~7d。让菌丝充分复壮生长，待采菇留下的凹点菌丝发白，就给菌柱补水。补水以水浸透菌柱（菌柱重量略低于出菇前的重量）为宜。浸不透的菌柱水分不足，浸水过量易造成菌柱腐烂，都会影响出菇。补水后，将菌柱重新排放在畦里，重复前面的催蕾出菇的管理方法，准备出第二潮菇。第二潮菇采收后，还是停水、补水，重复前面的管理，一般出 4 潮菇。有时拌料水分偏大，出菇时的温度、湿度适宜，菌柱出第一潮菇时，水分损失不大，可以不用浸水法补水，而是在第一潮菇采收完，停水 5~7d，待菌丝恢复生长后，直接向菌柱喷一次大水，让菌柱自然吸收，增加含水量，然后再重复前面的催蕾出菇管理，当第二潮菇采收后，再浸泡菌柱补水。浸水时间可适当长些。以后每采收一潮菇，就补一次水。

冬季气温较低，子实体生长慢，产量低，但菇肉厚，品质好。这个季节管理的重点是保温增温，白天增加光照，夜间加温，中午通风，尽量保持温室内的气温在 7℃以上。可向空间、墙面喷水调节湿度，少往菌柱上直接喷水。如果温度低不能出菇，就把温室的相对湿度控制在 70%~75%，养菌保菌越冬。

春季的气候干燥、多风。这时的菌柱经过秋冬的出菇，由于菌柱失水多，水分不足，菌丝生长也没有秋季旺盛，管理的重点是给菌柱补水，浸泡时间 2~4h，经常向墙面和空间喷水，空气相对湿度保持在 85%~90%。早春要注意保温增温，通风要适当，可在喷水后进行通风，要控制通风时间，不要造成温度、湿度下降。

四、采收

香菇子实体发育至适期时，即可适时采摘。如不及时采收，菌肉变薄，色泽由深变浅，菌柄纤维素增多，质量差。一般来讲，菌盖 6~9 分展开的幅度，是采收的适宜期。为了提高经济效益，在适宜的采收期内，应按鲜售和干制的不同要求、不同标准采摘。

1. 鲜售香菇的采摘标准

当菇盖色泽从深开始变浅，菇盖将全部展开，边缘尚有少许内卷，菌褶已完全伸长，孢子已开始正常地弹射，即菌盖有八九分展开时，是鲜售菇采摘最适期。此时菇肉质地结实，分量较重，外形美观。

2. 干制香菇的采摘标准

选择晴好天气，菌盖七八分展开，菌盖边缘内卷，内卷的边缘处尚与菌褶相连时采摘。花菇采收时，要在菌盖边缘未完全展开，即六七分展开，菌盖的边缘的菌幕尚能清楚可见时采收较适宜。

采收时要注意采摘方法，否则影响产品质量。采摘时用大拇指和食指掐住菇柄基部，轻轻地将基旋转拧下。采摘时应注意两个问题，第一，不要损伤菌盖、菌褶。第二，发现有残断的菇柄及死菇，要随时用小刀去除干净，以防腐烂而招引霉菌。

第二节　段木栽培技术

香菇的段木栽培就是把适于香菇生长的树木砍伐后，将枝、干截成段，再进行人工接种，然后在适宜香菇生长的场地，集中进行人工科学管理生产香菇的方法。主要栽培技术要点如下。

一、菇场选择

菇场要选择在菇树资源丰富，便于运输管理，通风向阳，排水良好的地方。菇场最好设在稀疏阔叶林下或人造遮阴棚下，要求有太阳散射光能透进的地方。日照过多，菇木易干燥脱皮，过阴也不利于菇的生长。菇场附近要有溪流等水源，以便水分管理。常年空气相对湿度平均在 70%左右为理想。菇场的土质以含石砾多的砂质土最佳，这样可使菇场环境清洁，菇木不易染病、生虫。

二、菇木选择与处理

适于香菇生长发育的树种很多，有栗树、柞树、槲树、桦树、胡桃楸、千金榆、生赤杨等。作为香菇生产所用的树木，其树龄从七八年生的幼龄树到百年以上的老龄树都可以生长香菇，但以树龄 15~30 年生的树木最适宜。菇木的直径以 5~20cm 的原木较为理想。选好的树木要及时砍伐，伐树期选在深秋和冬季为好。砍伐后待树木丧失部分水分后剃枝，并运至菇场。运到菇场的原木，要自然风干一段时间。风干时间的长短应根据不同树种的含水量而定。当菇木含水量为 35%~45%时接种，最适于菌丝生长发育。含水量大小可根据菇木横断面的裂纹来判断，一般细裂纹达菇木直径的 2/3 时，就达到了适合接种的含水量。此时可将菇木截成 1m 左右的木段，菇木长短要一致，便于堆放和架立操作（图 4-2）。

图 4-2　香菇段木栽培

三、段木接种

（一）接种时间

气温在5~20℃的季节里，结合菇木的砍伐时间、不同树种、菌种菌龄、生产规模等都可安排接种。气温在15℃左右时是接种的最佳时期。气温偏低发菌虽慢，但杂菌污染机会少。

（二）接种方法

制备的香菇栽培种有木屑菌种和木塞菌种，因此接种方法有两种。

1. 木屑菌种接种法

接种前先用电钻或打孔器在菇木上打孔，孔深1.5~2cm，孔径1.5cm，接种孔的行距6~7cm，穴距10cm，品字形排列。接种时取木屑种一撮，填入接种孔内，再将预先准备好的树皮盖盖在接种孔上，用锤子轻轻敲平。玉米芯也可以作封盖，先将玉米芯用锤子敲成四瓣，手拿其中一瓣用锤子逐个接种孔敲入即可。

2. 木塞菌种接种法

此法使用的一般是圆台形木塞菌种，也有圆柱形木塞菌种，种木应根据接种孔的大小制备。接种前先在菇木上打孔，然后将一块培养好的木塞菌种塞入孔内，并用锤子敲平。

四、发菌管理

发菌也称养菌。发菌的过程就是将接种后的菇木按一定的格式堆放在一起，使菌丝迅速定植，并在适宜的温度、湿度条件下向菇木内蔓延生长的过程。发菌时，菇木的堆放方法要因地制宜选用。

1. 菇木的堆放方法

一般有以下几种方法。

（1）“井”字形。适于地势平坦、场地湿度高，菇木含水量偏足的条件采用。首先在地面垫上枕木，将接好种的菇木以“井”字形堆成约 1m 高的小堆，堆的上面和四周盖上树枝或茅草，防晒、保温、保湿。

（2）横堆式。菇场湿度、通风等条件中等，可采用横堆式。堆时先横放枕木，再在枕木上按同一方向堆放，堆高 1m 左右，上面或阳面覆盖茅草。

（3）覆瓦式。适于较干燥的菇场。先在地面上横放一根较粗的枕木，在枕木上斜向纵放 4~6 根菇木，再在菇木上横放一根枕木，再斜向纵放 4~6 根菇木，以此类推，阶梯形依次摆放。

除上述 3 种摆放方法外，还有牌坊式、立木式和三角形摆放方法，各菇场可根据实际情况灵活选用。

2. 发菌管理

菇木堆垛后，即进入发菌管理阶段。发菌管理主要指如何采取适当的措施，控制菇木的环境条件以促进尽快出菇。

（1）遮阴控温。堆垛初期，垛顶和四周要盖有枝叶或茅草。接菌早、气温低时，为了保温，垛上可覆盖一层塑料薄膜。如果堆内温度超过 20℃时，应将薄膜去掉。天气进入高温时期，最好将堆面遮阴改为搭凉棚遮阴，这样有利于降低菇场温度。

（2）喷水调湿。在高温季节，菇木的含水量相应减少，特别是菇木含水量干至 35%以下，切面出现相连的裂缝时，一定要补水。高温季节要选在早晚天气凉爽时进行补水。补大水后要及时加强通风，切忌湿闷，否则不但杂菌虫害会大量滋生，而且易导致菇木发黑腐烂。

（3）翻堆。菇木所处的位置不同，温、湿条件不一致，发菌效果也会不同。为使菇木发菌一致必须注意翻堆。翻堆就是将菇木上下左右内外调换一下位置。一般每隔 20d 左右翻堆 1 次。勤翻堆可加强通风换气，抑制杂菌污染。翻堆时切忌损伤菇木树皮。

五、立木出菇

经过两个月左右的养菌，菇木已到成熟时期，较细的菇木已具备出菇条件（较粗的菇木往往要经过两个夏季才能大量出菇）。成熟的菇木常发出浓厚的香菇气味或出现瘤状突起（菇蕾）。完全成熟的菇木必须及时立木，以便进行出菇期间的管理。

立木方式采用“人”字形，用4根1.5m高的木段分两两一组先交叉绑成两个“X”形，在“X”形木架上放一根长横木，横木距地面60~70cm。最后将菇木成“人”字形交错排放在横木上。“人”字形菇木应南北向排放，以使其受光均匀。

在菇木立木前，菇木要进行浸淋水处理。浸水时间的长短应使菇木在浸水地中没有放出气泡为止（一般为10~20h），说明菇木已吸足水分。菇木在浸水过程中要轻拿轻放。千万不能损伤树皮并要求浸水时要用清洁的冷水。浸水时还应防止菇木漂浮，在菇木上面铺上木排，压上重物，使菇木全部沉没在水中。

对没有浸水池等设备的菇场，亦可用将菇木放倒在地面上使其吸收地面水分的方法催菇。干旱无雨时，应连续几天大量喷水，直至菇木上长出原基并开始分化时再立木出菇，这一方法，同样可以达到催菇的效果。

六、出菇管理

出菇管理期间的技术措施应围绕着“温、湿、惊”3个方面着手。

1. 温度

菌丝发育健壮、达到生理成熟的菇木，经浸淋水催菇后，遇到适宜的温度后即大量出菇。适宜出菇的温度范围为10~25℃。在这一范围内，其温差在10℃左右时有利于子实体的形成。较大的温差变化，能使菇木营养暂聚，扭结成子实体，继而在较高的适温条件下膨大成小菇营，再在较恒定的适于子实体生长的温度内，使小菇蕾正常的发育成人们所需的香菇。

2. 湿度

香菇段木栽培出菇阶段的湿度包括两个方面：一是菇木的含水

量，如果菇木中含水量在出菇阶段低于35%，无法出菇。第一年菇木的含水量在40%～50%为适合，第二年菇木含水量调节至45%～55%为宜，第三年菇木含水量指标为菇木重量近于或略重于新伐时的段木重量。菇木的含水量，出菇期比无菇期高，菇木年份越长，其含水量也要求随之增高。二是空气湿度。在原基分化和发育成菇蕾时，菇场的空间相对湿度应保持在85%左右。随着子实体的长大，空间湿度应随之下降至75%左右。当子实体发育至七八分成熟时，空间湿度可下降至偏干状态。

3. 惊木

其方法主要有两种，第一种为浸水打木。菇木浸水后立架时，用铁锤等敲击菇木的两端切面。菇木浸水后其氧气相对减少，惊木后菇木缝隙中多余水分可溢出，增加了新鲜氧气，使断裂的菌丝更能茁壮成长，促使原基大量爆出。第二种为淋水惊木。在无浸水设备的菇场、可利用淋水惊木方法催菇。淋一次大水，在菇木两端敲打一次，或借天然下雨时敲打菇木，也能获得同样的效果。

七、采收

香菇子实体发育至适期时，即可适时采摘。如不及时采收，菌肉变薄，色泽由深变浅，菌柄纤维素增多，质量差。一般来讲，菌盖6～9分展开的幅度，是采收的适宜期。为了提高经济效益，在适宜的采收期内，应按鲜售和干制的不同要求、不同标准采摘。

1. 鲜售香菇的采摘标准

当菇盖色泽从深开始变浅，菇盖将全部展开，边缘尚有少许内卷，菌褶已完全伸长，孢子已开始正常地弹射，即菌盖有八九分展开时，是鲜售菇采摘最适期。此时菇肉质地结实，分量较重，外形美观。

2. 干制香菇的采摘标准

选择晴好天气，菇盖达七八分展开，菌盖边缘内卷，内卷的边缘处尚与菌褶相连时采摘。花菇采收时，要在菌盖边缘未完全展开，即六七分展开，菇盖边缘的菌幕尚能清楚可见时采收较适宜。

采收时要注意采摘方法，否则影响产品质量。采摘时用大拇指和食指掐住菇柄基部，轻轻地将基旋转拧下。采摘时应注意两个问题，第一，不要损伤菌盖、菌褶。第二，发现有残断的菇柄及死菇，要随时用小刀将其挖干净，以防腐烂而招引霉菌。

八、采后管理

当一批香菇采摘完毕或一季停产后，菇柄基部附近或出菇多的菇木菌丝体中养分和水分大量减小。为使这些菌丝体重新积累养分和水分，就得让其生息养菌，复壮后以待继续出好菇。生息养菌可分为隔批养菌和隔年养菌。

隔批养菌是指当一批香菇采收完毕，即需进行短期的养菌。在休养期间菇木水分要掌握略偏干些，通风量大些，温度尽量提高些，为菌丝复壮创造良好的环境条件。

隔年养菌是指当出菇生产周期结束后，即进入隔年养菌阶段。此阶段养菌期较长，故将菇木略风干后，在菇场以不同的堆叠方式堆垛。在管理时要做到菇木透气保温，免日晒、防病虫害等。出菇期将到来时，再进行浸水、立架等出菇管理。

第五章　病虫害及杂菌的综合防治

第一节　香菇生理性病害的防治

生理性病害又称非侵染性病害，是由于生长条件不适宜或环境中有害物质的影响而导致的生长不良现象。这种病害虽无病原物，不会相互传染，一旦发生则会造成重大损失。袋料香菇最常见的生理性病害有硬开伞、菌丝淡化、烧菌（闷堆）、菌棒黄水、菌棒衰败和畸形菇等。

一、硬开伞

（一）症状

未成熟的子实体菌盖与菌柄发生分离裂开的现象，即为“硬开伞”。

（二）原因

秋菇后期，若冷空气突然来袭，温度急骤降低或昼夜温差过大（10℃以上），造成料温和气温温差较大，菌柄和菌盖生长不平衡，秋菇常出现硬开伞。

（三）防治

保持适宜的温度，通风换气要好，培养料的水分和空气湿度要适宜，这样就不容易开伞。

二、畸形菇

（一）症状

菇体不正常，主要表现为有柄无盖、菇柄过粗或菇盖畸形等。

（二）病因

除部分遗传因素外，畸形菇主要由原基形成部位过深，大量养分消耗于菇柄生长或者脱袋时气温过高所致。二氧化碳等有害气体浓度过高，或者割袋出菇不及时，机械挤压，形成菇盖畸形。

（三）防治

选用经严格出菇试验、保持优良种性的菌种；菇棚的分布与朝向，应充分考虑通风方便，管理上更应加强通风换气；第 1 潮菇的催菇应视品种和菌棒含水量而定，容易出菇的品种提倡自然出菇，不需催蕾。不易出菇的品种或含水量不足的菌棒，通过浸水软化菌皮，以利出菇，而不应采用注水的办法。不易出菇但含水充分的菌棒，可结合最后一次刺孔增氧达到催蕾的效果；常规菇脱袋时间宜在气温连续 3d 低于 16℃时进行。应加强秋菇后期菇房的保温措施，减小菇房温度的变幅。

三、菌丝淡化

（一）症状

菌丝生长稀少，菌棒软绵无弹性。

（二）病因

灭菌前培养料已经发生霉变，杂菌释放的抗菌素浓度过高或杂菌的活动改变了培养料的 pH 值；培养料选用不合适，如选用未经脱脂处理的针叶树木屑而导致油脂及萜烯类物质浓度过高，抑制香菇菌丝生长；过量添加硫酸镁等化学物质；缺少某些必需的营养元素。

（三）防治

选用新鲜优质的培养料，合理配方，不随意添加化学物质；拌料后及时严格灭菌，防止酵母菌发酵而改变培养料的 pH 值。

四、烧菌

（一）症状

培养料发热、发酸、菌丝死亡。发菌初期和刺孔增氧期间容易发生。

（二）病因

香菇菌丝的呼吸过程消耗氧气并释放热量，在菌棒高密度堆叠和通风不畅的条件下，积累了热量，使料温升高，温度的升高又促进代谢加速，从而进入一个恶性循环过程，刺孔增氧加速了这个循环过程。当料温升到 33℃以上，氧气供不应求时，菌种块表面或内部原有的弱势菌类——酵母菌在厌氧状态下，上升为优势菌类，培养料很快发酵并酸化，加速香菇菌丝的死亡。

（三）防治

及时散堆，疏排菌棒，分批刺孔，加强通风。

五、菌棒黄水

（一）症状

菌瘤不能正常干缩成菌皮，而是溶解成棕黄色的酱水，黄汁流溢之处由表向内腐烂，最后受害部位有各种杂菌混发。

（二）病因

菌瘤内菌丝在高温或机械损伤等不良环境条件下，自溶成酱液。黄汁的湿度和营养物质有利于青霉或细菌的繁殖为害，引发传染性病害。

（三）防治

选用抗逆性强的品种，如 V26、V29；菌棒应堆放在阴凉通风之处；刺孔增氧气温掌握在 20~25℃，轻拿、轻刺、轻放，避免刺伤菌瘤；用注射器抽去黄汁，减少筒袋内湿度；为害严重者，应剥除筒袋，剔除腐殖质，将菌棒在 0.05%的扑霉灵溶液中浸泡 1min，沥干后重新套袋，重新刺孔。

六、菌棒衰败

（一）症状

菌皮坚硬，菌棒内部菌丝残短无光泽，培养料遇水松散。第 1 潮菇后，菌棒不能正常收缩，此症状在脱袋管理的香菇菌棒中更易发生。

（二）病因

劣质培养料、不良气候或管理不善造成后期菌丝生长不良。菌丝残短，失去粘连培养料和扭结成菌索、形成原基的能力。

（三）防治

选用抗逆性强的品种；选用优质培养料，尤其要坚持使用石膏而不应以碳酸钙代替，更要避免使用掺假的劣质麸皮；加强后期管理，菌棒入棚后，在较热的天气还需加强遮阴、通风散热，防止后期烧菌。

第二节　香菇其他病虫害及杂菌的综合防治

一、严格把好菌种关

在确定生产用的优良品种以后，菌种是否被杂菌污染则是优质菌种最基本的条件。优质菌种可采用目测和培养的方法来确定。凡菌丝粗壮，打开瓶塞具特有香味，可视为优质菌种。有条件的，还应抽样培养，同时还可检查菌丝生活力。

二、严格把好菌袋加工关

塑料袋应选择厚薄均匀、无沙眼、弹性强、耐高温、高压的聚丙烯塑料袋，培养料切忌太湿，料水比掌握在1∶（1.1~1.2）；装料松紧适中，上下表内一致；两端袋口应扎紧，并用火焰熔结，在高温季节制菌袋时，可用1∶800倍多菌灵溶液拌料，防治杂菌。

三、严格把好灭菌关

常压灭菌应使灶内温度稳定在100℃，并持续8h；锅内菌袋排放时，中间要留有空隙，使蒸汽畅流菌袋受热均匀；要避免因补水或烧火等原因造成中途降温；从拌料到灭菌必须在8h内完成，从灭菌开始到灶温上升到100℃不可超过5h，以免料发酵变质。

四、搞好环境卫生

净化空气使空气中杂菌孢子的密度降得最低，是减少杂菌污染最积极有效的一种方法。装瓶消毒冷却，接种、培养室等场所，均需做好日常的清洁卫生。暴雨后要进行集中打扫。坚持每天在空中、地面用0.2%肥皂水或3%~4%石碳酸水溶液，5%甲醛，1∶500倍50%的多菌灵水溶液及5%~20%石灰清水等交叉喷雾或喷洒，将废弃物和污染物及时烧毁或浸入药水缸，以防污染环境和空气。

五、严格无菌操作

接种室应严格消毒；做好接种前菌种预处理；接种过程中菌种瓶用酒精灯火焰封口；接种工具要坚持火焰消毒；菌种尽量保持整块；接种时要避免人员走动和交谈；及时清理接种室的废弃物，保持室内清洁。

六、科学安排接种季节

必须根据香菇菌丝生长和子实体发生对温度的要求，科学安排接种季节。过早接种或遇夏秋高温气候，既明显增加污染率，又不利菌丝生长；过迟接种，污染率虽然较低，但秋菇生长期缩短，影响产量。接种以日平均气温稳定在25℃左右时为最好。夏季气温偏高时，接种时间应安排在午夜至次日清晨。

七、改善环境因子

杂菌发生快慢和轻重，在很大程度上取决于各种环境因子，特别是香菇栽培块或菌筒上的霉菌发生时应通风换气。温度、湿度等环境因子有利于香菇生长发育时，香菇菌丝生活力旺盛，抗性强，杂菌就不易发生，反之，杂菌便会乘虚而入，迅速发生。因此，在日常管理工作中，尽可能创造适宜于香菇菌生长发育的环境条件也是一项很重要的预防措施。

八、减少菌丝未愈合时发生霉菌

采取将门窗关好（定量开窗通风几次），除去覆盖的薄膜，待控制霉菌后再盖上的措施。若个别栽培块发生霉菌，不要急于处理，待菌丝愈合后再作处理，但需增加掀动薄膜的次数，并加强栽培室通风换气和降温减湿。

九、霉菌处理

霉菌发生在栽培块或菌筒表面，尚未入料，一般可以采用pH值8~10的石灰清水洗净其上的霉菌，改变酸碱度，抑制霉菌生长。若霉菌严重，已伸入料内，可把霉菌挖干净，然后补上栽培种。霉菌特别严重的栽培块或菌筒，可拿到室外，用清水把霉菌冲洗干净，晾干2~3d后，再喷洒0.5%过氧乙酸（CH_3COOOH）可收到显著的防治效果。

十、加强检查

在气温较高季节，培养室内菌袋排放不宜过高过密，以免因高温菌丝停止生长或烫伤，影响成品率。发菌5~6d后，结合翻堆要逐袋认真检查，发现污染菌袋随即取出。对污染轻的菌袋，可用20%甲醛或 5%石碳酸或 95%酒精注射于污染部位，再贴上消毒胶布。

对青霉、木霉污染严重的菌袋，添加适量新料后重新灭菌接种；污染链孢霉的菌袋，及时深埋。此外，要防鼠灭鼠，避免老鼠间接污染，对污染废弃的菌袋要集中处理，千万不能到处乱扔，以免造成重复感染。

十一、虫害防治

袋料栽培中为害香菇的害虫主要为螨类和线虫。菌筒室内培养期间主要是螨的为害，后期主要为线虫。培养室或栽培场发生害虫为害可喷高效低毒农药，1：（1 200~1 500）倍的特杀螨，1：50 倍的杀虫乳剂和 1：500 倍的马拉松乳剂防治线虫可收到良好效果。

第六章　香菇保鲜与加工

第一节　香菇干制与保鲜

香菇采收时，要轻轻放在塑料筐中，且不可挤压变形，然后清除菇体上的杂质，挑出残菇，剪去柄基，并根据菌盖大小、厚度、含水量多少分类，排放在竹帘或苇席上，置于通风处。应及时加工，长时间堆放在一起会降低质量。

一、香菇的干制

（一）晒干

要晒干的香菇采收前2~3d内停止向菇体上直接喷水，以免造成鲜菇含水量过大。菇体七八成熟，菌膜刚破裂，菌盖边缘向内卷呈铜锣状时应及时采收。最好在晴天采收，采收后用不锈钢剪刀剪去柄基，并根据菌盖大小、厚度、含水量多少分类，菌褶朝上摊放在苇席或竹帘上，置于阳光下晒干。一般要晒3d左右才可以达到足干。香菇晒干方法简单，成本低，但在晒干的前期，菇体内酶等活性物质不能马上失去活性，存有一定的“后熟”作用，影响商品质量。遇有阴雨天就难晒出合格的商品菇。另外，晒干的香菇不如烘干的香菇香味浓郁，对商品价值有所影响。

（二）烘干

采收下的香菇马上进行清整，剪去柄基，根据菇盖的大小、厚度分类，菌褶朝下摊放在竹筛下，筛的孔眼不小于1cm。先将烘干机预热到45℃左右，降低机内湿度，然后将摊放鲜菇的竹筛分类置于烘干架上。小的厚菇，含水量少的菇放于架的上层，薄菇、菌盖中等的菇置于架的中层，大且厚的菇或含水量大的菇置于架的下层。机内温度逐渐下降，烘烤的起始温度，较干的香菇为35℃，较湿的香菇为30℃。这时菇体含水量大，受热后表面水分迅速蒸发，为了加速水分蒸发，烘干机的进气口和排气口全开，加大通风量，排出水蒸气，促使直立的菌褶固定下来，防止倒伏。此时烘烤的温度不易高，否则菇体易烘黑、蒸熟。要及时排出水蒸气，防止菇表出现游离水，以免影响香菇色泽和香味，也不易烘干。烘烤时，每3h温度升高5℃，当烘烤温度升到45℃时，菇体水分蒸发减少，此时可关闭1/3的进气口和排气口。烘烤进入菇体干燥期，维持3h后，打开箱门将烘筛上下层的位置调换一下，使各层的菇体干燥程度一致。以后每1h升温5℃，当温度升到50℃时，关闭1/2的进气口和排气口。温度升到55℃时，菌褶和菌盖边缘已完全烘干，但菌柄还未达足干，这时要停止加热，使烘烤温度下降到35℃左右。由于此时菇内温度高于菇体表面温度，加速了菇内水分向菇体表面扩散。4h后重新加热复烘，温度升到50~55℃时，打开1/2的进气口和排气口，维持3~4h后，关闭进气口和排气口，控制烘烤温度在60℃，维持2h，即可达到足干。

（三）晒烘结合干制

采收的鲜香菇经过修整后，摊在竹筛上，于阳光下晒6~8h，使菇体初步脱水后再进行烘烤。这样能降低烘烤成本，也能保证干菇的质量。

（四）干香菇的贮藏

制后的香菇含水量在13%以下，手轻轻握菇柄易断，并发出清脆的响声。但也不宜太干，否则易破碎。干香菇易吸湿回潮，应按分类等级装在双层大塑料袋里，封严袋口，也可根据客户要求，按等级、重量分装在塑料袋里，封严袋口，再装硬纸箱，放在室温15℃左右和空气相对湿度50%以下的阴凉、干燥、遮光处，要防鼠、防虫，经常检查贮存情况。

二、香菇的保鲜

香菇保鲜方法很多，有速冻、冷藏、化学、气调、微波等方法。

1. 冷藏保鲜香菇

收前10h停止喷水，七八成熟时采收，精选去杂，切除柄基，根据客户要求标准分级，然后将香菇菌褶朝下摆放在席上或竹帘上，置于阳光下晾晒，秋、春季节晾晒3~4h，夏季阳光强晾晒1~1.5h。晒后的香菇脱水率为25%~30%，即100kg鲜香菇晒后为70~75kg。这时手捏菇柄有湿润感，菌褶稍有收缩。分级、定量装入纸盒中，盒外套上保鲜袋，再装入纸箱中，于0℃下保藏。

2. 包装冷藏保鲜

香菇经过精选、修整后，菌褶朝上装入塑料袋中，于0℃左右保藏。一般可保鲜15d左右，适合于自选商场销售。

第二节　香菇食品

一、香菇

即食香菇食品是以新鲜香菇为主要原料，添加食盐、味精、多种香辛料等，经预处理、蒸煮、调味和干燥等工艺制成的一种具有香菇特有风味的健康食品。该产品富含对人体具有免疫增强作用的香菇多糖和其他多种营养成分，适合于各个年龄段人群食用。

二、脆片

香菇脆片是香菇不经过破碎、榨汁、浓缩等工艺，直接进行烘干、膨化制成，在加工中不添加色素和其他添加剂等，纯净天然。保留并浓缩了香菇的多种营养成分，如维生素、纤维素、矿物质等。而且与果蔬汁、用果蔬汁制成的果蔬粉相比，能保留果蔬中更多的营养成分。香菇脆片是新型、天然的绿色膨化小食品，携带方便，开袋即食。

三、香菇薯片

香菇薯片是利用新鲜香菇、马铃薯全粉、马铃薯淀粉、玉米淀粉、木薯淀粉和大豆蛋白等原料，经科学调配，采取一系列生产工艺而制得的营养丰富、口感酥脆、具有香菇特殊香气的即食食品。

第三节　香菇精深加工产品

一、香菇酱油

香菇酱油是以香菇为主要原料，配以大豆、麦麸等原料，经特种工艺加工而成的中高档营养健康酱油，其中氨基酸态氮含量为

0.6%~0.8%，无盐固形物含量大于18%，其他指标均符合国家标准，且含有人体所需的全部必需氨基酸及能增强人体免疫力的多糖、多肽和微量元素等营养健康物质。该产品集调味、营养、保健多种功能，是新一代营养保健型调味品。

二、香菇调味品

香菇味道鲜美，有很高食用、药用价值，含多种生理活性物质和微量元素。更重要的是含有香菇精、香菇多糖，还有大量的麦角甾醇，能降低胆固醇、抗肿瘤，诱导人体释放干扰素。香菇调味品是由不同调味品，配以香菇及其制品，制成具有不同风味、形态和功能的各类调味食品，属保健、营养、功能型复合调味品。

三、香菇速溶剂

香菇速溶剂以鲜菇、糊精、精盐、复合鲜味剂（谷氨酸钠、肌苷酸、乌苷酸）以及水为原料，经科学调配，采取碾绞、糊化、过滤、烘干、结晶等一系列生产工艺而制得的具有复合鲜味的香菇产品。

四、香菇饮料

香菇饮料是用香菇子实体和菌丝体提取物为主要原料制作的健康饮料。

以香菇、苹果为主要原料，可以制作苹果香菇醋及其饮料，集苹果、香菇、醋的营养成分和保健功效于一体；以香菇、冬瓜、牛奶为主要原料，通过发酵可以生产一种新型复合酸乳饮料，具有较高的营养和保健价值；以鲜香菇和鲜莲藕为主要原料，以凝固型乳酸菌饮料加工工艺为基础，研制香菇莲藕乳酸菌饮料，产品呈乳白色，酸甜爽口，香味浓郁，既具有莲藕的清香，又保存了香菇的营养价值，可达到营养互补，保健增效的效果。

编写：殷红清　朱云芬　明佳佳

猕猴桃产业

第一章 概 述

猕猴桃是一种多年生攀缘性落叶藤本果树，又名阳桃、毛桃等，属于被子植物门双子叶植物纲山茶目猕猴桃科。主要分布在亚洲东部，南起赤道附近、北到黑龙江流域、西至印度东北部、东达日本的广大地区都有分布。

第一节 种 类

猕猴桃属植物共有66个种，其中62个种自然分布在中国。猕猴桃属植物的共同特征是均为多年生落叶性攀缘藤本，雌雄异株，稀有雌雄同株；花腋生，聚伞花序；雌蕊子房上位，多室，胚珠多着生在中轴胎座上；花柱多数，分离呈放射状。果实近圆形或长圆形。目前生产上栽培的主要是美味猕猴桃和中华猕猴桃两个种，此外还有毛花猕猴桃和软枣猕猴桃。

一、中华猕猴桃

以原产于中国而得名，又名软毛猕猴桃、光阳桃等。新梢、幼果表面密生柔软的绒毛，易脱落，老枝无毛，髓片层状，白色或褐色中空；叶纸质或半革质，倒阔卵形或距圆形，基部心脏形，顶端多平截或中间凹入，叶背覆盖星状绒毛，叶柄较短，黄绿色；果实多圆形、长圆形，果面光滑无毛，果皮黄褐色到棕褐色，单果重多在20~80g，少数可达100g以上。果肉多为黄色，少数为绿色，汁液中多，风味以甜为主，少数酸甜（图1-1）。

二、美味猕猴桃

又名硬毛猕猴桃、毛杨桃等。新梢、果实上密被黄褐色长硬毛或长糙毛，不易脱落，即使脱落后仍然有毛的残迹，髓片层状，褐色。叶纸质或半革质，近圆形或椭圆形，基部心脏形，顶端多突尖，少量平截，个别凹入，叶背被星状毛；花蕾、花冠、花粉粒均显著地比中华猕猴桃的大；果实多近圆形、卵圆形、圆柱形等，果面的褐色硬毛不易脱落，果皮绿色至棕褐色，单果重多在 20~80g，少数可达 100g 以上。果肉绿色，汁液多，多酸甜或微酸，清香味浓（图 1-2）。

图 1-1　中华猕猴桃

图 1-2　美味猕猴桃

美味猕猴桃和中华猕猴桃的原生分布中心均在我国华中地区的长江流域，自然分布在秦岭及其以南、横断山脉以东的地区。中华猕猴桃的分布区由北向东南倾斜，海拔较低；美味猕猴桃的分布区由北向西南倾斜，海拔较高。美味猕猴桃对北方干燥气候的适应性较强，栽培面积也较中华猕猴桃大。

第二节　营养和经济价值

猕猴桃果实富含维生素 C，美国食品营养学教授保尔・拉切斯对 28 种作物维生素 C 含量进行排名，猕猴桃名列首位，另外还含 B 族维生素，维生素 D、脂肪、蛋白水解酶。果肉具有特殊的清香味和爽口的酸味。猕猴桃含有人体不可缺少的多种氨基酸和其他营养成分，食用猕猴桃有益于人的大脑发育。

第三节　国内外栽培现状

一、全球栽培现状

猕猴桃的开发是从 20 世纪初开始的。1904 年，新西兰人从我国引进美味猕猴桃种子并繁殖成功；1924 年选育出以自己名字命名的“海沃德”品种；1950 年在新西兰的普伦梯湾地区广泛人工栽培猕猴桃，从此开始了猕猴桃商业化的栽培。目前，世界上进行猕猴桃栽培的国家有 30 多个。21 世纪以来，全球猕猴桃生产迅速发展，截至 2013 年全球生产规模已经从 2000 年的 187 万 t 增加到 326 万 t，其中仅中国的生产份额就超过 50%。但我国猕猴桃单位面积产量相对较低，全球以新西兰为最高，平均每公顷为 25t，世界每公顷平均产量为 15t，而我国只有约 8t。

二、国内栽培现状

我国是猕猴桃的原产地，广泛分布于中国南方山岭之间。自 20 世纪 70 年代末开始进行猕猴桃资源利用和商业生产，经过 30 余年的努力，已成为栽培面积和产量均居世界第一的生产大国。目前在我国的陕西、河南、湖南、湖北、四川、重庆、山东等 20 余个省市区均有猕猴桃的生产栽培。2015 年猕猴桃产量已经达到 219 万 t。

三、恩施州咸丰县栽培现状

20 世纪 80 年代前主要是野生猕猴桃为主，基本没有人工种植面积，1988 年后，咸丰县发展了中华猕猴桃，约 4 000 亩，因成为当时的主要经济作物，县里成立了猕猴桃工作站，设在当时的特产局，到 1995 年以后，因猕猴桃产业发展并没有带来很大的效益，所以所种植的面积被毁掉。到 2001 年，因绿嘉侬公司的入驻，该公司引进了红心猕猴桃，种植面积 1 800 亩以上，到目前为止，咸丰县猕猴桃面积 4 604 亩，其中野生猕猴桃 2 654 亩，总产量 1 151 t，总产值 230 万元，主要分布在坪坝营镇、高乐山镇、清坪镇 3 个乡镇。

第二章　猕猴桃主要品种

目前不同的省份有不同的主栽品种，例如，陕西省的主栽品种为秦美与海沃德、四川省的主栽品种为红阳与海沃德、河南省的主栽品种为华美系列与海沃德、湖北省的主栽品种为金魁等、湖南主要有米良1号和楚红等。

第一节　美味猕猴桃品种

一、海沃德

新西兰品种。为国际上各猕猴桃种植国家的主栽品种。果实成熟期为11月下旬。果实长椭球形，果形端正美观，平均单果重80g。果肉翠绿，致密均匀，果心小，每100g鲜果肉含维生素C为50~76mg。可溶性固形物含量为12%~17%。酸甜适度，有香气。果品的货架期、贮藏性名列所有猕猴桃品种之首（图2-1）。

图2-1　海沃德

二、徐香

由江苏省徐州市果园选出。果实短柱形，单果重75~110g，最大果重137g。果肉绿色，浓香多汁，酸甜适口，维生素C含量为99.4~123.0mg/100g鲜果肉，含可溶性固形物13.3%~19.8%。早果性、丰产性均好，但贮藏性和货架期较短。然而，徐香有一个特性可以部分的弥补货架寿命短和贮藏性弱的缺点，即是其成熟采收期长，从9月底到10月中旬均可采收，可使挂在架面上的果实随卖随采，无采前落果（图2-2）。

图2-2 徐香

三、米良1号

“米良1号”果实较大，纵径7.5~7.8cm，横径4.6~4.8cm，平均果重86.7g，最大果重170.5g，果实长圆柱形，美观整齐，果皮棕褐色，被长茸毛，果喙端呈乳头状突起；果肉黄绿色，汁液多，酸甜适度，风味纯正具清香，品质上等，果肉含可溶性固形物15%~19%，总糖7.4%，维生素C含量2 070 mg/kg，有机酸1.25%。果实在室温下可贮藏20~30d，耐贮性强。在武汉植物园栽培评价显示，平均果重79.4g左右，软熟（硬度2.31kg/cm^2）果实可溶性固形物16.04%，总糖9.55%，总酸1.41%，固酸比中等，维生素C含量1 411.1 mg/kg，果肉绿色（图2-3）。

图2-3 米良1号

第二节　中华猕猴桃品种

一、红阳

由四川省资源研究所和苍溪县联合选出。为红心猕猴桃新品种。该品种早果性、丰产性好。果实卵形，萼端深陷。果个较小，在有使用果实膨大剂的情况下，单果重在 70g 以下，大小果现象严重。果皮绿色，光滑。果肉呈红色和黄绿色相间，髓心红色，肉质细，多汁，有香气，偏甜，适合亚洲人口味。含可溶性固形物 14.1%~19.6%，总糖 13.45%，总酸 0.49%，维生素 C 含量平均为 135.77mg/100g 鲜果肉。红阳一个较好的特色鲜食品种。但其果实不耐贮存，常温下货架期为 5~7d（图 2-4）。

图 2-4　红阳猕猴桃

二、东红

中国科学院武汉植物园 2001—2010 年从红阳实生后代中选育而成，2011 年申请品种保护，获得受理，2012 年 12 月通过国家品种审定。

果实长圆柱形，平均单果重 70~75g，果顶圆平，果面褐绿色，光滑无毛，整齐美观，果皮厚，果点稀少。果肉金黄色，果心四周红色鲜艳，色带略比红阳窄。肉质地细嫩，中等多汁，风味浓甜，香气浓郁，可溶性固形物 15%~21%，总糖 10%~14%，有机酸 1%~1.5%，维生素 C 100~153mg/100g，果实含钙量较高有利于贮藏，这是该品种耐贮性优于红阳的原因之一。果实采后 30~40d 以后才开始软熟，果实微软就可以食用，食用期长，均在15d以上（图2-5）。

图2-5　东红猕猴桃

三、金艳

“金艳猕猴桃”是中国科学院武汉植物园培育的新品种，曾被誉为国产“黄金奇异果”，中华猕猴桃系，果实长圆柱形，果皮黄褐色，少茸毛；果实大小匀称，外形光洁，果肉金黄，细嫩多汁，味香甜；平均单果重101g，最大果重141g，特耐贮藏，在常温下贮藏3个月好果率仍超过90%。树势强旺，枝梢粗壮，嫁接苗定植第二年开始挂果，9月下旬至10月上旬成熟。挂果后成熟时间长，具有极强的早果性、丰产性和耐贮藏性，在常温下可贮藏两个月（图2-6）。

图2-6　金艳猕猴桃

第三章　猕猴桃建园

建立猕猴桃园必须按照其生态条件和无公害化生产的要求，选择最适宜的建园方案。

第一节　园址选择

建园时首先考虑自然条件是不是适合猕猴桃生长，只有条件适宜，才能达到高产、优质、低成本。否则建起来也是产量不高，品质不优，或易成“小老树”，失去经济价值。

园址应选择在气候温暖，雨量充沛，无旱、晚霜危害，背风向阳，水资源充足，灌溉方便，排水良好，土层深厚、富含有机质的地区。以湖南省永顺县为例，猕猴桃在野生条件下，多分布在海拔400~800m。在700m以下，无霜期长，积温较高，产量高，果实大，品质好；在400m以下口感不好，品质较差。从全国范围看，因纬度不同，区别更大。南方只可在高海拔区，北方可在低海拔区建园。

土壤以轻质壤土为好，这种土壤土层深厚，透水性、通气良好，腐殖质含量高。pH值以中性偏酸为宜。pH值大于7.5的地方不宜建园。南方pH值在5.5以下的不宜建园。同时应考虑劳力、交通等社会条件。

第二节　园地规划

园地规划应充分考虑当地的条件，避免不利因素，合理布局。

一、划分作业区

作业区是大面积果园的基本单位。大型果园以50亩为一小区，也可以20~30亩为一小区。家庭果园就更小了，以2~3亩或几十株为一个单元，不再分小区。在山地建园，以一道沟或一面坡为作业区。小区划分必须考虑道路、水渠的位置。

二、道路规划

所有果园的道路分层次修建。要求拖拉机或三轮车、架子车能出入果园，道路直通分级场地。分级场的路，要能通汽车、上公路，和新农村建设公路相连。

三、灌溉系统

现代化的喷灌、微喷、滴灌等技术应为首选的灌溉系统。在有条件的园区要安装灌溉系统，无论在哪种地形上建园，都要结合小区划分和道路规划修建灌溉系统，使各级渠道配套，以便及时灌水。丘陵地区，在果园附近修蓄水池、小型水库，平时蓄水池，干旱时进行灌溉。

四、分级场和果品贮藏库

每 50 亩或 100 亩设一个分级场地，可放果箱，临时分级。条件允许时要搭上防雨棚。或在果园附近修贮藏库，就地分级，就地贮藏，可将损失减到最低限度。

第三节　苗木定植

一、栽植时间

在落叶后萌芽前栽植。在 11 月至翌年早春 3 月前栽植，这时苗木处在休眠状态，体内贮藏的营养多，蒸腾量小，根系容易恢复，成活率高。也可在秋季雨期带叶栽植。湖北省属南方温暖湿润气候，低海拔地区冬季温暖，很少结冻，秋季雨水较多，以秋冬栽植为好。这样有利于根系恢复、伤口愈合，缓苗期短，萌发早，抽梢快，生长旺。

二、雌雄株配置

猕猴桃为雌雄异株植物，雌树结果，雄树授粉，离开哪一个也不行。不授粉的母树不结果，即使结果也是畸形果。雌雄树比例搭配适当，才有充分的授粉机会，才能硕果累累。所以说配好雌、雄树比例很重要。当前猕猴桃生产中雌雄株配置比例以（5~8）：1 居多（图 3-1）。

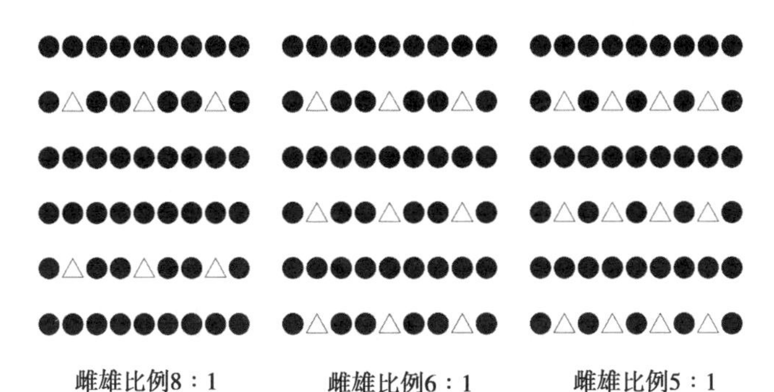

图 3-1　猕猴桃不同雌雄比例定植示意

配好雄性品种很重要，关系到栽植后能不能达到优质高产。对雄性品种的具体要求：一是和雌株品种花期一致；二是开花期要长，雌株的花期结束，雄株还有二次花；三是花粉量要大，花粉生活力强。

如永顺县经多年实践，现主要进行人工辅助授粉，栽植雌雄比例为 20：1，达到少栽雄株，多栽雌株，增加了产量；陕西、河南这些猕猴桃大省，采用单独栽植雄株，专门收集加工商品花粉，果农仅需栽植雌株，授粉时购买商品花粉用授粉枪进行人工授粉，这样既能保证授粉充分，又能避免雨季无法进行昆虫授粉或人工辅助授粉，还能增加雌株栽植数量，提高产量。

三、栽植密度

栽植密度以品种而定，一般美味系列多采用株行距为 3m×4m 或 3m×3m，而中华系列采用 3m×2m，也有的实行计划密植，采用 4m×1. 5m。

在丘陵山地，由于地形复杂，有条件时先修梯田，在梯田内侧 1/3 处栽树。如果人力、经费不足，可以开成带状田后再栽树。带田也好，梯田也好，内侧都要有排水沟，天涝时排水，天旱时用沟放水浇树。梯田和带田都应稍向内侧倾斜，这样可防止大雨冲走土壤。

如果山地坡陡，带窄，就以带为行距。如果坡度小，带宽，行距也宽，株距多数采用 3m。

四、改土挖穴

定植坑要求挖80cm见方大坑，挖时上边的土放一边，下面的土放另一边。填土时先填表土，后填底土，同时施入圈粪等有机肥，改良土壤（图3-2）。

图3-2　改土效果

在旱田中栽植最好用挖机全园深翻，深度达60cm以上，打破犁底层，便于沥水，再挖穴栽植。

改土挖穴时间要提前。秋季栽树，夏季挖好，使土壤暴晒后变松；春季栽树上年冬季挖好，冬季寒冷，可冻松土壤，冻死害虫。提前挖穴有改良土壤的作用。

五、栽植方法

平地栽植时可用高垄法，栽植带高出地面20～30cm，也可只让栽植穴高出地面，最好是整个栽植带高，这样好排水。用表土或肥沃土将定植穴培成高垄，这样苗木不会因积水而受淹。坡地或干旱地区，栽植穴或栽植带要与地面平，也可略低于地面，既能蓄水保水，又便于灌水。

在栽植前，要准备好圈肥和过磷酸钙，或有机无机生物肥，以便栽植时施入。每穴施圈粪75kg，将土和粪混合均匀填入穴内，再用表土覆盖达10cm左右，以免苗木根系直接接触肥料造成沤根死苗。栽植时将要定植的幼苗放在早已挖好的大穴中央，要左右前后对齐，将苗扶直，须根四周铺开，不要弯曲，先用表土或混合土盖苗木根部，然后将幼树向上提动，使根系舒展，最后将穴填满。注意填土应高于畦面，灌透水下陷后和畦面平，不能低于畦面。也可沾生根粉以促进多发新根。

栽植的深度一般要求 15~20cm 深度即可，栽植过深苗木不发，容易衰弱。以保持在苗圃时的土印略高于地面，待穴内土壤下沉后大致与畦面持平为宜。不要将嫁接部位埋入土中。

栽时再检查 1 次，不栽病苗、烂根苗、少根苗，更不要栽植有根瘤线虫的根腐病的苗木。

栽后要踏实，及时灌透水，灌后土壤下陷时要及时培土。快干裂时，要松土保墒。也有果农采用地有墒时栽种，不浇水的方法，成活率也很高。

六、幼树管理

栽好幼苗，第一关是浇足水。浇前在幼树四周修直径 0.5m 左右的圆盘，盘内比畦面低 5cm，当水浇入后，下陷 5~10cm，应培土和畦面平，这叫稳苗水，一定要浇透，当地面开始黄干时，浇第二次水。无论哪一次水，当地面黄干时都要中耕保墒。可用草覆盖保墒，也可有用地膜覆盖保墒，也可套种高干作物遮阴，或采取遮阳网避免强光照射，当年栽植苗不强调施肥，稍有不慎就会发生肥害，可以选择以叶面喷肥为主，生物肥为辅的方法进行养分补充（图 3-3）。

图 3-3　猕猴桃树

此后，要根据土壤墒情，及时进行浇水，只有这样，第一步才算完成。保住全苗，是栽植后幼苗期管理的首要任务。但不宜灌水太多，地下经常处于潮湿还容易烂根。不要地表一黄干就灌水，否则地表干而根周围潮湿或积水易烂根，也就保不了全苗。另外对春季发上来的枝芽，当幼苗长到20cm时，在靠根部插一根竹竿，将刚发出的嫩枝绑上，防止被风吹折，一般最多留两个主干，切记不能多主干上架，当本次新梢生长结束，摘心，促进新梢增粗和二次梢萌发，选择一个强旺二次梢继续牵引生长；当苗木新梢长至架下20cm时要注意摘心，定向培养架面枝条，并对主干中下部其余的枝条及时剪除，以保证架面枝的正常生长。

第四节　搭建棚架

猕猴桃本身不能直立生长，需要搭架支撑才能正常生长结果；猕猴桃的结果量可以超过每亩3 000 kg，加上生长季节枝叶的重量，如果遇上大风，会产生很强的摆动量。因此使用的架材一定要结实耐用。目前栽培猕猴桃采用的架型主要有“T”形架和大棚架两种。

一、“T”形架

“T”形架的优点是易架设，田间管理操作方便，园内通风透光好。缺点是只能在平地或坡地定植行较直的园区安装。“T”形架是在支柱上设置一横梁，形成“T”字样的支架，顺树行每隔3~4m设置一个支架。立柱全长2.4m，地面上一般高1.8m左右，地下埋入0.6m；横梁全长2m，上面顺行设置5条8~10号镀锌钢丝，中心一条架设在支柱顶端。支柱和横梁可用直径1cm的圆木，也可使用钢筋混凝土制作。钢筋混凝土支柱横断面10cm×10cm，内有4根钢筋；横梁横断截面15cm×10cm，内有4根钢筋。每行末端在支柱外的顺行延长线2m处埋设一地锚拉线，地锚可用钢筋混凝土制作，长、宽、高分别不小于50cm、40cm、30cm，埋置深度超过1m。支柱用原木时，埋置前要进行防腐处理。边行和每行两端的支柱直径应加大2~3cm，钢筋增加2根，长度增加120cm，埋置深度也要增加20cm，以增加支架的牢固性（图3-4）。

二、大棚架

大棚架的优点是抗风能力强，产量高，果实品质好，缺点是果园荫蔽，不便田间操作管理，大棚架所用支柱的规格多采用长2.4m，

图 3-4　“T”形架

粗为 8cm×8cm 的混凝土预制方柱。栽植距离与苗木相同，小果型果园如“红阳”苗木定植密度为 3m×2m、支柱密度可加宽 3m×（4~5）m，在支柱上纵横拉一条 8~10 号镀锌钢丝，在两支柱之间拉 2~3 条 10~12 号镀锌钢丝，整修棚架架面形成 60~80cm 见方的钢丝网。地锚拉线的埋设同“T”形架，同时除每行两端支柱外埋设地锚拉线外，每横行两端支柱外 2m 处也应埋设一地锚拉线，不设地锚拉线的可全部使用撑杆（图 3-5、图 3-6）。

图 3-5　大棚架架设

图 3-6　大棚架

第四章　田间管理

第一节　定形

一、幼龄园定型

整形通常采用单主干上架，在主干上接近架面的部位（20cm 左右）选留 2 个主蔓，分别沿中心钢丝伸长，主蔓的两侧每隔 25~30cm 选留一强旺结果母枝，与行向成直角固定在架面上，呈羽状排列。

苗木定植后的第 1 年，在植株旁边插一根细竹竿，从发生的春梢中选择一生长最旺的枝条作为主干，将其用细绳固定在竹竿上，引导新梢直立向上生长，每隔 30cm 左右固定一道，以免新梢被风吹劈裂。注意不要让新梢缠绕竹竿生长，如果发生缠绕要小心地解开。春梢生长结束，从弯曲处摘心，使主干增粗和促发二次梢，顶部的芽发出二次枝后再选一强旺枝继续引导直立向上生长。植株发生的其他新梢，可保留作为辅养枝，如果长势强旺，也应固定在竹竿上。对于嫁接口以下发出的萌蘖枝要定期检查及时去掉，尤其是 6—7 月以后容易发生徒长枝，一定要勤检查，尽早剪除。冬季修剪时将主干新梢剪留 3~4 芽，其他的枝条全部从基部疏除。

第二年春季，从当年发生的新梢中选择一长势强旺者固定在竹竿上引导向架面直立生长，每隔 30cm 左右固定一道，其余发出的新梢全部尽早疏除。当主蔓新梢停止生长后进行摘心促发二次梢。在架下 20cm 左右选两个强旺新梢作主蔓，当主蔓新梢的高度超过架面 30~40cm 时，将其沿着中心钢丝弯向两边引导作为两个主蔓，着生两个主蔓的架面下直立生长部分称为主干。两个主蔓在架面以上发生的二次枝全部保留，分别引向两侧的钢丝固定。冬季修剪时，将架面上沿中心钢丝延伸的主蔓和其他枝条均剪留到饱满芽处。如果主蔓的高度达不到架面，仍然剪到饱满芽处，下年发生强壮新梢后再继续上引。

第三年春季，架面上会发出较多新梢，分别在两个主蔓上选择一个强旺枝作为主蔓的延长枝继续沿中心钢丝向前延伸，架面上发出的其他枝条由中心钢丝附近分散引导伸向两侧，并将各个枝条分别固定在钢丝上。主蔓的延长头相互交叉后可暂时进入相邻植株的范围生长，枝蔓互相缠绕时摘心。冬季修剪时，将主蔓的延长头剪回到各自的范围内，在主蔓的两侧大致每隔 20～25cm 留一生长旺盛的枝条剪截到饱满芽处，作为下年的结果母枝，生长中庸的中短枝适当保留。将主蔓沿中心钢丝绑定，间隔 50～60cm 绑一道，不能捆绑紧，留足主蔓生长增粗空间，最好以“8”字形绑缚，这样在植株进入盛果期后枝蔓不会因果实、叶片的重量而从架面滑落。保留的结果母枝与行向呈直角、相互平行固定在架面钢丝上呈羽状排列。

第四年春季，结果母枝上发出的新梢以中心钢丝为中心线，沿架面向两侧自然伸长，采用“T”形架的，新梢超出架面后自然下垂呈门帘状；采用大棚架整形的新梢一直在架面之上延伸。大致到第 4 年生长期结束，树冠基本上可以成型。下一步的任务主要是在主蔓上逐步配备适宜数量的结果母枝，还需要 1～2 年的时间才能使整个架面布满枝蔓，进入盛果期（图 4-1）。

图 4-1　猕猴桃定型

二、不规范树形改造

在生产中不少人为了增加早期产量，提高经济效益，在幼树阶段采用伞状上架，造成了多主干、多主蔓的不规范树形。这种树形随着树龄的增长缺点和问题越来越突出：首先是大量浪费营养，用于主干、主蔓和多年生枝的加粗生长的营养超出单主干、双主蔓树形的数倍以上，把本应用于结果的营养用于生长没有价值的木材，养分的无效消耗大大增加，降低产量与果实质量；其次，多年生枝级次过多，一年生枝的长势明显变弱，果实个小质差；最后，枝条相互交错紊乱，导致架面郁蔽，通风透光不良，难以实现安全优质丰产的目标。

要有计划、分年度逐步将不规范树形改造成为单主干、双主蔓整形。首先必须从多主干中选择一个生长最健壮的主干培养成永久性主干，在主干到架面的附近选择 2 个生长健壮的枝条培养为主蔓，再在主蔓上配备结果母枝；其次对永久性主蔓上的多年生结果母枝，剪留到接近主蔓部位的强旺一年生枝，结果母枝上发出的结果枝应适当少留果，促使其健壮生长，尽快占据植株空间。其他的主干均为临时性的，要分 2~3 年逐步疏除。首先去除势力最弱、占据空间最小的 1~2 个临时性主干，对其他临时性主干上发出的结果母枝要控制其生长势，缩小其占据的空间。在修剪、绑蔓时临时性枝蔓都要给永久性主蔓上发出的枝条让路，下年冬剪时，再从其余的临时性主干中选择较弱者继续疏除。在架面以下永久性主干上发出的其他枝条都要回缩、疏除。

不规范树形的改造主要在冬季修剪时进行，生长季节也要按照改造的目标进行控制管理。改造时选留和培养永久性主干是关键，对临时性主干的疏除既不能过分强调当年产量而保留过多，也不能过急过猛，以免树体受损过重（图 4-2）。

图 4-2　修剪示范

三、整型修剪

猕猴桃的生长势特别强，枝长叶大，又极易抽生副梢，无论采用何种架型，每年都要通过修剪调节生长和结果的关系，使值株保持强旺的长势和高度的结实能力。猕猴桃的修剪分为冬季修剪和夏季修剪。秋季落叶后，枝条中的大量养分分解后运输到主蔓、主干和根部，以度过冬季的不良环境。春季地温变暖后，树液开始流动，将在根部等加工合成的养分运向地上部的各个部位。因此，冬季修剪过早过晚都会造成树体的营养损失，一般应在 12 月下旬左右开始至第二年 1 月下旬树体休眠期间进行。夏季修剪主要在生长旺盛季节进行。

（一）冬季修剪

定型结束后的冬季修剪主要任务是选配适宜的结果母枝，同时对衰弱的结果母枝进行更新复壮。

1. 结果母枝的种类

（1）强旺发育枝。一般在 6—7 月以前抽生的基部直径在 1cm 以上、长度在 1m 以上的枝条。这类枝条长势强，贮藏的营养丰富，芽眼发育良好，留作结果母枝后抽生的结果枝生长旺盛，结果量多，果实品质优，是作为结果母枝的首选目标。

（2）强旺结果枝。基部直径在 1cm 以上，长度在 1m 以上。结果枝一般发芽抽生早，结果部位以上叶腋间的芽形成早，发育程度好，留作结果母枝时常能抽生良好的结果枝。强旺的结果枝是比较理想的结果母枝选留对象，但基部结过果的节位没有芽眼，不能抽生结果枝，残留的果柄也容易成为病菌侵入的场所，导致结果母枝的基部发生枝腐病。

（3）中庸枝。长势中庸的结果枝和发育枝，长度在 30～100cm，也是较好的结果母枝选留对象。在强旺的发育枝、结果枝数量不足时可以适量选用。

（4）短枝。一般长度在 30cm 以下，停止生长较早，芽眼发育比较饱满的短枝，着生位置靠近主蔓时可以适量选留填空，保护主蔓免受日灼的危害，增加一定产量。

（5）徒长枝或徒长性结果枝。徒长枝条下部直立部分的芽发育不充实，形成混合芽的可能性很小，从中部的弯曲部位起往上的枝条发育比较正常，芽眼质量较好，能够形成结果枝。在强旺发育枝、强旺结果枝数量不足时也可留作结果母枝。

2. 初结果树的修剪

初结果树一般枝条数量较少，主要任务是继续扩大树冠，适量结果。冬剪时，对着生在主蔓上的细弱枝剪留 2~3 芽，促使下年萌发旺盛枝条；长势中庸的枝条修剪到饱满芽处，增强长势。主蔓上的先年结果母枝如果间距在 25~30cm，可在母枝上选择一距中心主蔓较近的强旺发育枝或强旺结果枝作更新枝将该结果母枝回缩到强旺发育枝或强旺结果枝处；如果结果母枝间距较大，可以在该强旺枝之上再留一良好发育枝或结果枝，形成叉状结构，增加结果母枝数量。

3. 盛果期树的修剪

一般第 5~6 年生时树体枝条完全布满架面，猕猴桃开始进入盛果期。冬季修剪的任务是选用合适的结果母枝，确定有效芽留量并将其合理地分布在整个架面，既要大量结优质果获取效益，又要维持健壮树势，延长经济寿命。

结果母枝首先选留强旺发育枝，在没有适宜强旺发育枝的部位，可选用强旺结果枝以及中庸发育枝和结果枝。结果母枝在架面的距离对结果的性能和果实的质量有明显的影响，单位面积架面上的结果数量和产量随着结果母枝间隔距离的减小而增大，但单果重、果实品质随结果母枝间距的减小而降低。从丰产稳产、优质和下年能萌发良好的预备枝等方面考虑，强旺结果母枝的平均间距应在 25~30cm 为好。

不同品种之间结果母枝的剪留长度差异较大，对结果母枝常剪留 7~8 芽，较长的剪留 10~12 芽，通过增加结果母枝数量提高有效芽数量，结果母枝常在 30~40 条。由于结果母枝数量大，间距过小，发出的结果枝和发育枝集中于靠近架面中心钢丝附近，导致生长季节出现架面新梢密集，树冠内膛郁闭，光照不良。而架面之外两侧仍有较大空间没有被充分利用，产量和果实质量难以提高。新西兰生产中对海沃德品种采用长梢修剪，结果母枝剪留长度多在 16~18 芽，拉大了结果母枝在架面占据的空间，将大量结果部位延伸到架面外的行间，使结果枝的间距加大，树冠光照良好，产量和果实质量明显提高，应该学习和借鉴。

4. 结果母枝的更新复壮

猕猴桃的自然更新能力很强，从结果母枝中部或基部常会发出强壮枝条，在光照和营养等方面占据优势，使得原结果母枝下年从这个部位往上的生长势明显变弱，发出的枝条纤细，结的果实个小质差，甚至出现枯死现象。同时对于猕猴桃枝条生长量大，节间长，结果部位不能萌发枝条，结果部位上升外移迅速。如不能及时回缩更新，结果枝和发育枝会距离主蔓越来越远，导致树势衰弱、产量低、品质差。修剪时要尽量选留从原结果母枝基部发出或直接着生在主蔓上的强旺枝条作结果母枝，将原来的结果母枝回缩到更新枝位附近或完全疏除掉。结果母枝更新时，最理想的是在母枝的基部选择生长充实、旺盛的结果枝或发育枝，这样就可直接将原结果母枝回缩到基部这个强旺枝，既能避免结果部位上升外移，又不引起产量急剧下降。如原结果母枝上的强旺枝着生部位过高，则应剪截至距基部较近的强旺枝条，并将该强旺枝剪至饱满芽。如果原结果母枝生长过弱、近基部没有合适枝条，应将其在基部保留 2~3 个潜伏芽剪截，促使潜伏芽下年萌发后再从中选择健壮更新枝。后两种情况发生时需要注意附近有其他可留作结果母枝的枝条，以占据原结果母枝被回缩后出现的空间。为了避免出现减产，对结果母枝的回缩应有计划地逐年分批进行，通常每年要对全树至少 1/2 以上的结果母枝进行更新，2 年全部更新一遍，使结果母枝一直保持长势强旺。

在 3m×4m 栽植距离下，进入盛果期的猕猴桃雌株冬剪时大致保留强旺结果母枝 24 个左右，每侧 12 个，分别保留 15~20 芽。同时在主蔓上或主蔓附近保留 10~20 个生长健壮、停止生长较早的中庸枝和短枝，以填充主蔓两侧的空间。

全部保留的枝条均根据生长强度剪截到饱满芽处，未留作结果母枝的枝条，如果着生的位置接近主蔓，可剪留 2 个芽，发出的新梢可培养成下年的更新枝。其他多余的枝条及各个部位的细弱枝、枯死枝、病虫枝、过密枝、交叉枝、重叠枝及根际萌蘖枝都应全部疏除，以免影响树冠内的通风透光。

由于猕猴桃枝条的髓部较大，修剪时一般在剪口芽上留 2cm 左右的短桩，以免剪口芽因失水抽干死亡。

雄株在冬季不做全面修剪，只对缠绕、细弱的枝条做适当疏除、回缩修剪，使雄株保持较旺的树势，产生的花粉量大、花粉生命力强，利于授粉受精。第 2 年春季开花后立即修剪，选留强旺枝条，将开过花的枝条回缩更新，同时疏除过密、过弱枝条，保持树势健旺（图 4–3）。

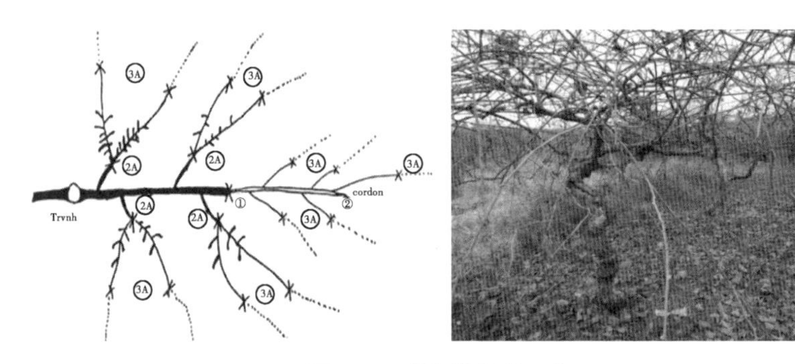

图 4–3　猕猴桃修剪示意

（二）夏季修剪

猕猴桃的新梢生长特别旺盛，徒长枝长度可以超过 3～4m，新梢上极易抽生副梢，叶片又较大。夏季若放任生长，常常造成枝条过密，树冠郁闭，导致营养无效消耗过多，影响生殖生长和营养生长的平衡，不利于果实膨大和果实品质的提高，还会影响到下年的花芽质量。夏季修剪实际上是从春季开始直到秋季的整个生长季节的枝蔓管理，与其他果树相比，猕猴桃夏季修剪的工作更为重要。夏剪主要任务如下。

1. 抹芽

即除去刚发出的位置不当或过密的芽，以达到经济有效地利用养分、空间的目的。从春季开始，主干上萌发的潜伏芽，根蘖处生出根蘖苗，尽早抹除。从主蔓或结果母枝基部的芽眼上发出的枝，常会成为下年良好的结果母枝，一般应予以保留。由这些部位的潜伏芽发出的徒长枝，可留 2～3 芽短截，使之重新发出二次枝后长势缓和，培养为结果母枝的预备枝。对于结果母枝上抽生的双芽、三芽一般只留一芽，多余的芽及早抹除。抹芽一般从芽萌动期开始，每隔2周左右进行1次，抹芽及时、彻底，就会避免大量营养浪费，并减少其他环节的工作量。

2. 疏枝

猕猴桃的叶片大，光线不易透过，成叶的透光率约为7.9%，在果树作物中属透光率较低的类型。猕猴桃的树冠呈平面状，容易造成树冠内膛遮阴。光照不良的枝条光合效率很差，叶片会长期处于营养缺乏状态。在这些枝条上着生的果实生长不良，糖度低，果肉颜色变淡，贮藏性降低，花芽发育不良。要获得正常的营养生长、较高的产量与果实质量，并确保下年足够的花量，必须使架面的叶片都能得到较好的光照。在盛夏时架面下能有较多的光照斑点时，表明架面的枝条不过密，下层的叶片也能得到相当的光照。

疏枝从5月左右开始，6—7月枝条旺盛生长期是关键时期。在主蔓上和结果母枝的基部附近留足下年的预备枝，即每侧留10~12个强旺发育枝以后，疏除结果母枝上多余的枝条，使同一侧的一年生枝间距保持在20~25cm。疏除对象包括未结果且下年不能使用的发育枝、细弱的结果枝以及病虫枝等。使疏枝后7—8月的果园叶面积指数（植株上全部叶片的总面积与植株所占土地面积之比）大致保持在3~3.3。

3. 绑蔓

绑蔓主要针对幼树和初结果树的长旺枝，是猕猴桃极其重要的一项工作，尤其在新梢生长旺盛的夏季，每隔2周左右就应全园进行一遍。将新梢生长方向调顺，不互相重叠交叉，在架面上分布均匀，从中心钢丝向外引向第2、3道钢丝上固定。猕猴桃枝条大多数向上直立生长，与基枝的结合在前期不很牢固，绑蔓时要注意防止拉劈，对强旺枝可在基部拿枝软化后再拉平绑缚。为了防止枝条与钢丝摩擦受损伤，绑蔓时应先将细绳在钢丝上缠绕1~2圈再绑缚枝条，不可将枝条和钢丝直接绑在一起，绑缚不能过紧，使新梢能有一定的活动余地，以免影响加粗生长。

4. 摘心（剪梢）

猕猴桃的短枝和中庸枝生长一段时间后会自动停长，但长旺枝的长势特别强，长度可达2~3m，生长旺盛的枝条到后期会出现枝条变细，节间变长，叶片变小，先端会缠绕在其他物体上，给以后的田间操作带来不便，需要及时摘心进行控制。摘心一般在6月上中旬大多数中短枝已经停止生长时开始，对未停止生长、顶端开始弯曲准备缠绕其他物体的强旺枝，摘去新梢顶端的3~5cm使之停止生长，促使芽眼发育和枝条成熟。摘心一般隔2周左右进行一遍。但主蔓附近给下年培养的预备枝不要急于摘心，如果顶端开始缠绕时再摘心，摘心后发出二次枝时顶端开始缠绕时再次摘心。

目前摘心技术的应用上出现的偏差是摘心（剪梢）过重，有的在结果部位之上留3~5叶短截，重摘心的枝条至少有4~5个已经发育并即将发育成熟的叶片被剪去，而重摘心后又刺激发出几个新梢，既使树体营养遭到很大的浪费，又造成架面新梢密集。同时重摘心后发出的二次枝，其基部3~5个芽通常发育不良，不能形成花芽，若留作结果母枝则结果能力降低，尤其生产中有的夏剪多次重短截，更加剧了这种副作用。

第二节　花果管理技术

一、疏蕾

猕猴桃易形成花芽，花量比较大，只要授粉受精良好，绝大部分花都能坐果，几乎没有因新梢生长的竞争造成的生理落果。如果将植株上所有的花、果都保留下来，不但果小质差，还会使树势衰弱，导致大小年结果，甚至导致植株死亡。同时花在发育、开放过程中会消耗大量营养，疏除不必要的花，可以使保留下来的花获得更多的营养，得到更好的发育。猕猴桃的花期很短而蕾期较长，一般不疏花而提前疏蕾。

疏蕾通常在4月中下旬侧花蕾（猕猴桃的雌花多数是一个花序，由中心花蕾和两边的侧花蕾组成）分离后2周左右开始。先按照结果母枝上每侧间隔20~25cm留一个结果枝的原则，将结果母枝上过密的、生长较弱的结果枝疏除，保留强壮的结果枝，并将保留结果枝上的侧花蕾、畸形蕾、病虫为害蕾全部疏除，再按照结果枝的强弱调整着生的花蕾数量。强壮的长果枝留 5~6 个花蕾，中庸的结果枝留 3~4 个花蕾，短果枝留 1~2 个花蕾。最基部的花蕾容易产生畸形果，疏蕾时先疏除，需要继续疏时再疏顶部的，尽量保留中部的花蕾。花蕾的大小和形状与授粉坐果后果实的大小和形状关系十分密切，疏蕾时要注意疏除较小的花蕾和畸形花蕾。

二、授粉

猕猴桃花期特别短，长的年份可以达到 1 周以上，短年份只有 3~5d，一旦授粉机会错过，全年的收获就无从谈起。猕猴桃果实内的种子数量对果个的大小、营养成分的高低影响很大，授粉产生 13 粒种子就可以达到坐果，但结的果实个小品质差。一般每个果实内应至少有 800~1 000粒种子才可能成为优质果，只有授粉良好的果实才能产生优质猕猴桃种子。

猕猴桃虽然是风媒花，能够借助风力授粉，但其花粉粒大，在空气中飘浮的距离短，依靠风力授粉效果不好，必须依靠昆虫授粉或人工授粉。

1. 昆虫授粉

可给猕猴桃授粉的昆虫很多，包括野生的土蜂、大黄蜂等，但最主要是靠蜜蜂授粉。

2. 人工授粉

在蜂源缺乏时或连续阴雨蜜蜂活动不旺盛时必须进行人工授粉，方法有对花和采集花粉授粉等。

（1）对花。采集当天早晨刚开放的雄花，花瓣向上放在盘子上，用雄花直接对着刚开花的雌花，用雄花的雄蕊轻轻在雌花柱头上涂抹，每朵雄花可授 7~8 朵雌花、晴天上午 10 时以前可采集雄花，10 时以后雄花花粉散落，但多云天时全天均可采集雄花对花。采集的雄花一般应在上午授粉完毕，过晚则花粉已经散落净尽，无授粉效果。采集较晚的雄花可在手上轻轻涂抹，检查花粉数量的多少，对花授粉速度慢，但授粉效果是人工授粉方法中最好的。

（2）采集花粉授粉。①花粉采集：采集即将开放或半开的雄花，用牙刷、剪刀、镊子等取花药平摊于纸上，在25~28℃下放置20~24h，使花药开放散出花粉。可将花药放在温度控制精确的恒温箱中，也可将花药摊放桌面上，在距其100cm的上方悬挂60~100W的电灯泡照射，或在花药上盖一层报纸后放在阳光下脱粉。散出花粉用细箩筛出，装入干净的玻璃瓶内，贮藏于低温干燥处。纯花粉在20℃的密封容器中可贮藏1~2年，在5℃的家用冰箱中可贮藏10d以上。在干燥的室温条件下贮藏5d的授粉坐果率可达到100%，但随着贮藏时间的延长，授粉后果实的重量逐渐降低，以贮藏24~48h的花粉授粉效果最好。

②授粉方法：

毛笔点授：用毛笔蘸花粉在雌花柱头涂抹授粉。

简易授粉器授粉：将花粉用滑石粉或碾碎的花药壳稀释5~10倍，装入细长的塑料小瓶中，加盖橡胶瓶盖，在瓶盖上插装一节通气细竹棍，用手压迫瓶身产生气流将花粉吹向每一个柱头。

喷粉器授粉：将花粉用滑石粉稀释50倍（重量），使用市面上出售的授粉器向正在开放的花喷授。

喷雾器授粉：将收集的花药用2~3层纱布包好在水中搓洗，将花粉滤出到水中，用喷雾器向正在开放的花喷授。注意雾化程度要好，一次不能喷洒太多水溶液，否则花粉会随水流失。

上述方法中，对花、用毛笔点授及简易授粉器授粉适合于小面积人工授粉。每朵花授一次，每天上午将当天开放的花朵全部授完。授过粉的雌花第2d花瓣颜色开始变褐，而当天开放未授粉的花仍然是白色，能够明显区分开来。用喷粉器和喷雾器授粉适合于大面积人工授粉，在雌花开放20%、60%、80%及95%时各授粉1次或每天授粉1次。

雌花开放后5d之内均可以授粉受精，但随着开放时间的延长，果实内的种子数和果个的大小逐渐下降，以花开放后1~2d的授粉效果最好，第四天授粉坐果率显著降低。

三、疏果

猕猴桃的坐果能力特别强，在正常授粉情况下，95%的花都可以受精坐果。一般果树坐果以后，如果结果过多，营养生长和生殖生长的矛盾尖锐，树体会自动调节，使一些果实的果柄产生离层而脱落。但猕猴桃除病虫为害、外界损伤等可引起落果外，不会因营养的竞争产生生理落果，因此开花坐果后疏果调整留果量尤为重要。同时猕猴桃子房受精坐果以后，幼果生长非常迅速，在坐果后的50~60d果实体积和鲜重可达到最终总量的70%~80%。疏果不可过迟。

疏果应在盛花后2周左右开始，首先疏去授粉受精不良的畸形果、扁平果、伤果、小果、病虫为害果等，而保留果梗粗壮、发育良好的正常果。根据结果枝的势力调整果实数量，大果型品种生长健壮的长果枝留4~5个果，中庸的结果枝留2~3个果，短果枝留1个果。同时注意控制全树的留果量，成龄园每平方米架面留果40个左右，每株留果480~500个，按平均单果重95g计算，每亩产量2 200kg。疏除多余果实时应先疏除短小果枝上的果实，保留长果枝和中庸果枝上的果实。经过疏果，使每个果实在8—9月时平均有4个叶片辅养，即叶果比达到4∶1。

四、果实套袋

近年来，在猕猴桃栽培中也提倡果实套袋。果实套装对于防止猕猴桃果面污染，降低果实病虫害的感染率，提高果实品质，很有益处。其套袋果价格高出未套袋果20%~30%。但套袋技术刚刚应用于猕猴桃生产，尚待进一步完善和推广。

1. 留果量

根据树体生长状况和果园管理水平，确定套袋留果量。中等生产水平果园，无论米良1号、每沃德、金艳等留果量为每亩20 000~25 000个，按收购商要求单果重90~110g，长蔓结果的多留中间果，每个花序留一个果，所留果要形正个大。对畸形果和病虫果，一律疏除。所留果之间的距离为8~10cm。

2. 选择猕猴桃专用果袋

选择用的纸套袋为黄色，透气性好，有弹性，防菌、防渗水性好。其生产厂家必须是信誉好的正规厂家，有注册商标，做工标准，袋底两角有通气流水口。原料以商品性好的木浆纸袋为好。袋的规范长度为190mm，宽度为140mm。这种果袋适合所有猕猴桃品种。

3. 套袋前的准备

套袋前除了要选好果实外，还需细致喷药防治病虫为害。药剂可选用杀菌剂和杀虫剂混合药液，杀菌治虫，还可杀螨类药剂。另外，可针对缺素症发生情况，喷施硼、钙、铁、锌等微量元素肥料。喷药几小时后方可套袋。若喷药后12h内遇上下雨，则要及时补喷药剂，露水未干不能套袋。

套袋前要在全园施一次追肥，以利于果实迅速膨大。要整理和选好纸袋，不合格袋不能使用。套袋前要将纸袋放在室内回潮，以便使用时质地柔软，方便操作。

4. 套袋时间

猕猴桃花后40d果实膨大最快。按照猕猴桃大部分种值区的生态条件，套袋时间在6月中旬至7月上旬比较合适。但必须在喷药后进行。一般在上午8~12时，下午3~7时，套果为宜，这时可防止太阳暴晒。

图4-4 猕猴桃套袋

5. 套袋方法

果实选定后，用左手托住纸袋，右手撑开袋口，先鼓起纸袋，打开袋底通气口，使袋口向上，套入果实，让果实处在纸袋中间，果柄套到袋口基部。封口时先将封口处搭叠小口，然后将袋口收拢并折倒，夹住果柄。封口时不宜太紧，以免挤伤果柄。

6. 去袋时间

采果前5~7d，可将果袋去掉。去袋时间不能太早。如去袋太早，果实仍然会受到污染，失去套袋作用。也可以带袋采摘，采后处理时再取掉果袋。

套袋要注意提高效果。套纸袋负效应明显，所套果色发黄，品质不如不套袋果好。猕猴桃栽培者可在实践中通过对比，择优而用。

第三节　土/肥/水管理

一、土壤管理

深翻熟化：土壤疏松，土层加厚，透水保水，加速熟化，提高肥力。

时期：果实采收前后结合施基肥。

深度：60~80cm。

方法：深翻扩穴；隔行深翻；全园深翻。

生草覆盖：树行间实施生草栽培技术，生草种类可以是三叶草、黑麦草等，也可以为当地天然杂草，草高达20~30cm时使用割草机割除，割除的杂草主体覆盖在树干周围1m范围，也可将果园外杂草、秸秆、绿肥等进行覆盖，有保水、调温、防旱、增加有机质、改造土壤、提高肥力、改善根际环境、减轻地表径流的作用。

中耕除草：树盘内在雨后或灌溉后进行松土，深约10cm，防止表土板结，保持墒情；及时去除树盘内的杂草。

二、养分管理

（一）施肥期

基肥：秋施，采果后早施比较有利，10—11月。多施有机肥，如厩肥、堆肥、饼肥、人粪尿等，加入一定量的速效氮肥，配合施入磷、钾肥，占全年施肥量的60%以上。

追肥：及时追肥，萌芽肥在2—3月萌芽前施入，以速效氮肥为主，配合钾肥；促花肥4月下旬施入，以复合肥为主；壮果肥5月下旬至6月上旬施入，以复合肥为主。

（二）施肥方法

环状沟施、放射沟施、条沟施、穴施、全园撒施、叶面喷施均可。

（三）施肥量

萌芽肥成龄树每株0.3~0.5kg尿素，小树每株0.1~0.15kg尿素；促花肥大树每株0.3~0.4kg复合肥，小树减半；壮果肥大树每株0.5~0.8kg复合肥2~3kg枯饼肥混合施下，小树减半；基肥幼树每株30kg有机肥+0.5kg复合肥，大树每株50kg有机肥+1kg复合肥；叶面肥用0.3%尿素+0.3%磷酸二氢钾加其他微量元素混合液在夏秋生长旺期多次喷雾（表4-1）。

表4-1 不同树龄的猕猴桃园参考施肥量 （kg/亩）

树龄	年产量	年施肥总量			
		优质农家肥	化肥		
			纯氮	纯磷	纯钾
1年生		1 500	4	2.8~3.2	3.2~3.6
2~3年生		2 000	8	5.6~6.4	6.4~7.2
4~5年生	1 000	3 000	12	8.4~9.6	9.6~10.8
6~7年生	1 500	4 000	16	11.2~12.8	12.8~14.4
成龄园	2 000	5 000	20	14~16	16~18

三、水分管理

土壤湿度保持在田间最大持水量的70%~80%为宜，低于65%时应灌水，高于90%时应排水，水多、水少植株都会出现萎蔫症状，应及时采取有关措施。

采用厢栽或垄栽，园内应有排水沟，雨季要时刻保持通畅，主排水沟深60~70cm，支排水沟30~40cm，能及时排水，果园内不能出现积水现象。

灌溉采用沟灌或穴灌，推广使用滴灌、微喷灌以及水肥一体化方式（图4-5、图4-6）。

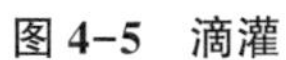
图4-5　滴灌

图4-6　微喷灌

第五章 主要病虫害及防治技术

第一节 猕猴桃主要病害

一、猕猴桃溃疡病

猕猴桃溃疡病属细菌性病害，具有隐蔽性、爆发性和毁灭性的特点，外观症状出现前无法判断是否有该病，症状一旦出现后造成的损失便无法弥补，轻者枝条枯死、树干产生病斑，严重时整个植株死亡，对猕猴桃产业的健康发展造成严重威胁。

溃疡病是猕猴桃生产中的一种毁灭性病害，尤其对中华猕猴桃品系中的红阳品种为害最大。

（一）症状

溃疡病主要为害叶、果实及枝蔓，严重影响果实产量和果实品质。

发病多从茎蔓幼芽、皮孔、落叶痕、枝条分叉部开始，初呈水渍状，后病斑扩大，色加深，皮层与木质部分离，用手压呈松软状。发病初期从树体的芽体、树干伤口等出流出白色的脓水，一周左右就会转为铁锈红色（图 5-1）。

图 5-1 猕猴桃溃疡病枝干症状

叶片上表现为叶脉间出现小的不规则褐色斑点，发生溃疡病病叶的枝条萎蔫（图 5-2）。

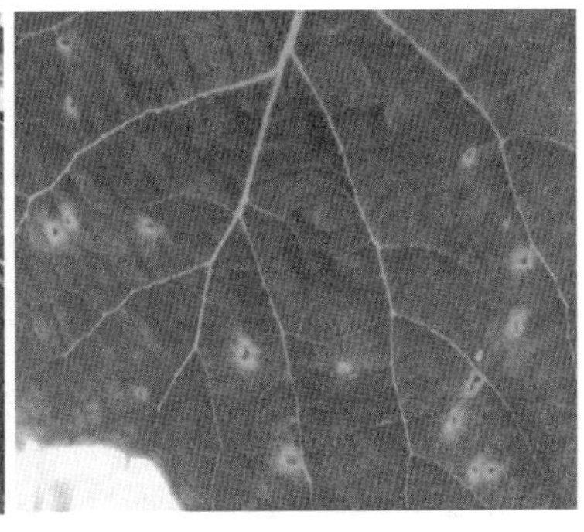

图 5-2　溃疡病病叶

猕猴桃溃疡病后期病部皮层纵向线状龟裂，流清白色黏液。该黏液不久转为红褐色，病斑可绕茎迅速扩展，用刀剖开病茎，皮层和髓部变褐，髓部充满乳白色菌脓，受害茎蔓上部枝叶萎蔫死亡（图5-3、图 5-4）。

图 5-3　猕猴桃溃疡病枝干后期症状

（二）发病规律

猕猴桃溃疡病主要通过苗木、接穗等栽植材料和果实进行传染。猕猴桃树幼苗较成年树易感染此病，树龄愈大，发病愈轻。

溃疡病在低温高湿条件有利于发病，春季均温 10~14℃，如遇大风雨或连日高湿阴雨天气，病害易流行。

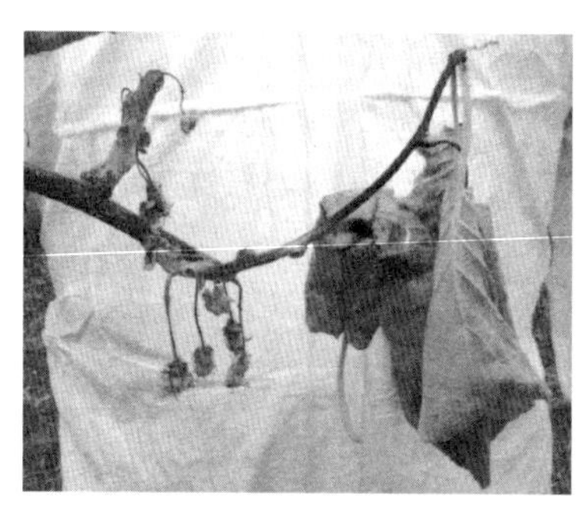

图 5-4　猕猴桃溃疡病后期症状

新梢生长期是发病盛期，5 月大部分为阴雨天气，为溃疡病的发生和流行提供了有利条件，因此必须在这个溃疡病易发时期，应该积极对溃疡病进行防治。

（三）防治方法

1. 加强栽培管理

增强猕猴桃树势，提高土壤肥力。增施有机肥，改良土壤，达到土壤疏松肥沃，以利猕猴桃根系扩展和深扎，大力推进配方施肥，猕猴桃应实时挂果，合理负载，科学管理，保持健壮的树势，提高抗溃疡病的能力。

2. 选用抗病的猕猴桃树品种

选育、培育和栽植抗病品种，逐步淘汰感病品种，从根本上提高优良品种对溃疡病的抗性。

3. 苗木消毒

对选购的种苗进行消毒处理（图 5-5），方法为：用每毫升含 700 单位的农用链霉素溶液加入 1%酒精作辅助剂，消毒 1.5h。

4. 进行科学修剪

一般于冬季 12 月修剪，修剪的刀具应用 70%酒精消毒，剪一株消毒一次，剪刀口应光滑平整，减少大的伤口，冬剪结束后及时喷药“封闭三口”（果柄口、叶柄口、剪口），并把带病菌的枯枝落叶带出园外集中烧毁，结合修剪除去病虫枝、病叶、徒长枝、下垂枝等，凡菌脓流经的枝条，应全部剪除，以减少传染病源。

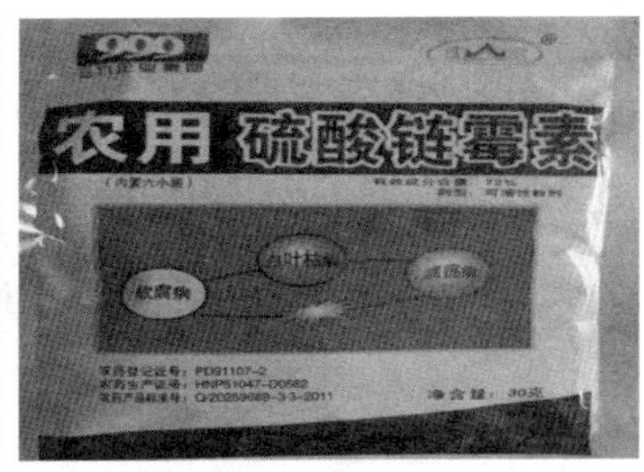

图 5-5　猕猴桃优质种苗及消毒药剂

2 月底至 3 月上中旬为植株伤流期，不宜再作修剪。春季溃疡病盛期时定时寻查，一旦发现感病较重病株及时清除烧毁，控制病菌扩散（图 5-6 至图 5-9）。

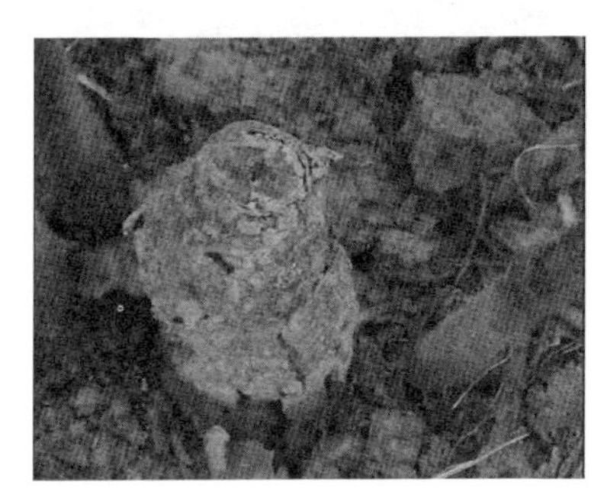

图 5-6　去病部保庄

图 5-7　剪病部

图 5-8　石灰消毒

图 5-9　集中烧毁

5. 喷药防治

收果后或入冬前，结合果园修剪，普遍喷施 1~2 次 3~5 波美度石硫合剂或 1：1：100 波尔多液；立春后至萌芽前可喷施 1：1：100 波尔多液或 50%琥珀酸铜（DT）可湿性粉剂 500 倍液；萌芽后至谢花期可喷 50%加瑞农可湿性粉剂 500~800 倍液等药剂，间隔 10d 喷一次（图 5-10）。

图 5-10　药剂防治

6. 发现有病害时及时刮杆涂药和喷雾

先刮除病斑（将病害树皮、锯末运出园后烧毁），接近好皮时，刮刀消毒后，刮一部分好皮，然后可采用 95%细菌灵原粉 500 倍或 60%百菌通 30 倍或 5%菌毒清水剂 50 倍等药剂进行涂干，涂抹 4~5 次，每 7d 涂抹一次，同时结合 95%细菌灵原粉 2 000倍加渗透剂或 5%菌毒清水剂 300 倍加渗透剂等药剂进行喷雾 4~5 次，每 7d 喷一次。

7. 纵划涂抹和喷雾防治

用消过毒的小刀在枝蔓病斑上进行纵划，划口要大于病斑，然后用药剂进行涂抹，涂抹 4~5 次，每 7d 喷一次，同时结合喷雾 4~5 次，每 7d 喷一次，可使用药剂为 95%CT 细菌灵原粉 2 000倍加渗透剂或 5%菌毒清水剂 300 倍加渗透剂等药剂（图 5-11）。

西南大学植物病理学教授肖崇刚曾提出，“猕猴桃溃疡病是一种世界性病害，发病初期是可以治的，发病严重时施药是徒劳的，应坚决毁掉”。

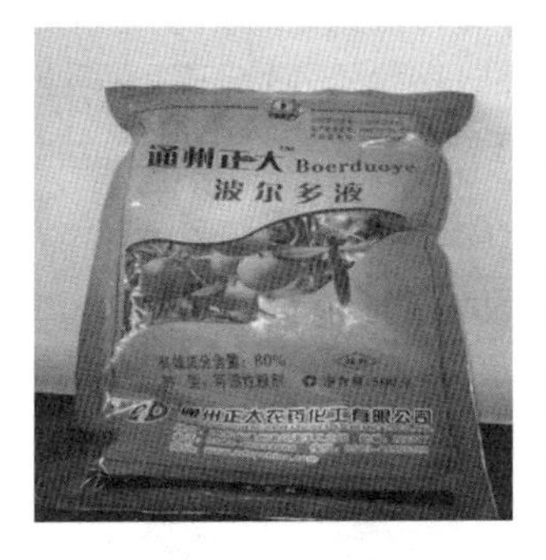

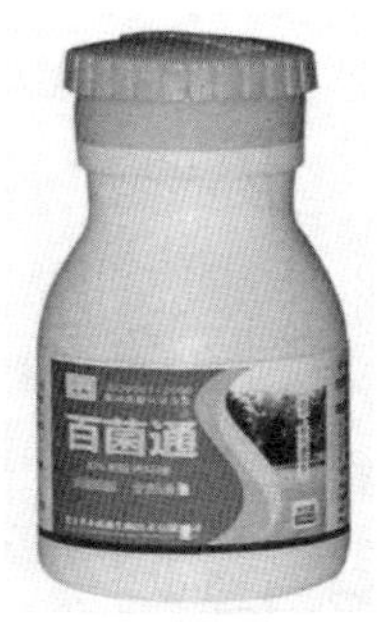

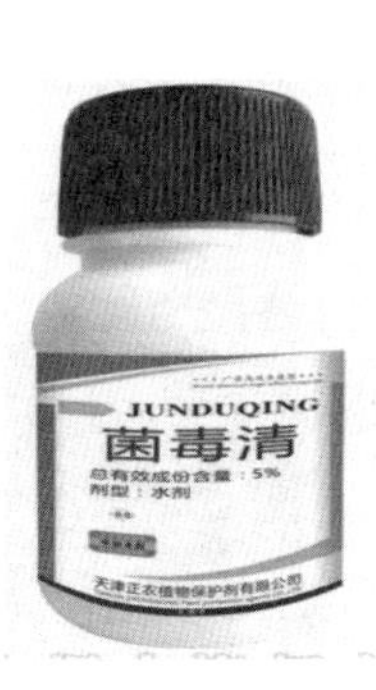

图 5-11　防治药剂

对猕猴桃溃疡病应采取“农业防治为主，药剂防治为辅”的综合防治措施：加强苗木检查，选育引进抗病品种；严禁从病区调运苗木、接穗和插条，防止远距离传播；重视栽培管理，增强树势，提高综合抗病能力；适时修剪和绑束枝蔓，剪除病枝、病叶等病残体，并集中带出果园烧毁，防止病原菌的扩散，减少病原菌的越冬基数；对修剪、嫁接工具要严格消毒，防止人为传播；合理挂果，科学管理；选用高效、低毒、低残留药剂及时防治病虫害。

二、猕猴桃花腐病

主要为害猕猴桃的花蕾、花，其次为害幼果和叶片，引起大量落花、落果，还可造成小果和畸形果，严重影响猕猴桃的产量和品质。

（一）症状

受害严重的猕猴桃植株，花蕾不能膨大，花萼变褐，花蕾脱落，花丝变褐腐烂。

中等受害植株，花能开放，花瓣呈橙黄色，雄蕊变黑褐色腐烂，雌蕊部分变褐，柱头变黑，阴雨天子房也受感染，有的雌花虽然能授粉受精，但雌蕊基部不膨大，果实不正常，种子少或无种子，受害果大多在花后一周内脱落。

轻度受害植株，果实子房膨大，形成畸形果或果实心柱变成褐色，果顶部变褐腐烂，导致套袋后才脱落。

受花腐病为害的树挂果少、果小，造成果实空心或果心褐色坏死脱落，不能正常后熟。

该病主要为害花蕾、花朵，染病花瓣变为橘黄色，后期呈褐色并开始腐烂，造成落花、落蕾。雌花的为害概率比雄花高（图 5-12）。

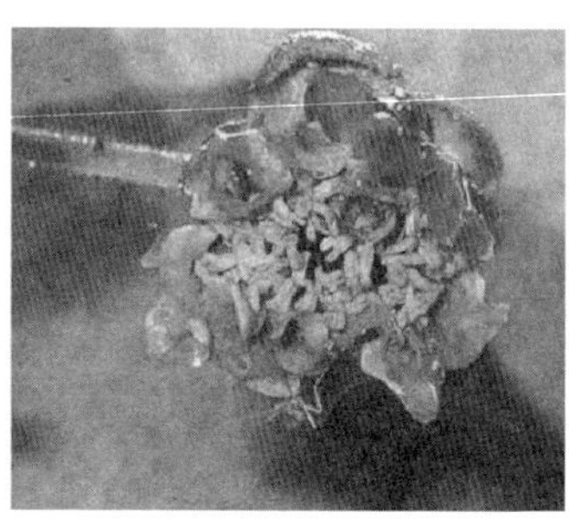

图 5-12　猕猴桃花腐病

（二）发生规律

花腐病是由假单胞菌侵染的细菌病害。病原菌存在于树体的芽、叶片、花蕾和花中，发病因气候的影响，从现蕾到开花，雨水多时发病就严重，从架型看，扁大棚架比“T”形架发病少。从垂直看，大棚架和“T”形架越接近地面，因潮湿而发病比上层的严重。花期遇雨或花前浇水，湿度大或地势低洼，地下水高地区发病就重。从花萼开裂到开花时间越长发病也越严重。花瓣感染重，花萼感染就轻。

（三）防治方法

1. 加强果园肥培管理，提高树体的抗病能力

秋冬季深翻扩穴增施大量的腐熟有机肥，保持土壤疏松；春季以速效氮肥为主配合速效磷钾肥和微量元素肥施用；夏季以速效磷钾肥为主适量配合速效氮肥和微量元素肥。

2. 适时中耕除草，改善园地环境

特别平坝区在 5—9 月要保持排水沟渠畅通，降低园地湿度。

3. 及时将病花、病果捡出猕猴桃园处理，减少病源数量

4. 农药防治

冬季用 5 波美度石硫合剂对全园进行彻底喷雾；在猕猴桃芽萌动期用 3~5 波美度石硫合剂全园喷雾；展叶期用 65%的代森锌或代森锰锌 500 倍液或 50%的退菌特 800 倍液或 0. 3 波美度的石硫合剂喷洒全树，每 10~15d 喷 1 次。特别是在猕猴桃开花初期要重防 1 次。

三、猕猴桃根结线虫病

（一）症状

猕猴桃根结线虫主要为害根部，从苗期到成株期均可受害。

受害植株的根部肿大呈瘤状或根结状，每个根瘤有一至数个线虫，将肿瘤解剖，可肉眼看到线虫。根瘤初时表面光滑，后颜色加深，数个根瘤常常合并成一个大的根瘤物或呈节状，大的根瘤外表粗糙，其色泽与根相近，后期整个瘤状物和病根均变为褐色，腐烂，散入土中，地上部表现整株萎蔫死亡（图 5-13）。

图 5-13　猕猴桃根结线虫病

苗期受害，植株矮小，生长不良，叶片黄化，新梢短而细弱。

夏季高温季节，中午叶片常表现为暂时失水，早晚温度降低后才恢复原状。

受害严重时苗木尚未长成便已枯死。

成株受害后，根部肿大，呈大小不等的根结（根瘤），直径可达 1~10cm。根瘤初呈白色，以后呈褐色，受害根较正常根短小，分支也少，受害后期整个根瘤和病根可变褐而腐烂。

根瘤形成后，根的活力减弱，导管组织变畸形歪扭而影响水分和营养的吸收。由于水分和营养吸收受阻，导致地上部表现出缺肥缺水状态，生长发育不良，叶黄而小，没有光泽。表现树势衰弱，枝少叶黄，秋季提早落叶。结果少，果实小，果质差。

（二）发生规律

猕猴桃根结线虫主要依靠苗木、病土、带病的种苗以及人的农事活动传播。

猕猴桃根结线虫一年产生多代，世代重叠，雌虫将卵产于猕猴桃根内或根外的基质中，低龄幼虫从嫩根尖侵入皮层，病根受害形成肿状突起的根瘤，幼虫可重复为害多条新根，2~3 周成熟产卵，幼虫可存活数月，条件适宜时，卵 2~3d 孵化，多以幼虫在根系中越冬，主要依靠苗木调运等形式传播。

（三）防治方法

1. 防治原则

坚持“预防为主、综合防治”的植保方针。以农业防治为基础，通过建立无病苗圃，增施有机肥，强化猕猴桃树势为主要措施，减轻猕猴桃根结线虫病的为害，严格猕猴桃苗木的监管手段，禁止携带根结线虫的病苗移栽到新果园，防止发生猕猴桃根结线虫病的苗木传播蔓延到未发生区域，辅以化学药剂防治的方法对猕猴桃根结线虫病进行综合防控。

2. 防治措施

（1）农业防治。

培育无病苗木：选择无病苗圃地育苗，不能利用原来种过葡萄、番茄及十字花科的旱地作猕猴桃苗圃地或果园，最好采用水旱轮作地作苗圃地和果园定植地，减少猕猴桃根结线虫的初侵染来源。

配方施肥：有条件的地方实行配方施肥，根据土壤的肥力状况科学施用 N、P、K 肥，并适当补充锌、硼等微量元素肥料，提高植株的抗病能力。

严格苗木监管：禁止从发生根结线虫的病区调运猕猴桃苗木到未发生根结线虫的区域种植，防止猕猴桃根结线虫病的传播蔓延，病区苗圃起苗后，严格监管检查，发现猕猴桃根结线虫为害严重的病苗或病株，剔除集中销毁处理，禁止人为造成病苗传播。

（2）化学防治。

苗圃地防治：病区猕猴桃苗圃培育猕猴桃苗前选用 0.1%的克线磷 3~5kg 杀线虫剂进行土壤处理，预防根结线虫的为害。培育（假植）猕猴桃苗圃发现猕猴桃根结线虫病为害，可选用 20%丁硫克百威乳油 1 000倍液+1.8%阿维菌素乳油 1 000倍液按照 1∶1 比例灌根或 20%呋虫胺可溶剂 500 倍液灌根或 0.1%的克线磷 3~5kg 浇水防治，减轻根结线虫的发生为害。

苗木移栽前防治：苗木移栽前，选用20%丁硫克百威乳油1 000倍液+1.8%阿维菌素乳油1 000倍液按照1：1的比例混合或20%呋虫胺可溶粒剂500倍液，浸根30min，沥干水分后待栽；或用0.1%的克线磷水溶液浸根1h；栽前再用0.136%赤·吲乙·芸薹可湿性粉剂1g对5kg水加细泥土调成稀泥状，蘸根处理后定植，可促进根系的生长，防治猕猴桃根结线虫的扩散蔓延。

发病果园防治：若已移栽的猕猴桃苗发现根结线虫为害，可选用10%的噻唑膦颗粒剂3~5kg或5%丁硫克百威颗粒剂1kg+淡紫拟青霉颗粒剂3kg与10~15kg细土混合均匀施入根冠周围的环状沟内，盖土，浇水至土湿润即可；或选用20%丁硫克百威乳油1 000倍液灌根；或使用20%呋虫胺可溶剂500倍液灌根处理或涂干处理。

四、猕猴桃根腐病

猕猴桃根腐病是一种毁灭性病害。植株染病后，树势衰弱，产量降低，品质变差，严重时会造成植株整株死亡，对猕猴桃生产影响极大。

（一）症状

根腐病从猕猴桃苗期到成株期都可发病，发病部位均在根部。该病由多种真菌引起，症状因病原不同而不同。幼树易发生白绢根腐病，老树易发生疫霉根腐病。

在果树旺长期或挂果以后，特别是7—8月，如遇久雨突晴，或连日高温，有的病株会突然出现整株萎蔫死亡。后期在患病组织内部充满白色菌丝；腐烂根部产生许多淡黄色成簇的伞状子实体。在土壤潮湿或发病高峰期，病部均产生白色霉状物。

1. 疫霉根腐病

发病初期叶面病斑呈水渍状，逐渐变褐，后期病部表面密生白色菌丝；发病后期整株叶片脱落，果实萎缩，全株枯死，根系腐烂。

2. 白绢根腐病

该病是造成苗期死亡的主要病害，植株一旦发病很难挽救，染病株根茎部有白色绢状物，叶片萎蔫，最后整株枯死（图5-14）。

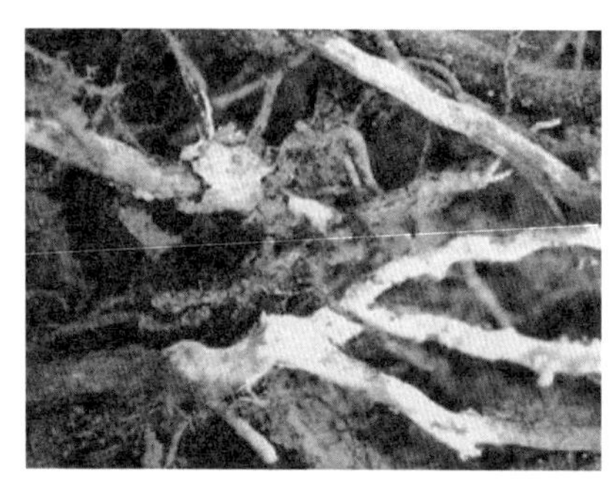

图 5-14　猕猴桃疫霉根腐病（左）和白绢根腐病（右）

3. 密环菌根腐病

初期根颈部皮层出现黄褐色水渍状块状斑，皮层逐渐变黑软腐，韧皮部和木质部分离，易脱落，木质部也可变褐腐烂。病株地上部表现为新梢细弱、叶片小、叶色淡、长势弱。当土壤湿度大时，病斑迅速扩大蔓延，导致整个根系变黑腐烂，地上部叶片迅速变黄，最后整株树体萎蔫死亡（图 5-15）。

图 5-15　密环菌根腐病

（二）发病特点

根腐病病菌随病残组织在土壤中越冬，翌年春季树体萌动后，病菌随耕作或地下害虫活动传播，从根部伤口或根尖侵入，使根部皮层组织腐烂死亡，还可进入木质部。7—8 月是发病高峰期，发病期间，病菌可多次再侵染。

（三）防治方法

对于根腐病要采取培养无病苗木，加强田间管理，及时清除田间病残体，消灭地下害虫，结合药剂防治等综合防治措施进行有效防控。

选择无病地育苗，培养无病苗木；发现病株连根挖除销毁，土壤用溴甲烷熏蒸消毒。

消灭地下害虫，减少根部伤口，降低病菌感染率。

增施有机肥，提高土壤腐殖质含量，促进根系生长。

开沟排水，降低地下水位可以减少病菌感染。

化学防治。苗木浸根，定植前用30%DT胶悬剂100倍液浸根及根颈部3h；发现病树时用30%DT胶悬剂100倍液（0.3kg/株）或40%多菌灵500倍液（0.5kg/株）或50%退菌特800倍液（0.3kg/株）灌根，间隔15~20d灌一次，连灌2~3次。

五、猕猴桃主要病害综合防治措施

坚持“预防为主，综合防治”的植保方针。

加强植物检疫，严禁引进栽植带菌苗木或接穗，从源头上杜绝病源。

发病果园修剪时，修剪工具必须严格消毒，防止人为传播。

加强栽培管理，平衡施肥，增施有机肥，合理负载，增强树势，努力提高树体抗病能力。同时要做好清园，剪除病枝，树干涂白等保护工作。

药剂预防和治疗。根据不同的病害和发生为害时间，选择对口农药适时开展防治。

常用药剂：

细菌性病害（溃疡病、花腐病等）：氢氧化铜、春雷·王铜、碱式硫酸铜、噻菌铜、噻霉酮、壬菌铜、噻森铜、代森铵

真菌性病害（褐斑病、黑斑病、炭疽病、灰纹病等）：丙森锌、醚菌酯、戊唑醇、唑醚·代森联、苯醚甲环唑、丙环唑、菌毒清

膏药病：腈菌唑、甲基托布津

根结线虫病：克线丹、呋喃丹

第二节　猕猴桃主要虫害

鞘翅目：小薪甲、苹果蓝跳甲

同翅目：桑白蚧、草履绵蚧、角蜡蚧、斑衣蜡蝉、小绿叶蝉、黑尾大叶蝉

半翅目：麻皮蝽、茶翅蝽、绿芒蝽

蜱螨目：红蜘蛛

软体动物门柄眼目：野蛞蝓

鞘翅目：金龟子（苹果金龟子、铜绿金龟子）

鳞翅目：吸果夜蛾、斜纹夜蛾、枣尺蠖、盗毒蛾、金毛虫

第六章　猕猴桃贮藏保鲜及加工技术

第一节　猕猴桃贮藏保鲜

一、贮藏库准备

1. 库体及设备安全检查

提前 1 个月对库体的保温、密封性能进行检查维护，对电路、水路和制冷设备进行维修保养，对库间使用的周转箱、包装物、装卸设备进行检修。

2. 消毒灭菌

果品入库前贮藏库要进行消毒灭菌，特别是前一年贮藏过其他果品蔬菜的贮藏库，一定要提前一周消毒灭菌，可选择下述方法。

（1）按甲醛：高锰酸钾＝5：1 的比例配制成溶剂，以 $5g/m^3$ 的用量熏蒸冷库 24～48h。

（2）用 0.5%～1.0%的漂白粉水溶液喷洒贮藏库或用 10%的石灰水中加入 1%～2%的硫酸铜配制成溶液刷贮藏库墙壁，晾干备用。

（3）用 0.5%的漂白粉水溶液或 0.5%的硫酸铜水溶液刷洗果筐、放果架、彩条布等贮藏库用具，晒干后备用。薰蒸后的贮藏库，气味排完后方可贮果。

（4）果品入库后可用二氧化氯消毒液原液活化后，盛到溶器中，均匀放置 4~6 个点，让其自然挥发进行库间灭菌，或用噻苯咪唑、腐霉利烟雾剂熏蒸，也可用臭氧发生器产生臭氧（O_3）进行库间灭菌。

3. 提前降温

产品入库前 2d 贮藏库预先降温，到果品入库时库温降至果品贮藏要求的温度。

4. 人员培训

对贮藏库管理人员进行技术培训，熟练掌握贮藏技术规程和制冷机械操作保养技术。

二、选择贮藏品种

不同品种贮藏能力差异较大，一般来说，美味猕猴桃比中华猕猴桃耐贮藏；硬毛品种比软毛品种耐贮藏；绿肉品种比黄肉红肉品种耐贮藏；晚熟品种比早熟品种耐贮藏。

同一品种不同的栽培环境、不同的管理水平对贮藏的影响都很大。滥用大果灵的果实不耐贮藏、重施化肥，树体郁闭光照不足的不耐贮藏，超负载挂果及发育不全的果实、黄化果、畸形果不耐贮藏。在同一批果中，中等大小的果实较耐藏，在同一树冠的果实中，光照好、着色充分的果实耐藏。

三、确定采收期

可溶性固形物含量在6.5%~9%。

外观变化。美味猕猴桃果实毛色褐色加深，叶片大部分老化，果梗与枝条离层逐步形成，果易摘下，果肉色泽达到翠绿色或黄亮色，红心品种红色部分着色充分，色度饱满，籽粒充分成熟呈黑褐色。

“米良1号”10月上中旬成熟，“红阳”9月中下旬成熟。

四、采前处理

做好病虫害防治、疏枝摘叶、通风透光等果园管理工作，使果实充分光照着色。

采前20d、10d分别喷0.3%的氯化钙加甲基硫菌灵等广谱性杀菌剂各1次。

五、采收

贮藏所用果实应新鲜、周正、无粉尘污染、无畸形、无日灼、无病虫害及其他损伤，具有该品种固有的色泽，果品质量符合无公害标准规定。

1. 采收时间

露水干后的早晨或傍晚气温较低采收为好，尽可能避开雨天、雾天、带露水的清晨进行采收；雨住后应间隔6d再进行采收。

2. 采收技术

采收时，从果梗与果实离层处摘下，装入可盛果实15kg左右的塑料箱或木筐内。

3. 采收准备

采果时剪指甲、戴手套、轻拿轻放，防止机械伤，禁止饮酒采果搬运。

六、收购果品运输

采够一车立即运回预冷，地头堆放不得超过 5h，从采收到入库不得超过 12h，转运时防止装载不实严重振荡。

七、预冷

预冷入库时要严格遵守冷库管理制度，入库的包装干净卫生，入库人员禁止酒后入库或带芳香物入库。选择的入库品种最好单品单库，分级堆放预冷。

采收的猕猴桃，同果筐一块立即运入冷库，在 0℃ 库间预冷，高温天气采收的猕猴桃没有充足的预冷间可在阴棚下散去大量田间热入库。

果筐入库后松散堆放，在 0~1℃ 库间预冷 2~3d，待果实温度接近库存温度后包装、码垛。

每天入库量不得超过库容的 20%。

八、挑选、分级、包装

挑选、分级、包装 3 项工作最好在冷库内作业。

挑选：小果、烂果、病虫果、伤果、畸形果除去。

分级：猕猴桃分级主要按重量分级，同时对果实的形状和果面也进行了要求。分级如表 6-1 所示。

周转箱使用塑料箱或木筐均可，箱内（或筐内）垫厚度为 0. 02~0. 03mm 的高压聚乙烯塑料袋，每箱装果 10kg 左右，果箱高度应低于 30cm，防止挤压，在每箱果实的上部放置有充足吸附孔的保鲜剂一袋（用蛭石或珍珠岩作载体浸渍饱和高锰酸钾溶液做成的乙烯吸收剂，每袋保鲜剂重 200g），最后绑扎塑料袋口。中短期贮藏可不加保鲜袋，采取顶部覆盖和垛周围防护等措施防止果实失水发皱，也可用高强度细瓦楞纸托盘装果后摆放于货架贮藏。

表 6-1 猕猴桃分级

种类 \ 级别	特级	一级	二级	三级	备注
大果型	141~150g	121~140g	101~120g	80~100g	米良 1 号
中果型	120~140g	111~120g	91~110g	70~90g	红阳
其他外观指标	果面干净、毛色光洁饱满、果形周正、套袋果	果面干净、毛色光洁饱满、果形周正	果形周正、果面无明显果绣和枝磨	果形周正，果面无明显果绣和枝磨	要求各等级通过农残抽检合格

九、入库堆垛

果箱分级分批堆放整齐，留开风道，底部垫板高度 10~15cm，果箱堆垛距侧墙 10~15cm，距库顶 80cm。果箱堆垛要有足够的强度，并且箱和箱上下能够镶套稳定。箱和箱紧靠成垛，垛宽不超过 2m，果垛距冷风机不小于 1.5m，垛与垛之间距离大于 30cm；库内装运通道 1.0~1.2m。主风道宽 30~40cm，小风道宽 5~10cm。

十、贮期管理

1. 贮藏温度、湿度及气体成分管理

按各种贮藏方法的技术要求，进行精准管理，并进行密切观察。

2. 品质检查

每月抽样调查 1 次，发现有烂果现象时全面检查，烂果及时除去。

3. 设备安全

配备相应的发电机、蓄水池，保证供电供水系统正常，调整冷风机和送风桶，将冷气均匀吹散到库间，使库内温度相对一致。保证库间密闭温度稳定，停机 2h 库温上升不超过 0.5℃，减少库间温度变化幅度，防止果实表面结露，也不使果实发生冻害。

十一、确定贮藏期限

1. 贮后果实理化指标

平均果实硬度≥1.5kg / cm^2，硬果率≥93%，商品果率≥96%。

2. 贮后果实感官标准

外观新鲜，色、香、味、形均好，果蒂鲜亮不得变暗灰色。

3. 贮藏天数

机械冷库严格按照技术规程“米良1号”可贮藏150d左右，“红阳”可贮藏130d左右。

十二、出库

将果实在缓冲间放置10~12h，缓慢升温，让果温与外界温度之差小于6℃时再出库。

重新装箱、包装、贴标。

十三、食前催熟

在25℃的温度条件下放置7~8d可自然软熟。

用1 000mg/L乙烯利喷果或浸果2min后放置催熟。

家庭食用猕猴桃时可将果实装在塑料袋中，并在袋内混装1~2个苹果，绑扎袋口3~4d便可催熟。

第二节　猕猴桃加工

我国猕猴桃资源丰富，人工种植面积近年来发展迅速。但猕猴桃属薄皮多汁的浆果，而且对乙烯敏感，采收时节又正值高温季节，果实采收后极易变软腐烂，而且贮藏库建设远远跟不上产业发展的需求，严重影响猕猴桃种植业的发展。若将鲜果及时地加工成半成品，大大地延长了贮藏期限，因此进行猕猴桃加工，对充分开发我国的猕猴桃资源，提高农产品经济价值有着重要的现实意义。

根据猕猴桃的加工特征，猕猴桃适合加工成猕猴桃罐头、果脯、果肉饮料、糕点、猕猴桃浓缩汁、猕猴桃酱及冻、猕猴桃晶、猕猴桃酒等产品。本节简单介绍猕猴桃果脯和果酒的加工。

一、猕猴桃果脯加工

1. 加工工艺流程

原料收购→分选→去皮→切片→烫漂→糖渍→糖煮→干燥→包装。

2. 原料收购与分选

当野生猕猴桃接近成熟，当它的含糖量达7.5%~8%时（即八成熟），立即集中收购；收购时进行分选，将畸形果、病虫果、霉烂果剔除。有条件的，还可按果形大小给予分级，以便加工的产品大小一致。

3. 去皮

在搪瓷烧桶中配制14%~16%的氢氧化钠溶液，加热至沸腾，然后放入一定数量的猕猴桃果实，40~60s时间，果皮发黑时捞起果实，放在竹筐中，来回摆动，搓去果皮，同时用自来水冲洗（洗去果皮和残留碱液），最后，将冲洗过的果实放在0.8%的盐酸或1.5%~2%的柠檬酸溶液中进行中和。中和过的溶液应略呈酸性。

4. 切片

将中和过的猕猴桃沿果实横向切片，切片厚度3~5mm。为防止氧化变色，应将切好的果实放入1%~2%食盐溶液中保存。

5. 烫漂

将切好的果片放入沸腾的清水中烫漂2~3min，以杀灭氧化酶，烫漂后应迅速用自来水将果片冷却。

6. 糖渍

将烫漂过的果片沥干，用其重约40%的白砂糖糖渍24h；糖渍时应将砂糖按上、中、下层以5∶3∶2的比例分布。

7. 糖煮

将糖渍好的猕猴桃果片捞出，沥干糖液，在糖液中加入砂糖（或上锅剩余糖液），使浓度达50%时煮沸，加入糖渍过的猕猴桃果片，煮沸10min后第一次加糖（或上锅剩余糖液），数量约果片重的16%，待煮沸15min后第二次加糖（或上锅剩余糖液），数量约果片重的15%，继续煮沸约20min，当糖液浓度达到70%~75%，看到果片肉呈半透明状时，糖煮结束。

8. 干燥

将糖煮好的猕猴桃果实捞出，沥干糖液，放在竹筛网（或不锈钢网）上，送入烘房内干燥。干燥时应将前期温度控制在50℃，待果实半干时，再将温度提高到55~58℃，继续干燥20h左右即可。干燥好的果脯要求外部不黏手，捏起来有弹性。

9. 包装

干燥后的果脯应尽快包装，防止吸潮。包装材料可用食品袋或玻璃纸，包装规格应根据市场需求而定。

二、猕猴桃酒加工

工艺流程：原料选择→清洗→破碎→前发酵→榨酒→后发酵→调整酒度→贮藏。

制作方法如下。

1. 原料

可以选用残次果作原料。

2. 清洗

用清水漂洗去杂质。

3. 破碎

在破碎机内破碎成浆状，也可用木棒进行捣碎。

4. 前发酵

在果浆中加入5%的酵母糖液（含糖8.5%），搅拌混合，进行前发酵，温度控制在20~25℃，时间5~6d。

5. 榨酒

当发酵中果浆的残糖降至1%时，需进行压榨分离，浆汁液转入后发酵。

6. 后发酵

按发酵到酒度为12度计算，添加一定量的砂糖（也可在前发酵时，按所需的酒度换算出所需的糖量，一次调毕），保持温度在15~20℃，经30~35d后，进行分离。

7. 调整酒度

用90%以上酒精调整酒度达16度左右，然后贮藏两年以上，即为成品。

猕猴桃酒在贮藏过程中，由于叶绿体破坏，颜色由最初的浅绿色变成浅黄色，再由于叶黄体分解，颜色逐渐变淡，失去果酒应有的观赏性，在发酵过程中加入紫黑葡萄一起发酵，或在陈酿前勾兑发酵好红葡萄酒共同陈酿，用以增强酒的色泽和味道。

参考文献

[1] 杜戈，张云书，刘长云，等．米良1号猕猴桃无公害丰产栽培［J］．特种经济动植物．2009（7）：46-47.

[2] 吴玉周，向红翠，张明渊，等．吉首猕猴桃无公害栽培技术规程［J］．湖南农业科学．2006（1）：35-36.

[3] 彭俊彩．猕猴桃品种与栽培技术讲座．湖南省园艺研究所．

[4] 杨勇．猕猴桃种植技术．百度文库．

[5] 王仁才．猕猴桃栽培技术基础讲座．湖南农业大学．

[6] 彭际淼．猕猴桃主要病虫害综合防治讲座．湘西州柑桔研究所．

编写：谢昌勇　熊绍军　熊　琳

黑猪产业

第一章　概　述

第一节　黑猪的起源

黑猪的起源

黑猪是由野猪驯化而来的。直到今天，有野猪出没的山区，在繁殖季节野猪常与家猪混群交配，并能产生正常后代，这是个明证。但是中国家猪起源于何种野猪，争论不已。

世界上野猪可以分为两大类：亚洲野猪（即印度野猪）和欧洲野猪。亚洲野猪从鼻尖到颊部有白色条纹，其泪骨短而低，呈正方形；欧洲野猪的泪骨呈长方形。而中国四川猪种的泪骨呈狭长形或三角形，恰恰符合欧洲野猪类型。根据更新世洞穴中出土的野猪骨骸化石资料作不完全统计，发现欧洲野猪分布很广，共有15省、市（自治区），几乎东、西、南、北、中都有。进入到新石器时代出土的野猪骨骸材料，如陕西西安半坡、江西万年仙人洞、安阳殷墟、浙江嘉兴马家滨等遗址，经鉴定均属于欧洲野猪。我国已发现的野猪，就其分布、类型和驯化了的后裔，可归纳如下：华南野猪，台湾野猪，华北野猪，东北白胸野猪，矮野猪，乌苏里野猪，蒙古野猪，新疆野猪，均属于欧洲野猪的不同亚种。

人类驯化野猪的时代——新石器时代，迄今未发现欧洲野猪以外的任何野猪化石；今天所有野猪均系欧洲野猪的不同亚种，古今观点结合起来研究，可以证明中国家猪起源于欧洲野猪。

第二节　我国的主要黑猪品种

一、八眉猪（又称泾川猪、西猪，包括互助猪）

产地（或分布）：中心产区主要分布于甘肃、宁夏回族自治区（以下简称宁夏）、陕西、青海，新疆维吾尔自治区（以下简称新疆）、内蒙古自治区（以下简称内蒙古）等省（区）。

主要特性：头狭长，耳大下垂，额有纵行“八”字皱纹，故名“八眉”，分大八眉、二八眉和小伙猪3种类型，二八眉介于大八眉与小伙猪之间的中间型。被毛黑色。生长发育慢。大八眉成年公猪平均体重104kg，母猪体重80kg；二八眉公猪体重约89kg，母猪体重约61kg；小伙猪公猪体重81kg，母猪体重56kg。公猪10月龄体重40kg配种，母猪8月龄体重45kg配种。产仔数头胎6.4头，3胎以上12头。肥育期日增重为458g，瘦肉率为43.2%，肌肉呈大理石条纹，肉嫩，味香。

二、黄淮海黑猪（包括淮猪、莱芜猪、深州猪、马身猪、河套大耳猪）

产地（或分布）：黄河中下游、淮河、海河流域，包括江苏北部、安徽北部、山东、山西、河南、河北、内蒙古等省区。

主要特性：包括淮河两岸的淮猪（江苏省的淮北猪、山猪、灶猪，安徽的定远猪、皖北猪，河南的淮南猪等）、河北的深州猪、山西的马身猪、山东的莱芜猪和内蒙古的河套大耳猪。以下介绍以淮猪为例。体型较大，耳大下垂超过鼻端，嘴筒长直，背腰平直狭窄，臀部倾斜，四肢结实有力，被毛黑色，皮厚毛粗密，冬季密生棕红色绒毛。淮猪成年公猪体重140.6kg，母猪体重114.9kg，头胎产仔9~10头，经产仔13头，日增重为251g。深州猪成年公猪体重为150~200kg，母猪为100~150kg，头胎产仔10.1头，经产仔12.8头，高水平营养日增重为434g，屠宰率为72.8%。马身猪成年公猪体重为121~154kg，母猪为101~128kg，初产仔10.5~11.4头，经产仔13.6头，肥育期日增重为450g，瘦肉率为40.9%。莱芜猪成年公猪体重为108.9kg，母猪为138.3kg，初产仔10.4头，经产仔13.4头，肥育期日增重为359g，屠宰率为70.2%。河套大耳猪：成年公猪体重149.1kg，母猪为103kg，初产8~9头，经产仔10头，肥育期日增重为325g，屠宰率为67.3%，瘦肉率为44.3%。

三、宁乡猪（又称草冲猪或流沙河猪）

产地（或分布）：湖南省宁乡县。

主要特性：体型中等，头中等大小，额部有形状和深浅不一的横行皱纹，耳较小、下垂，颈粗短，有垂肉，背腰宽，背线多凹陷，肋骨拱曲，腹大下垂，四肢粗短，大腿欠丰满，多卧系，撒蹄，群众称“猴子脚板”，被毛为黑白花。按头型分3种类型：狮子头、福字头、阉鸡头。平均排卵17枚，3胎以上产仔10头。肥育期日增重为368g，饲料利用率较高，体重75~80kg时屠宰为宜，屠宰率为70%，膘厚4.6cm，眼肌面积18.42cm^2，瘦肉率为34.7%。

四、湘西黑猪（包括桃源黑猪、浦市黑猪、大合坪猪）

产地（或分布）：湖南省沅江中下游两岸。

主要特性：体质结实，分长头型和短头型，额部有深浅不一的“介”字形或“八”字形皱纹，耳下垂，中躯稍长，背腰平直而宽，腹大不拖地，臀略倾斜，四肢粗壮，卧系少，被毛黑色。成年公猪体重113.3kg，母猪为85.3kg。性成熟较早，公猪4~6月龄配种，母猪3~4月龄开始发情，初产仔6~7头，经产仔11头。肥育期日增重为280~300g，屠宰率为73.2%，眼肌面积21.5cm^2，腿臀比例24.2%，瘦肉率为41.6%。

五、金华猪（又名两头乌猪、金华两头乌猪）

产地（或分布）：原产于浙江省金华市东阳县，分布于浙江省义乌、金华等地。

主要特性：体型中等偏小，耳中等大。下垂不超过嘴，颈粗短，背微凹，腹大微下垂，臀部倾斜，四肢细短，蹄坚实呈玉色，皮薄、毛疏、骨细。毛色中间白两头乌。按头型分大、中、小3型。成年公猪体重约112kg，母猪体重约97kg。公、母猪一般5月龄左右配种，3胎以上产仔13~14头。肥育期日增重约460g，屠宰率为71.7%，眼肌面积19cm^2，腿臀比例30.9%，瘦肉率为43.4%。有板油较多，皮下脂肪较少的特征，适于淹制火腿。

六、太湖猪（包括二花脸猪、梅山猪、枫泾猪、嘉兴黑猪、横泾猪、米猪、沙乌头猪）

产地（或分布）：主要分布长江下游江苏、浙江和上海交界的太湖流域。

主要特性：体型中等，各类群间有差异，梅山猪较大，骨骼较粗壮；米猪的骨骼较细致；二花脸猪、枫泾猪、横泾猪和嘉兴黑猪则介于二者之间。头大额宽，额部皱褶多，耳特大，软而下垂，被毛黑或青灰。成年公猪体重128~192kg，母猪体重102~172kg。繁殖力高，头胎产仔12头，3胎以上16头，排卵数25~29枚。60d泌乳量311.5kg。日增重为430g以上，屠宰率为65%~70%，二花脸瘦肉率45.1%。眼肌面积15.8cm^2。

七、荣昌猪

产地（或分布）：主产于重庆市荣昌县和四川省隆昌县。

荣昌猪体型较大，结构匀称，毛稀，鬃毛洁白、粗长、刚韧。头大小适中，面微凹，额面有皱纹，有漩毛，耳中等大小而下垂，体躯较长，发育匀称，背腰微凹，腹大而深，臀部稍倾斜，四肢细致、坚实，乳头6~7对。绝大部分全身被毛除两眼四周或头部有大小不等的黑斑外，其余均为白色；少数在尾根及体躯出现黑斑。群众按毛色特征分别称为“金架眼”“黑眼膛”“黑头”“两头黑”“飞花”和“洋眼”等。其中“黑眼膛”和“黑头”占一半以上。荣昌猪具有耐粗饲、适应性强、肉质好、瘦肉率较高、配合力好、鬃质优良、遗传性能稳定等特点。在保种场饲养条件下，荣昌猪成年公猪体重（170.6±22.4）kg、体长（148.4±9.1）cm、体高（76.0±3.1）cm、胸围（130.3±8.5）cm，成年母猪体重（160.7±13.8）kg、体长（148.4±6.6）cm、体高（70.6±4.0）cm、胸围（134.0±8.0）cm。第一胎初产仔数（8.56±2.3）头，3胎及3胎以上窝产仔数（11.7±0.23）头。

第三节　黑猪产业的发展概况

一、咸丰县黑猪产业的发展概况

恩施黑猪的中心产区咸丰县，位于恩施州西南部，辖11个乡镇（区），263个村，2 337个村民小组，乡村农户9.71万户，农业人口33.47万人。咸丰县土地总面积2 550km^2，境内山峦起伏，河流纵横，地势南北高，中间低。

恩施黑猪是我国优良、湖北省知名的地方品种。2012年，恩施黑猪肉获得国家地理标志产品保护。随着国民经济发展人民生活改善，大量恩施黑猪与外来引入品种杂交，使得纯种恩施黑猪存栏量大幅下降，保种形势严峻。因此，加强恩施黑猪的保种工作已迫在眉睫。根据中心产区咸丰县的调查，1981 年有恩施黑猪母猪 3 万头，2001 年 4 万头，2005 年 3.3 万头，2006 年 2.2 万头，2007 年 4.08 万头；恩施黑猪公猪从 2001 年至 2007 年，由于开展人工授精工作，存栏始终保持在 3~4 个血统，共计 8 头（尖山 2 头、清坪 1 头、活龙坪 1 头、甲马池 1 头、丁寨 1 头、畜牧场 1 头、黄金洞 1 头）（据《中国遗传资源志·猪志》，2011）。2013 年，从恩施市和咸丰县两地通过调查只收集到恩施黑猪的公猪 14 头。以上数据表明，恩施黑猪在逐年减少，特别是纯种公猪，必须加强保种工作。

近年来，咸丰县畜牧兽医局在农业部、湖北省畜牧兽医局的重视和关怀下，借鉴外地成功经验，紧紧依靠县委、县政府的领导和华中农业大学的技术依托，开展了一些卓有成效的恩施黑猪保种与开发利用工作。县委、县政府提出“十二五”时期畜牧产业发展“双万”工程，其中包括恩施黑猪“万户百头”工程；向农业部申报了《湖北恩施黑猪遗传资源保种场建设项目》，已得到大力支持；现有恩施黑猪保种场 1 个（咸丰县地大农牧公司，公猪血统已增至 8 个），恩施黑猪扩繁场 4 个，保护区 5 个，猪人工授精站 11 个。

二、发展恩施黑猪产业的重要意义

咸丰县恩施黑猪是经过几千年人工饲养选育出的优良地方品种，具有耐粗饲、抗病性好、母性好、营养价值高等特点，曾为当地养殖业的发展和改善人民生活作出了重要贡献。但由于近些年外来良种的引进并大规模养殖，而恩施黑猪品种的保种选育工作相对滞后，导致了整个恩施黑猪养殖产业的衰退，即将造成优良种质资源的濒危。所以当前发展地方特色恩施黑猪产业具有深远意义。

恩施黑猪产业的发展是保护地方优良黑猪品种，对促进黑猪品种的选育提高、保留优质遗传基因，避免品种单一性、充分发挥杂交优势提供前提和基础。

恩施黑猪产业的发展是利用本地优质恩施黑猪资源，因地制宜，充分发挥地方特色优势，对打造民族品牌，地方特色品牌，为品牌注入历史人文内涵，提高产品附加值的重要途径。

恩施黑猪产业的发展对维持人类食品多样性，增强人体健康有重要作用。恩施黑猪是适应当地环境气候的地方品种，具有耐粗饲，食源性广泛，饲养周期相对较长等特点，所以当地饲养的恩施黑猪猪肉具有营养丰富，富含各种矿物元素特别是硒元素，对人类健康有益。

第二章　黑猪的形态特征、分布及饲养环境

第一节　黑猪的形态特征

恩施黑猪原名鄂西黑猪。1980 年被列为“湖川山地猪”的一个类群，1985 年和 2004 年相继被载入第一、第二版《湖北省家畜家禽品种志》。2009 年被列入湖北省畜禽遗传资源保护名录。2011 年国家畜禽资源委员会同意将鄂西黑猪改名为恩施黑猪，仍作为“湖川山地猪”的一个类群列入《中国遗传资源志・猪志》。

恩施黑猪被毛黑色，结构匀称。依其体格大小分为大型猪（图 2-1）、中型猪（图 2-2）和小型猪（图 2-3）。

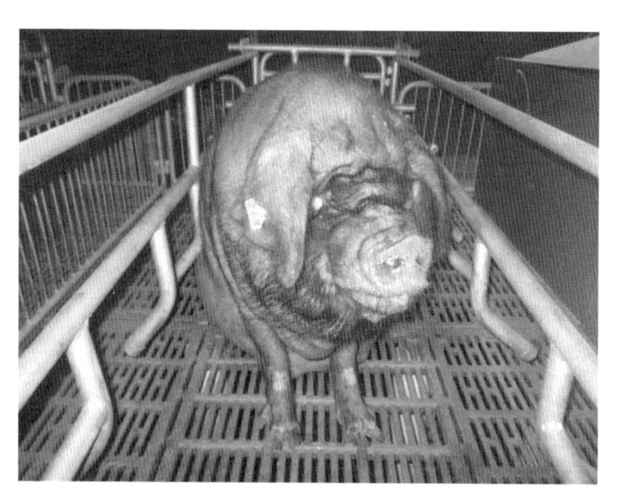

图 2-1　狮子头

小型猪，当地称为“狗头猪”，皮薄骨细，主要分布于恩施市石窑、建始县官店、巴东县马眠等地。大型猪，当地称为“狮子头猪”质较疏松，皮肤皱襞多而深，生长早期增重较慢，肥育后期蓄脂力

图 2-2　二眉猪

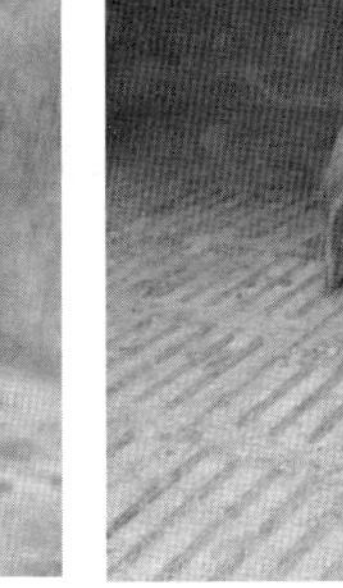

图 2-3　狗头猪

强，主要分布在鹤峰县。中型猪，当地称为“二眉猪”，头稍长，额有似眼眉的两道粗深皱襞，数量最多（占恩施黑猪的 2/3 以上），质量最优（据《湖北省家畜家禽品种志》，第二版），主要分布在咸丰县。恩施黑猪虽有 3 种不同类型，但基本的体型外貌是相似的。

恩施黑母猪平均体高 60. 89cm，体长 122. 62cm，胸围 106. 24cm，体重 94. 53kg，母猪一般在 90~120 日龄第一次发情，发情周期 18~22d，持续 3~5d，发情征候明显，一般在发情开始后的 18~36h 开始排卵。适宜配种时间为初产母猪在发情后的 2~3d，经产母猪在发情后 1. 5~2d。妊娠期平均为 114d（预产期计算为月份加 4、日期减 6、再减大月数、过 2 月加 2），窝均产仔数一般为 10~12 头。产后在哺乳期发情者较少见，一般在仔猪断奶后 5~7d 发情配种。恩施黑公猪体高 73. 4cm，体长 137. 2cm，胸围 121. 3cm，体重 162. 4kg，公猪性成熟较早，有的公猪在 55 日龄，体重 14kg 左右，即有爬跨、射精等性行为出现，一般 10~12 月龄配种适宜，利用年限达 3~5 年。公猪的射精量平均为 119. 5mL，密度 1. 64 亿，活力 0. 88，pH 值 7. 25。

恩施黑猪的肥育性能较好，按南方饲养标准饲养，240 日龄活重达 92kg，肥育期平均日增重 509. 13g，每千克增重消耗可消化蛋白 559. 70g，消化能 60. 2MJ，混合料 3. 6kg，青饲料 3. 75kg；在农村饲养，9 月龄活重可达 90kg，肥育期平均日增重 401. 7g，每千克增重消耗可消化蛋白 337. 08g，消化能 52. 3MJ，混合料 3. 9kg，青饲料 4. 1kg。

第二节　黑猪的分布及饲养环境

恩施黑猪的中心产区在湖北省恩施土家族苗族自治州的咸丰县，还分布于恩施、建始、巴东、鹤峰、利川、宣恩、来凤等市县亦有较广泛分布，毗邻宜昌市的某些县也有分布。

恩施黑猪长期生活在山区，在以青粗饲料为主和精料为辅的饲喂条件下，能正常生长繁殖，抗逆性强。恩施黑猪的饲养地，位于武陵山山区地形，海拔 300~ 2 000m，分布有成片的巴东红三叶、白三叶、山豆根、野豌豆、杂灌木等组成的天然植被。以酉水河及山涧溪流为饮水。恩施黑猪的饲料条件：以本土生产的玉米、杂豆、马铃薯、红苕等为补饲原料，也广泛利用当地野草、树叶、橡子作为饲料，允许在仔猪阶段补饲适量的蛋白质、矿物质饲料。一般较为经济的饲养方式为饲草喂养，养猪应选择鲜嫩、多叶、蛋白质含量高、适口性好的饲草。恩施富硒黑猪的饲养方式：放牧加舍饲（即恩施黑猪在育肥前充分利用本地自然资源实行白天放牧，夜晚舍饲补料的方式，俗称此阶段为“吊架子”），如图 2-4 放养猪。

恩施黑猪的圈舍条件：规模场猪舍具有良好的保温、隔热、通风换气和卫生条件，散户猪舍一般就地取材，保障冬暖夏凉，相对简单，成本廉价，但卫生防疫条件较差，应逐步改进。

图 2-4　放养猪

第三章　黑猪的繁殖技术

第一节　种猪选择

一、符合品种特征

首先选择的种猪应该具备本品种的基本特征，如恩施黑猪的毛色、体型、耳型等。值得注意的是，选择二元母猪应重点考虑生殖器官发育、乳头数量及肢体发育情况，其次才考虑体型。

二、生殖器官发育正常

外生殖器是种猪的主要性征，要求种猪外生殖器发育正常，性征表现良好。公猪睾丸要大小一致、外露、轮廓鲜明且对称的垂于肛门下方。母猪阴户发育良好，颜色微红、柔软，外阴过小预示生殖器发育不好和内分泌功能不强，容易造成繁殖障碍。

三、乳头发育良好

选择乳头发育良好、排列均匀、有效乳头数本地恩施黑猪 6 对以上，二元母猪 7 对以上。正常乳头排列均匀，轮廓明显，有明显的乳头体。异常乳头包括内翻乳头、瞎乳头、发育不全的小赘生乳头、距腹线过远的错位乳头。内翻乳头指乳头无法由乳房表面突出来，乳管向内，形成一个坑而阻止乳汁的正常流动。瞎乳头是指那些没有可见的乳头或乳管。

四、肢蹄无异常无损伤

选择无肢蹄损伤和无肢蹄异常的种猪，要求如下：四肢要正直，长短适中、左右距离大、无“X”形、“O”形等不正常肢势，行走时前后两肢在一条直线上，不宜左右摆动。蹄的大小适中、形状一致，蹄壁角质坚滑、无裂纹。

五、体躯结构合理

种猪的体躯结构在某种程度上会遗传给下一代猪。种猪颈、头及与躯干结合良好，看不出凹陷。头过小表示体质细弱，头过大则屠宰率低，故头大小适中为宜。颈部是肉质最差的部位之一，但因为颈部与背腰是同源部位，颈部宽时，个体的背腰也就宽，一般应选择颈清瘦的种猪。种公猪的选择除考虑体质健壮，生长发育良好，能充分发挥其品种的性状特征，膘情适中，性机能旺盛等因素外，养殖户如果购买9月龄以上的公猪，可要求猪场采精，进行精液品检。

第二节　发情鉴定技术

一、母猪发情的生理周期

性成熟的健康母猪每隔17~21d发情一次，每次发情持续2~3d。青年母猪7~8月龄可初配，经产母猪将仔猪哺乳到一个月断奶后7d开始发情。要想做到适时配种还必须掌握母猪发情后的排卵规律。一般母猪在发情后19~36h排卵，卵子在生殖道内存活8~12h。精子进入母猪生殖道游动至输卵管的受精部位需要2~3h，因此，给母猪授精配种的适宜时间应在排卵前2~3h，即在发情后的17~34h。

二、鉴别母猪发情的方法

（一）时间鉴定法

发情持续时间因母猪品种、年龄、体况等不同而有差异。一般发情持续2~3d，在发情后的24~48h配种容易受胎。老龄母猪发情时间较短，排卵时间会提前，应提前配种；青年母猪发情时间长，排卵期相应往后移，宜晚配，中年母猪发情时间适中，应该在发情中期配种。所以母猪配种就年龄讲，应按“老配早，少配晚，不老不少配中间”的原则。

（二）精神状态鉴定法

母猪开始发情对周围环境十分敏感，兴奋不安，食欲下降、嚎叫、拱地、拱门、两前肢跨上栏杆、两耳耸立、东张西望，随后性欲趋向旺盛。在群体饲养的情况下，爬跨其他猪，随着发情高潮的到来，上述表现愈来愈频繁，随后母猪食欲由低谷开始回升，嚎叫频率逐渐减少，呆滞，愿意接受其他猪爬跨，此时配种为宜。

（三）外阴部变化鉴定法

母猪发情时外阴部明显充血，肿胀，而后阴门充血、肿胀更加明显，阴唇内黏膜随着发情盛期的到来，变为淡红或血红，黏液量多而稀薄。随后母猪阴门变为淡红、微皱、稍干，阴唇内黏膜血红开始减退，黏液由稀转稠，时常粘草，吊于阴门外，此时应抓紧配种。

（四）爬跨鉴定法

母猪发情到一定程度，不仅接受公猪爬跨，同时愿意接受其他母猪爬跨，甚至主动爬跨别的母猪。用公猪试情，母猪表现兴奋，头对头地嗅闻；当公猪爬跨其后背时，则静立不动，此时配种适宜。

（五）按压鉴定法

用手压母猪腰背后部，如母猪四肢前后活动，不安静，又哼叫，这表明尚在发情初期，或者已到了发情后期，不宜配种；如果按压后母猪不哼不叫，耳张前倾微煽动，四肢叉开，呆立不动，弓腰，尾根摆向一侧，这是母猪发情最旺的阶段，是配种旺期。农民常说的“按压呆立不动，配种百发百中”就是这个道理。

第三节　适时配种技术

做好母猪的适时配种工作，不仅可防止母猪的漏配，而且可以提高母猪的繁殖力，进而提高养猪的经济效益。

一、发情期判断

母猪到了配种月龄和体重时，应固定专人每天负责观察饲喂，注意观察比较母猪外阴的变化，如果母猪阴户比往常大些并红肿，人进圈时有的猪主动接近人，说明母猪已开始发情。饲养员还可用手摸母猪外阴阴道进行鉴别，如果是干的，说明猪未发情；如有液体但无滑腻感，说明是尿液；如有滑腻感还能牵起细丝、才是阴道黏液，说明母猪发情了，要及时组织配种。

二、配种时机的掌握

发情一天后，阴户开始皱缩，呈深红色，外阴黏液由稀薄变黏稠，由乳白色变为微黄色，当出现压背呆立、摸后躯举尾的现象时就可以配种。上述现象一般出现在发情的第二天。

三、选择适宜的配种方法

只要发情鉴定准确，使用人工授精或自然交配均可使母猪怀孕。由于初配母猪的发情和适时配种技术不易掌握，最好用试情公猪进行自然交配。初配以后再进行人工授精，可大大提高母猪的配种率。一般一个情期可进行两次配种，以间隔 8~12h 为宜。

第四节 人工授精技术

猪人工授精技术是养猪生产中经济有效的技术措施之一，其最大的优点是减少猪群种公猪的饲养量，增加优良公猪的利用机会。猪人工授精技术主要分采精、检验、稀释、分装、保存、运输及输精等过程。

一、采精

（一）准备好采精所需的器物

包括采精台、集精杯、分装瓶、纱布、胶手套、玻棒、显微镜、量杯、温度计、稀释液等，并对相关的器物进行消毒以备用。

（二）采精应在室内进行

采精室应清洁无尘，安静无干扰，地面平坦防滑。将公猪赶进采精预备室后，应用 40℃温水洗净包皮及其周围，再用 0.1%高锰酸钾溶液擦洗、抹干。采精员穿戴洁净的工作衣帽、长胶鞋、胶手套。

（三）采精方法

主要用手握采精法。采精时，采精员站于采精台的右（左）后侧，当公猪爬上采精台后，采精员随即蹲下，待公猪阴茎伸出时，用手握住其阴茎龟头，用力不易过猛，以防公猪不适，但要抓住螺旋部分，防止阴茎滑脱和缩回，抓握阴茎的手要有节奏的前后滑动，以刺激射精。当公猪充分兴奋，龟头频频弹动时，表示将要射精。公猪开始射精时多为精清，不宜收集，待射出较浓稠的乳白色精液时，应立即以右（左）手持集精杯，放在稍离开阴茎龟头处将射出的精液收集于集精杯内。集精杯可以稍微倾斜，当射完第一次精后，刺激公猪射第二次，继续接收，但最后射出的稀薄精液，可以放弃收集，待公猪退下采精台时，采精员应顺势用左（右）手将阴茎送入包皮中。

不得粗暴推下或抽打公猪。

二、精液检查

公猪的射精量，一般为150~250mL，正常精液的色泽为乳白色或灰白色，云雾状，略有腥味，显微镜下检查，精子密集均匀分布，死精和畸形精子少，且呈直线前进运动者为佳。

三、精液稀释

葡萄糖稀释液（葡萄糖5g，蒸馏水100mL）、葡萄糖—柠檬酸钠—卵黄稀释液（葡萄糖5g、柠檬酸钠0.5g蒸馏水100mL、卵黄5mL）。上述稀释液按配方先将糖类、柠檬酸钠等溶于蒸馏水中，过滤后蒸气消毒20min，取出凉至30~35℃时，加入卵黄，然后以每100mL加入青霉素、链霉毒各5万U，搅拌均匀备用。稀释精液时，稀释液温度应与精液温度相等，温度应在18~25℃。精液稀释应在无菌室内进行，将稀释液缓慢沿杯壁倒入精液中慢慢摇匀。稀释后，每毫升精液应含有效精子1亿尾。一般稀释1.5~2倍。

四、精液的分装、贮存、运输

（一）分装

精液稀释后，取样检查活力，合格者才能分装。分装时，将精液倒入有刻度值的分装瓶中，一般每头份20mL。分装完后，即将容器密封，贴上标签（包括品种、等级、密度、采精日期等）。

（二）贮存

精液分装后，避光贮存，在温度10~15℃条件下贮存。一般保存有效时间为2~3d。

（三）运输

贮精瓶用毛巾、棉花等包裹，装入10~15℃冷藏箱中运输，注意填满空隙，防止受热、震动和碰撞。

五、输精

首先将精液从冷藏箱取出至恢复常温，冬天适度加温至与体温相近，并用生理盐水将外阴洗净，用玻璃注射器吸取精液，再将它连接胶管，并排出胶管内的空气，然后把输精胶管从母猪阴户缓慢插入，动作要轻，一般以插入 30~35cm 为宜，并慢慢按压注射器柄，精液便流入子宫，如图 3-1 人工授精。

图 3-1　人工授精

注射时，最好将输精管左右轻微旋转，用右手食指按摸阴部，增加母猪快感，刺激阴道和子宫的收缩，避免精液外流，若精液外流严重，应将胶管适当回拉再输精，输完精后，把输精管向前或左右轻轻转动停留 5min，然后轻轻拉出输精管。

第五节　杂交优势的利用

生猪杂交产生的杂种猪，往往在生活力、生长势和生产性能等方面一定程度上优于纯繁群体，这就是生猪的杂交优势现象。杂种优势的利用已日益成为发展现代生猪生产的重要途径，我国在杂交优势利用方面正由“母猪本地化，公猪良种化，肉猪一代杂种化”的二元杂交向“母猪一代杂种化，公猪高产品系化，商品猪三元杂交化”的三元杂交方向发展。这是一个适合猪的生产特点，广泛利用杂种优势，充分发挥增产潜力的方法。

杂交优势主要取决于杂交用的亲本群体及其相互配合情况。如果亲本群体缺乏优良基因，或亲本纯度很差，或两亲本群体在主要经济性状上基因频率无多大差异，或在主要性状上两亲本群体所具有的基因其显性与上位效应都很小，或杂种缺乏充分发挥杂种优势的饲养管理条件，都不能表现出理想的杂种优势。由此可见，生猪杂种优势利用需要有一系列配套措施，其中主要包括以下 3 项关键技术。

一、杂交亲本种群的选优与提纯

这是杂交优势利用的一个最基本环节，杂种必须能从亲本获得优良的、高产的、显性和上位效应大的基因，才能产生显著的杂种优势。“选优”就是通过选择使亲本种群原有的优良、高产基因的频率尽可能增大。“提纯”就是通过选择和近交，使得亲本种群在主要性状上纯合子的基因型频率尽可能增加，个体间差异尽可能减小。提纯的重要性并不亚于选优，因为亲本种群愈纯，杂交双方基因频率之差才能愈大。纯繁和杂交是整个杂交优势利用过程中两个相互促进、相互补充、互为基础、互相不可替代的过程。

选优提纯的较好方法是品系繁育。其优点是品系比品种小，容易选优提纯，有利于缩短选育时间，有利于提高亲本群体的一致性。更能适应现代化生猪生产的要求。如我国的新淮猪、关中黑猪、小梅山猪等都是可利用的优良生猪品系。

二、杂交亲本的选择

杂交亲本应按照父本和母本分别选择，两者选择标准不同，要求也不同。

（一）母本的选择

应选择在本地区数量多、适应性强的品种或品系作为母本，因为母本需要的数量大，应选择繁殖力高、母性好、泌乳力强的本地主要饲养品种或品系作母本，根据当地实际主要以本地优质恩施黑母猪为母本。

（二）父本的选择

应选择生长速度快、饲料利用率高、胴体品质好、与杂交要求类型相同的品种或品系作为父本。具有这些特性的一般都是经过高度培育的品种，如长白猪、大约克夏、杜洛克猪等。

三、杂交组合选择

杂交的目的是使各亲本的基因配合在一起，组成新的更为有利的基因型，猪的杂交方式有多种，我国目前常用的有以下两种杂交方式。

（一）二元杂交

又称简单杂交，是利用两个品种或品系的公、母猪进行杂交，杂种后代全部作为商品育肥猪。优点：简单易行后代适应性较强，因此这是我国应用广泛的一种杂交方式。缺点：母系、父系均无杂种优势可以利用。因为双亲均为纯种，而杂种一代又全部用作育肥，如图3-2所示的二元杂交仔猪。

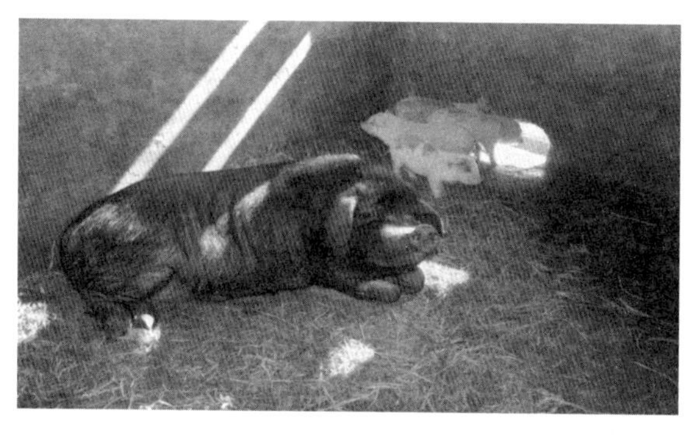

图 3-2　二元杂交仔猪

（二）三元杂交

是从二元杂交所得的杂种一代中，选留优良的个体作母本，再与另一品种的公猪进行杂交。第一次杂交所用的公猪品种称为第一父本，第二次杂交所用的公猪称为第二父本。优点：能获得全部的后代杂种优势和母系杂种优势，既能使杂种母猪在繁殖性能方面的优势得到充分发挥，又能利用第一和第二父本生长性能和胴体品质方面的优势。

第四章　黑猪的饲养管理

第一节　饲养技术

一、母猪饲养技术

母猪的饲养管理在生猪的养殖中至关重要，它关系到仔猪的健康状况，养殖规模大小，出栏量和猪场效益等多个方面。母猪的管理大致可分为：后备母猪的管理、妊娠母猪的管理、哺乳母猪的管理3个阶段。

（一）后备母猪的饲养管理

选择高产、母性好母猪产的后代，同胎至少有十头以上，仔猪初生重1kg以上；乳头达6对以上，发育良好且分布均匀；体型匀称，体格健全；无特定病原病，如无萎缩性鼻炎、气喘病、猪繁殖呼吸综合征等的优质仔猪作为后备母猪培养。

外购后备母猪，要在无疫区的种猪场选购，先隔离饲养至少45d，购入后第一周要限饲，待适应后转入正常饲喂，并按进猪日龄，分批次做好免疫注射、驱虫等。

做好后备母猪发情鉴定并记录，将该记录移交配种舍人员。母猪发情记录从6月龄时开始。仔细观察初次发情期，以便在第二至三次发情时及时配种。如图4-1后备母猪。

为保证后备母猪适时发情，可采用调圈、合圈、成年公猪混养的方法刺激后备母猪发情；对于接近或接触公猪3~4周后，仍未发情的后备猪，要采取强刺激，如将3~5头难配母猪集中到一个留有明显气味的公猪栏内，饥饿24h、互相打架或每天赶进一头公猪与之追逐爬跨（有人看护）刺激母猪发情，必要时可用中药或激素刺激；若连续3个情期都不发情则淘汰。

小群饲养，每圈3~5头（最多不超过10头），每头占圈面积至少1.5m^2，以保证其肢体正常发育。

图 4-1　后备母猪

配种前一段时期按摩乳房，刷拭体躯，建立人猪感情，使母猪性情温顺，好配种，产子后好带仔，便于日常管理。

（二）妊娠母猪的饲养管理

母猪配种后，从精卵结合到胎儿出生，这一过程称为妊娠阶段。母猪的妊娠期一般为 112~116d，平均 114d。在饲养管理上，一般分为妊娠初期（20d 前）、妊娠中期（20~80d）和妊娠后期（80d 以上）。掌握妊娠母猪饲养管理技术，才能保证胎儿正常发育、母猪产仔多、体况好、胎儿少流产，青年母猪还要维持自身生长发育的需要。如图 4-2 妊娠母猪。

对于断乳后膘情较差的经产母猪和精料条件较差的地区，采取“抓两头、顾中间”的管理方式。一头是在母猪妊娠初期和配种前后，加强营养；另一头是抓妊娠后期营养，保证胎儿正常发育；顾中间就是妊娠中期，可适当降低精饲料供给，增加优质青饲料。

步步高的饲养方式。此方式适用于初产母猪和哺乳期间发情配种的母猪，适用于精料条件供应充足的地区和规模化生产的猪场。在初产母猪的妊娠中，后期营养必须高于前期，产前 1 个月达到高峰。对于哺乳期配种的母猪，在泌乳后期不但不应降低饲料供给，还应加强，以保证母猪双重负担的需要。

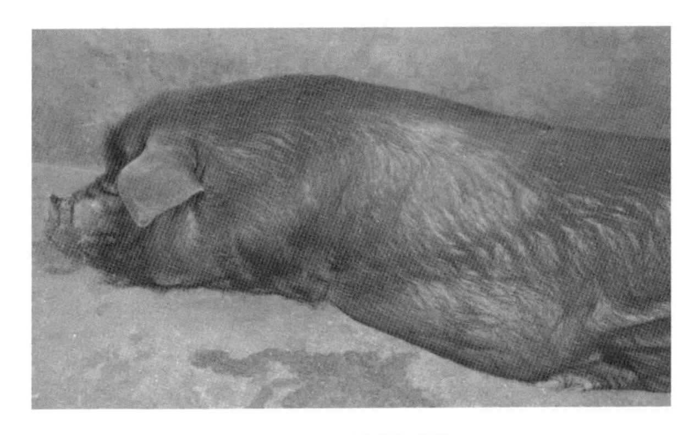

图 4-2 妊娠母猪

前粗后精的饲养方式。此种方式适用于配种前体况好的经产母猪。在妊娠前期可以适当降低营养水平。近年来，普遍推行母猪妊娠期按饲养标准限量饲喂、哺乳期充分饲喂的办法。

妊娠母猪每天的饲喂量。在有母猪饲养标准的情况下，可按标准的规定饲喂。在无饲养标准时，可根据妊娠母猪的体重大小，按百分比计算。一般来说，在妊娠前期喂给母猪体重的 1.5%~2.0%，妊娠后期可喂给母猪体重的 2.5%。妊娠母猪饲喂青绿饲料，一定要切碎，然后与精料掺拌一起饲喂。精料与粗料的比例，可根据母猪妊娠时间递减。饲喂妊娠母猪的饲料，应含有较多的干物质，不能喂得过稀。

妊娠母猪的管理。除让母猪吃好、睡好外，在第一个月和分娩前 10d，要减少运动，圈内保持环境安静，清洁卫生。经常接近母猪，给母猪刷拭，不追赶、不鞭打、不挤压、不惊吓、冬季防寒，夏季防暑，猪舍内通风干燥。

妊娠母猪饲料不要喂带有毒性的棉籽饼、酸性过大的青贮料、酒糟以及冰冷的饲料和饮水，注意给妊娠母猪补充足够的钙、磷，最好在日粮中加 1%~2%的骨粉或磷酸氢钙。群养母猪的猪场，在分娩前分圈饲养，防互相争食或爬跨造成流产。

（三）哺乳母猪的饲养管理

哺乳母猪每天喂 2~3 次，产前 3d 开始减料，渐减至日常量的

1/3~1/2，产后3d恢复正常饲喂，自由采食直至断奶前3d。喂料时若母猪不愿站立吃料，应赶起。产前产后日粮中加0.75%~1.5%的电解质、轻泻剂（维力康、小苏打或芒硝）、可适当增加优质麸皮的喂量，以预防产后便秘、消化不良、食欲不振，夏季日粮中添加1.2%的碳酸氢钠可提高采食量。

产前7d母猪进入分娩舍，保持产房干燥、清洁卫生，并逐渐减少饲喂量，对膘情较差的可少减料或不减料；临产前将母猪乳房、阴部清洗，再用0.1%的高锰酸钾水溶液擦洗消毒；产后注射一针青霉素400万U、链霉素300万U，防治产期疾病。

母猪在分娩过程中，要有专人细心照顾，接产时保持环境安静、清洁、干燥、冬暖夏凉，严防产房高温，若有难产，通常用催产素肌内注射，若30min后还未产出，则要进行人工助产；母猪产后最好做子宫清洗及注射前列腺素（在最后产仔36~48h一次性肌内注射PGF2α 2mL)，以帮助恶露排出和子宫复位，也有利于母猪断奶后再发情。

母猪产仔当天不喂饲料，仅喂麸皮食盐水或麸皮电解质水，一周内喂量逐渐增加，待喂量正常时要最大限度增加母猪采食量；饲喂遵循“少给勤添”的原则，严禁饲喂霉变饲料；在泌乳期还要供给充足的清洁饮水，防止母猪便秘，影响采食量。

要及时检查母猪的乳房，对发生乳房炎的母猪应及时采取措施治疗。

母猪断奶前2~3d减少饲喂量，断奶当天少喂或不喂，并适当减少饮水量，待断奶后2~3d乳房出现皱纹，方能增大饲料喂量，这样可避免断奶后母猪发生乳房炎。

二、公猪饲养技术

种公猪的好坏对整个猪群影响很大，俗话讲“母猪好，好一窝；公猪好，好一坡”，因此公猪的饲养对猪场至关重要。一般情况下，采用本交，每头公猪可负担50~60头母猪配种任务，一年可繁殖仔猪1 000头；采用人工授精，每头公猪一年可配500头母猪。

根据品种特性选择具有优良性状的种公猪个体。一般要求公猪品种纯，睾丸大、两侧对称，乳头 7 对以上，体躯健壮而灵活，膘情中等，后躯发达，腹线平直而不下垂。

外购种公猪，要在无规定疫病和有《动物防疫条件合格证》的猪场选购，公猪调回后，先隔离饲养，5~7d 内不能过量采食，待完全适应环境后，转入正常饲喂，并做好防疫注射和寄生虫的驱除工作。

公猪加强运动，每天定时驱赶和自由运动 1~2h；每天擦拭一次，有利于促进血液循环，减少皮肤病，促进人猪亲和，切勿粗暴哄打，以免造成公猪反咬等抗性恶癖；利用公猪躺卧休息机会，从抚摸擦拭着手，利用刀具修整其各种不正蹄壳，减少蹄病发生。

配种前要先驱虫，注射乙脑、细小病毒、猪瘟三联、链球菌、圆环等疫苗。

后备公猪要进行配种训练，后备公猪达 8 月龄，体重达 90kg，膘情良好即可开始调教。将后备公猪放在配种能力较强的老公猪附近隔栏观摩、学习配种方法；第一次配种时，公母大小比例要合理，防止公猪跌倒或者母猪体况差、体重小被公猪压伤；正在交配时不能推公猪，更不能打公猪。

青年公猪 2d 配种 1 次，成年公猪每天配种 1 次，采精一般 2~3d 采 1 次，5~7d 休息 1 天；配种时间，夏季在一早一晚，冬季在温暖的时候，配种前后 1h 不能喂饮，严禁配种后用凉水冲洗躯体；公猪发烧后，1 个月内禁止使用。

防止公猪热应激，做好防暑降温工作，天气炎热时应选择在早晚较凉爽时配种，并适当减少使用次数，经常刷拭冲洗猪体，及时驱除体内外寄生虫，注意保护公猪肢蹄。

公猪在配种季节要加大蛋白质饲料的饲喂量，如优质的豆粕、鱼粉、蚕蛹等，并保证青绿饲料、钙磷、维生素 E 的供给量，以保证精液品质和公猪体况。

三、仔猪饲养技术

饲养管理好乳仔猪是搞好养猪的生产基础。仔猪培育工作的成败，既关系着养猪生产水平的高低，又对提高养猪经济效益，加速猪群周转，起着十分重要的作用。哺乳仔猪饲养得好，仔猪成活头数就多，母猪的平均年生产率就高。

（一）仔猪的生长和生理特点

仔猪生长发育快，产后7~10d内体重可增加1倍，30d内，体重可增加5倍以上，由于生长发育快，体内物质沉积多，对营养物质在数量和质量的需求很高；又因为仔猪初生缺乏先天免疫力，要尽快让其吃到初乳增强抵抗力，还可以在出生4~10d分两次注射牲血素；仔猪对外界环境和气候变化适应性低，自体调节能力弱，要注意防寒保暖；仔猪消化器官功能尚不健全，胃液、胆汁分泌不足，消化酶的分泌还不平衡，对乳汁中的营养吸收尚可，对来自外界补充的营养物质消化吸收能力极差。因而在饲养过程中，要尽快让其适应外来营养，仔猪在出生后7d，刚好长出牙齿，喜欢啃东西，此时补充一些高蛋白质的全价颗粒饲料，锻炼胃肠消化功能有重要作用。

（二）要养好仔猪必须抓好四食、过好四关

1. 抓乳食，过好初生关

哺食初乳，固定乳头，仔猪出生后一般都能自由活动，依靠自身的嗅觉寻找乳头，个别体弱的仔猪必须借助于人工辅助，最迟应该在产后2h内让乳猪吃上初乳，最好母猪边分娩边让乳猪吮乳，在操作中通常有意识地把强壮的仔猪放在后面乳头，体弱的放在前面乳头，这样有利于仔猪发育均匀，大小整齐。母猪整个分娩过程应有专人在场，避免母猪压死小猪，和小猪包衣引起窒息死亡。

2. 抓开食、过好补料关

仔猪出生后第7d，用全价的颗粒饲料诱食，实在不吃的猪只，把颗粒料强制塞入小猪嘴内，反复几次，让其觉得有味道，下次才会主动去舔食。仔猪出生第3d，最好补充电解质水，可以买现成的口服补液盐，也可以自配：葡萄糖45g，盐8.5g，柠檬酸0.5g，甘氨酸6g，柠檬酸钠120mL，磷酸二氢钾400mL，加入2kg清水中，连饮10~15d。此方法很关键，有利于仔猪早开食，更健康地成长。

3. 抓旺食，过好断奶关

30日龄左右仔猪将进入旺食阶段，抓好此阶段，增加采食量，每天饲喂次数以4~5次为宜，不更换饲料，保证饲料质量的稳定性，建议补饲量（表4-1）3~7周饲喂量，供参考。

表4-1 3~7周饲喂量

出生周期	3周	4周	5周	6周	7周
饲喂量	30g	65g	80~150g	180~250g	450~500g

4. 抓防病，过好活命关

仔猪一生中可能出现的3次死亡高峰。第一次在出生后7d内，第二次在20~30d奶量不足时，饲料量增加的时候，第3次在断奶时出现应激的时候，这3个死亡高峰与饲养管理的科学性与否直接关系，合理细致的管护和饲养可以使仔猪少死亡，快增长，应特别重视仔猪饲养中的腹泻问题，由其导致的死亡可以占到仔猪总死亡的30%，甚至更高，所以哺乳仔猪的防病要点要落实好正常的免疫接种和消毒措施，仔猪栏舍内经常用消毒药喷洒，增强断奶仔猪的抵抗力，减少病原微生物的感染。

四、肥育猪饲养技术

生长肥育猪对外界的适应能力逐渐增强，所以饲养起来相对容易些。一般来说，只要没有大的意外，成活率都很高，但要饲养好生长肥育猪，还应加强以下几个方面的工作。

（一）饲料调制

科学地调制饲料和饲喂对提高生长肥育猪的增重速度和饲料利用率，降低生产成本有重大意义。饲料调制的原则是缩小饲料体积，增强适口性，提高饲料转换率。可以用颗粒料，也可以用粉料；既可以购买商品全价料，也可以用市售浓缩料或预混料自行加工配制，建议散养户根据自家实际利用农副产品合理配制饲料，可以充分利用农村剩余资源，降低饲养成本。

（二）饲喂方法

自由采食与限量饲喂均可，自由采食日增重高，背膘较厚。限量饲喂饲料转换率较高，背膘较薄。追求日增重，以自由采食为好，为得到较瘦的胴体，则限量饲喂优于自由采食，限量饲喂应始于育肥后期。在日饲喂次数上，如果大量利用青粗饲料，可日喂 3~4 次，如果以精饲料为主，可日喂 2~3 次，在育成猪阶段日喂次数可适当增多，以后逐渐减少。

（三）供给充足清洁的饮水

冬季饮水量为采食量的 2~3 倍或体重的 10%，春秋季饮水量约为采食量的 4 倍或体重的 16%，夏季饮水量约为采食量的 5 倍或体重的 23%，水槽与饲槽分开，有条件的可安装自动饮水器。

（四）驱虫

当前为害严重的寄生虫有蛔虫、疥螨和虱子等体内外寄生虫，通常在 35d 左右进行第一次驱虫，必要时可在 70d 时进行第二次驱虫，以后每隔一个季度驱虫 1 次。

第二节　猪场管理制度

一、防疫制度

为了保障规模化猪场生产的安全，依据规模化猪场当前实际生产条件，必须贯彻“预防为主，防重于治”的原则，杜绝疫病的发生。现拟定以下《猪场卫生防疫制度》，仅供广大养殖户参考。

猪场可分为生产区和生活区，生产区包括饲养场、兽医室、饲料库、污水处理区等。生活区主要包括办公室、食堂、宿舍等。生活区应建在生产区上风方向并保持一定距离。

猪场实行封闭式饲养和管理。所有人员、车辆、物资仅能由大门和生产区大门经严格消毒后方可出入，不得由其他任何途径出入生产区。

非生产区工作人员及车辆严禁进入生产区，确有需要进入生产区者必须经有关领导批准，按本场规定程序消毒、更换衣鞋后，由专人陪同在指定区域内活动。

生活区大门应设消毒门岗，全场员工及外来人员入场时，均应通过消毒门岗，按照规定的方式实施消毒后方可进入。

场区内禁止饲养其他动物，严禁携带其他动物和动物肉类及其副产品入场，猪场工作人员不得在家中饲养或者经营猪及其他动物肉类和动物产品。

场内各大、中、小型消毒池由专人管理，责任人应定期进行清扫，更换消毒药液。场内专职消毒员应每日按规定对猪群、猪舍、各类通道及其他须消毒区域轮替使用规定的各种消毒剂实施消毒。工作服要在场内清洗并定期消毒。

饲养员要在场内宿舍居住，不得随便外出；场内技术人员不得到场外出诊；不得去屠宰场、其他猪场或屠宰户、养猪场户等处逗留。

饲养员应每日上、下午各清扫一次猪舍、清洗食槽、水槽，并将收集的粪便、垃圾运送到指定的蓄粪池内，同时应定期疏通猪舍排污道，保证其畅通。粪便、垃圾及污水均需按规定实行无害化处理后方可向外排放。

生产区内猪群调动应按生产流程规定有序进行。出售生猪应由装猪台装车。严禁运猪车进场装卸生猪，凡已出场生猪严禁运返场内。

坚持自繁自养的原则，新购进种猪应按规定的时间在隔离猪舍进行隔离观察，必要时还应进行实验室检验，经检验确认健康后方可进场混群。

各生产车间之间不得共用或者互相借用饲养工具，更不允许将其外借和携带出场，不得将场外饲养用具带入场内使用。

各猪舍在产前、断奶或空栏后以及必要时按照终末消毒的程序按清扫、冲洗、消毒、干燥、熏蒸等方法进行彻底消毒后方可转入生猪。

疫苗由专人管理，疫苗冷藏设备到指定厂家采购，疫苗运回场后由专人按规定方法贮藏保管，并应登记所购疫苗的批号和生产日期，采购日期及失效期等，使用的疫苗废品和相关废弃物要集中无害化处理。

应根据国家和地方防疫机构的规定及本地区疫情，决定猪厂使用疫苗品种，依据所使用疫苗的免疫特性制定适合本场的免疫程序。免疫注射前应逐一检查登记须注射疫苗生猪的栋号、栏号、耳号及健康状况，患病猪及妊娠母猪应暂缓注射，待其痊愈或产后再进行补注，确保免疫全覆盖。

二、消毒制度

为了控制传染源，切断传播途径，确保猪群的安全，必须严格做好日常的消毒工作。特拟定《规模化猪场日常消毒程序》，仅供参考。

（一）非生产区消毒

凡一切进入养殖场人员（来宾、工作人员等）必须经大门消毒室，并按规定对体表、鞋底和人手进行消毒。

大门消毒池长度为进出车辆车轮的 2 个周长以上，消毒池上方最好建顶棚，防止日晒雨淋；并且应该设置喷雾消毒装置。消毒池水和药要定期更换，保持消毒药的有效浓度。

所有进入养殖场的车辆（包括客车、饲料运输车、装猪车等）必须严格消毒，特别是车辆的挡泥板和底盘必须充分喷透、驾驶室等必须严格消毒。

（二）生产区消毒

生产人员（包括进入生产区的来访人员）必须更衣消毒沐浴，或更换一次性的工作服，换胶鞋后通过脚踏消毒池（消毒桶）才能进入生产区。

生产区入口消毒池每周至少更换池水、池药两次，保持有效浓度。生产区内道路及 5m 范围以内和猪舍间空地每月至少消毒两次。售猪周转区、赶猪通道、装猪台及磅秤等每售一批猪都必须大消毒一次。

分娩保育舍每周至少消毒两次，配种妊娠舍每周至少消毒一次。肥育猪舍每两周至少消毒一次。

猪舍内所使用的各种器具、运载工具等必须每两周消毒一次。

病死猪要在专用焚化炉中焚烧处理，或用生石灰和烧碱拌撒深埋。活疫苗使用后的空瓶应集中放入有盖塑料桶中灭菌处理，防止病毒扩散。

（三）消毒过程中应注意事项

在进行消毒前，必须保证所消毒物品或地面清洁。否则，起不到消毒的效果。

消毒剂的选择要具有针对性，要根据本场经常出现或存在的病原菌来选择消毒剂。消毒剂要根据厂家说明的方法操作进行，要保证新鲜，要现用现配。

消毒作用时间一定要达到使用说明上要求的时间，否则会影响效果或起不到消毒作用。比如在鞋底消毒时仅沾一下消毒液，达不到消毒作用。

三、无害化处理制度

饲料应采用合理配方，提供理想蛋白质体系，以提高蛋白质及其他营养的吸收效率，减少氮的排放量和粪的生产量。

养殖场的排泄物要实行干湿分离，干粪运至堆粪棚堆积发酵处理，水粪排入三级过滤池进行沉淀过滤处理。

各猪场的排水系统应分雨水和污水两套排水系统，以减少排污的压力。

具备焚烧条件的猪场，病残和死猪的尸体必须采取焚烧炉焚烧。不具备焚烧条件的猪场，必须设置两个以上混凝土结构的安全填埋井，且井口要加盖封严。每次投入猪尸体后，应覆一层厚度大于10cm的熟石灰，井填满后，须用土填埋压实并封口。

废弃物包括过期的兽药、疫苗、注射后的疫苗瓶、药瓶及生产过程中产生的其他弃物。各种废弃物一律不得随意丢弃，应根据各自的性质不同采取煮沸、焚烧、深埋等无害化处理措施，并按要求填写相应的无害化处理记录表。

四、隔离制度

商品猪实行全进全出或实行分单元全进全出饲养管理，每批猪出栏后，圈舍应空置两周以上，并进行彻底清洗、消毒，杀灭病原，防止连续感染和交叉感染。

引种时应从非疫区，取得《动物防疫条件合格证》的种猪场或繁育场引进经检疫合格的种猪。种猪引进后应在隔离舍隔离观察6周以上，健康者方可进入猪舍饲养。

患病猪和疑似患病猪应及时送隔离舍，进行隔离诊治或处理。

第三节 猪场规模与建设

一、栏圈建设

（一）场址的选择

主要考虑地势要高燥；防疫条件要好；交通方便；水源充足；供电方便等条件。规模越大，这些条件越要严格。如果养猪数量少，则视其情况而定。同时也要考虑猪场要远离饮用水源地、学校、医院、无害化处理厂、种猪场等。

（二）猪舍建筑形式

专业户养猪场建筑形式较多，可分为3类：开放式猪舍、封闭式猪舍、大棚式猪舍。

1. 开放式猪舍

建筑简单，节省材料通风采光好，舍内有害气体易排出。但由于猪舍不封闭，猪舍内的气温随着自然界变化而变化，不能人为控制，这样影响了猪的繁殖与生长，另外相对的占用面积较大。

2. 大棚式猪舍

即用塑料扣成大棚式的猪舍。利用太阳辐射增高猪舍内温度。北方冬季养猪多采用这种形式。这是一种投资少、效果好的猪舍。根据建筑上塑料布层数，猪舍可分为单层和双层塑料棚舍。根据猪舍排列，可分为单列和双列塑料棚舍。另外还有半地下塑料棚舍和种养结合塑料棚舍。单层塑料棚舍比无棚舍的平均温度可提高13.5℃，由于舍温的提高，使猪的增重也有很大提高。据试验，有棚舍比无棚舍日增重可增加238g，每增重1kg可节省饲料0.55kg。因此说塑料大棚养猪是在高海拔地区投资少、效果好的一种方法。双层塑料棚舍比单层塑料棚舍温度高，保温性能好。双层塑料棚舍比单层塑料棚舍温度提高3℃以上，肉猪的日增重可提高50g以上，每增重1kg节省饲料0.3kg。

（1）单列和双列塑料棚舍，单列塑料棚舍指单列猪舍扣塑料布。双列塑料棚舍，由两列对面猪舍连在一起扣上塑料布。此类猪舍多为南北走向，争取上下午及午间都能充分利用阳光，以提高舍内温度。

（2）半地下塑料棚舍。半地下塑料棚舍宜建在地势高燥、地下水位低 或半山坡等地方。一般在地下部分为80~100cm。这类猪舍内壁要砌成墙，防止猪拱或塌方。底面整平，修筑混凝土地面。这类猪舍冬季温度高于其他类型猪舍。

（3）种养结合塑料棚舍。这种猪舍是既养猪又种菜。建筑方式同单列塑料棚舍。一般在一列舍内有一半养猪，一半种菜，中间设隔断墙。隔断墙留洞口不封闭，猪舍内污浊空气可流动到种菜室那边，种菜那边新鲜空气可流动到猪舍。在菜要打药时要将洞口封闭严密，以防猪中毒。最好在猪床位置下面修建沼气池，利用猪粪尿生产沼气，供照明、煮饭、取暖等用。

（4）塑料大棚猪舍，冬季湿度较大，塑料膜滴水，猪密度较大时，相对湿度很高，空气氨气浓度也大，这样会影响猪的生长发育。因此需适当设排气孔，适当通风，以降低舍内湿度、排出污浊气体。

（5）为了保持棚舍内温度，冬季在夜晚于大棚的上面要盖一层防寒草帘子，帘子内面最好用牛皮纸、外面用稻草做成。这样减少棚舍内温度的散失。夏季可除去塑料膜，但必须设有遮阴物。这样能达到冬暖夏凉。

3. 封闭式猪舍

通常有单列式、双列式和多列式。

单列式封闭猪舍：猪栏排成一列，靠北墙可设或不设走道。构造简单，采光、通风、防潮好，冬季不是很冷的地区适用。

双列式封闭猪舍：猪栏排成两列，中间设走道，管理方便，利用率高，保温较好，采光、防潮不如单列式。冬季寒冷地区适用。养肥猪适宜，如图4-3。

多列式封闭猪舍：猪栏排成3列或4列，中间设2~3条走道，保温好，利用率高，但构造复杂，造价高，通风降温较困难。

二、饲养规模

饲养规模的大小与资源的高效合理利用，与猪场的收益密切相关，在精细饲养管理的条件下，往往规模越大养殖成本越低，养殖效益也越好。但由于地处山区，发展相对较慢，各种资源的整合难度较

图 4-3　双列式封闭猪舍

大，资金大量融合困难，所以必须在各方面条件允许的情况下稳步发展。不能盲目跟风扩场扩建，大量引种，要切记资金链断裂带来的廉价抛售风险。建议猪场根据自己的实力，首先建立稳定的繁殖群，满足饲养所需的种苗供应，也可防止外地引种的疫病风险，和价格波动风险，并在此基础上稳步滚雪球式的逐步壮大。

第五章　黑猪疾病的临床诊断及疫病防治

第一节　临床诊断简介

一、望诊

望诊就是用肉眼和借助器械直接和间接对畜禽整体和局部进行观察的一种方法。望诊的方法：使待诊动物尽量处于自然状态，一般距离动物1~1.5m，从动物的前方看向后方，先观察静态再观察动态，位于动物正前方和后方时要注意观察两侧胸腹的对称性，动物若处于静止状态要进行适当的驱赶以观察其运动姿态。观察猪群，从中发现精神沉郁、离群呆立、步态异样、饮食饮水异常、生理体腔是否有污秽的分泌物和排泄物、被毛粗乱无光的消瘦衰弱病畜，从整体上了解猪群的健康状况，提出及时的诊疗预防措施，并为进一步诊断提供依据。

二、听诊

听诊是利用耳朵和听诊设备听取动物的内脏器官在运动时发出的各种声响，以音响的性质判断其病理变化的一种诊断方法。临床上主要用于听诊心血管系统、呼吸系统、消化系统的各种声响，例如心区听诊正常的为两个有规律的“咚—嗒”音，两个音间隔大致相等。当生猪患热性病时心音明显加强，能听到急促的心跳咚-嗒声，患衰竭、休克、中毒性疾病时，心音一般减弱或者先加强后减弱。正常的支气管呼吸音类似于“赫”的音，肺泡呼吸音声音很低类似于“夫”的音。发热时肺泡呼吸音增强，喘息声明显，多见于肺炎和支气管肺炎，肺气肿、胸膜炎、胸水时呼吸音减弱。正常的肠蠕动音似流水声、含漱声，在发生肠胃炎时出现雷鸣音，便秘、肠阻塞时肠音减弱。

三、问诊

问诊是通过询问的方式向畜主或者饲养员了解病畜或者畜群发病前后的状况和经过，主要询问饲料的种类、质量和配制的方法，饲料的储藏、饲喂方法，了解病畜和畜群的既往病史、特别是有畜群发病时要详细调查当地疫病流行情况、防疫检疫情况，还要询问现病史，掌握发病的时间、地点、发病数量和病程以及治疗措施等。对上述询问的结果进行综合客观地分析，为诊断提供依据。

四、触诊

触诊是用手对要检查的组织器官进行触压和感觉，同时观察病畜的表现，从而判断其病变部位的大小、硬度、温度、敏感性等。触诊一般分为按压触诊、冲击触诊、切入触诊 3 种，临床多用于检查体表的温度、肿胀物的大小性状、以刺激为目的检查动物的敏感度、深部触诊用于检查内部器官的位置、形态、内容物状态以及与周边组织的关系等。

五、嗅诊

嗅诊主要是通过鼻腔嗅闻病畜的呼出气体、口腔气味、分泌物、排泄物（粪、尿）和病理产物的气味来判断机体的病变，例如鼻腔呼出气有腐败味，提示为肺脏坏疽，阴道分泌物有腐败臭味提示为子宫蓄脓和胎衣滞留，尿液有浓氨臭味提示有膀胱炎、泻下物有浓腥臭味、提示有肠炎、有酸臭味提示有胃炎。

第二节　黑猪疫病防治

一、疫病预防

常见传染病主要指对养殖业为害大，而且多发的几种传染病，例如猪瘟、口蹄疫、蓝耳病、伪狂犬病、传染性胃肠炎、链球菌病、仔猪水肿病、猪丹毒、猪肺疫等，由于这些疾病多有发病急、病程短、诊疗效果差、死亡率高等特点，所以在养殖过程中多以预防为主。参考猪场疫病免疫程序见下表 5-1 猪场免疫程序，仅供参考。

表 5-1　猪场免疫程序

商品猪		
免疫时间	使用疫苗	剂量
1 日龄（初乳前）	猪瘟弱毒疫苗	1 头份
3 日龄	猪伪狂犬基因缺失弱毒苗	滴鼻 1 头份
7 日龄	猪喘气病灭活疫苗	按疫苗说明书
18 日龄	猪水肿病灭活疫苗	肌注 2 头份
21 日龄	猪喘气病灭活疫苗	按疫苗说明书
28 日龄	猪高致病性蓝耳病灭活疫苗	按疫苗说明书
35 日龄	猪链球菌Ⅱ灭活苗	按疫苗说明书
40 日龄	猪水肿病疫苗	按疫苗说明书
50 日龄	猪伪狂犬基因缺失弱毒苗	肌注 1 头份
60 日龄	猪瘟、丹毒、肺疫三联疫苗	肌注 2 头份
种母猪		
免疫时间	使用疫苗	剂量
初产母猪配种前	猪瘟弱毒疫苗	肌注 4 头份
	猪高致病性蓝耳病灭活疫苗	按疫苗说明书
	猪细小病毒疫苗	按疫苗说明书
	猪伪狂犬基因缺失弱毒苗	按疫苗说明书
经产母猪配种前	猪瘟弱毒疫苗	肌注 4 头份
	猪高致病性蓝耳病灭活疫苗	按疫苗说明
经产母猪产前 30 日	猪伪狂犬基因缺失 弱毒苗	按疫苗说明书
产前 15 日	大肠杆菌双价基因工程苗	按疫苗说明书
种公猪		
免疫时间	使用疫苗	剂量
每隔 6 个月	猪瘟弱毒疫苗	肌注 4~6 头份
	猪高致病性蓝耳病灭活疫苗	按疫苗说明
	猪伪狂犬基因缺失弱毒苗	按疫苗说明
备注	①每年 3—4 月接种乙型脑炎疫苗 ②每年 3—9 月接种口蹄疫疫苗 ③每年 3—10 月接种猪传染性胃肠炎、流行性腹泻二联疫苗 ④根据本地疫病情况看选择进行免疫	

疫苗使用前后应注意猪场所用药物对疫苗免疫效果的影响。

出现过敏情况时，皮下或肌内注射0.2~1mL肾上腺素/头，如静脉注射需稀释10倍或者肌内注射地塞米松注射液5mL。

疫苗免疫通常应在猪只健康状态下进行，免疫程序常受到猪群健康状况等多种因素的影响而调整。调整免疫程序请在兽医指导下进行。猪瘟和口蹄疫是国家强制免疫的疫病，疫苗可直接到当地兽防站领取。

二、常见疾病防治

常见疾病是指临床上多发，为害较大，通过积极的预防、诊疗可以得到控制和达到预期效果。

（一）仔猪腹泻病

仔猪腹泻病临床上主要分为以下几种类型：消化不良性腹泻、细菌感染性腹泻和病毒性腹泻。由于细菌性和病毒性腹泻多以预防为主，此处不讲。消化不良性腹泻是各种致病因素单一和综合作用，(例如：寒湿，久卧寒湿水泥地、饮水冰冷、圈舍阴冷等；湿热，圈舍不通风闷热、日光直接照射、圈舍潮湿、饲养密度过高等；毒物误食，误食如蓖麻、巴豆、马铃薯芽、马铃薯黄茎叶、幼嫩的高粱玉米苗等；寄生虫机械损伤、吸附、移行等；粗饲料损伤畜体的消化道等）导致消化器官损伤和机能紊乱而至泄泻。

1. 主要症状

症状多与病因不同而有所变化，寒湿型多畏寒肢冷、抖擞毛立、泄泻物清稀如水。湿热型表现为分散呆立、体倦乏力、喜饮、里急后重，泄泻物多黄色黏稠。中毒型多表现为站卧不安、疼痛呻吟，泄泻物多为黑色。消化道损伤型多表现为采食减少，时好时坏，肠胃胀满，泄泻物多为未消化的食物且酸臭。

2. 治疗

寒湿型腹泻多采用温脾暖胃的方剂温脾散和桂心散（温脾散：青皮、陈皮、白术、厚朴、当归、甘草、细辛、益智、葱白、食醋。桂心散：桂心、厚朴、青皮、陈皮、白术、益智仁、干姜、砂仁、当归、甘草、五味子、肉豆蔻、大葱）用上述方剂煎汤灌服。湿热型痢疾治疗用白头翁汤和郁金散（早期白头翁汤：白头翁、黄连、黄柏、秦皮，后期郁金散：黄柏、黄芩、黄连、炒大黄、栀子、白芍、诃子）。误食毒物腹泻首先应停喂有毒物、洗胃，解毒用绿豆汤加淀粉、活性炭灌服，止泻用理中汤加味（理中汤：甘草、党参、白术、干姜加味炒大黄、炒麦芽、山楂煎汤灌服）。寄生虫引起的腹泻西药用左旋咪唑和伊维菌素注射驱虫，然后用平胃散（平胃散：厚朴、陈皮、苍术、甘草、大枣、干姜）行气健脾，伤食腹泻用保和丸（保和丸：六曲、山楂、茯苓、半夏、陈皮、连翘、麦芽）煎汤灌服。在仔猪腹泻病治疗过程中可以结合西药抑菌剂，常用土霉素、磺胺粉、庆大霉素等拌料喂服和注射，消炎和减少渗出可用地塞米松注射液和维生素 C 注射液。

3. 预防

仔猪饲养中要注意圈舍的防寒保暖、干燥、通风、清洁，及时清除排泄物，选择优质易消化的饲料定时定量的饲喂、供给清洁饮水、定期驱虫，不轻易转圈分群，改变饲料和饲喂方式，尽量减少仔猪应急等。

（二）仔猪水肿病

仔猪水肿病是由大肠杆菌引起的仔猪肠毒血症性传染病。多为散发，一年四季均有病例发生，多以断奶后营养丰富、生长迅速的仔猪首先发病，往往不出现症状突然死亡或者突然发病常在 1～2d 内死亡。

主要症状：发病猪表现为四肢无力跪地爬行、声音嘶哑、共济失调、眼睑、面部水肿、结膜潮红充血，触摸敏感尖叫，急性不见症状突然死亡，病程一般 1～2d，死亡率约 95%。

1. 病理变化

以胃贲门、胃大弯和肠系膜呈胶冻样水肿为特征。胃肠黏膜呈弥漫性出血，心包腔、胸腔和腹腔有大量积液。淋巴结水肿充血和出血。

2. 治疗

发病早期用磺胺间甲氧嘧啶钠、大剂量地塞米松治疗，辅以安钠咖、速尿、维生素 C、氯化钙等注射液对症治疗，中兽药配合黄连解毒汤和五苓散（黄连解毒汤：黄连、黄柏、黄芩、栀子，五苓散：猪苓、茯苓、泽泻、白术、桂枝）煎汤灌服，后期多没有治疗效果。

3. 预防

注意圈舍卫生，定期消毒，发生过此病的栏圈要彻底消毒，有条件的可以空栏 3~4 个月再补栏饲养。注意仔猪的饲料营养，避免蛋白质饲料的过量添加，饲料中注意添加矿物元素硒和维生素 E、维生素 B_1、维生素 B_2、尽量减少饲料更换、转圈、断奶、气候变化等对仔猪的应激反应。

疫苗预防用仔猪水肿病灭活疫苗在仔猪 18 日龄时首免，30 日龄时强化免疫一次。

（三）猪喘气病

猪喘气病是由肺炎支原体引起猪的慢性呼吸道传染病。乳猪和仔猪的发病率和死亡率较高，多散发、四季均可发生，但以寒冷潮湿的季节多发。新疫区多呈急性爆发，死亡率较高。老疫区多表现为慢性和隐性，死亡率较低，导致猪群抵抗力下降，饲养经济效益降低。

1. 主要症状

不愿走动、呆立一隅、动则气喘，严重者呈犬坐呼吸，张口喘气，发出喘鸣声，轻微咳嗽，采食和剧烈运动后咳嗽加剧，体温一般正常，合并感染后体温升高可致 40℃。

2. 病理变化

急性死亡病例可见肺脏有不同程度的水肿和气肿，早期病变发生在心叶，呈淡红色和灰红色，半透明状，病变部位界限明显，像鲜嫩的肌肉样，俗称“肉变”。随着病程的延长和加重，病变部位转为浅红色、灰白色、或灰红色，半透明状态减轻，俗称“虾肉样变”。继发细菌感染时出现纤维素性、化脓性和坏死性病变。

3. 治疗

猪喘气病治疗抗菌用壮观霉素、卡那霉素、泰乐霉素交替肌注治疗，并用土霉素拌料喂服，平喘用氨茶碱。中药治疗用麻杏石甘汤加味（麻黄、杏仁、石膏、甘草、黄芩、百部、板蓝根、桑叶、枇杷叶、马兜铃、麦冬、桔梗、贝母）煎汤灌服。

4. 猪肺炎支原体的防治措施

（1）加强饲养管理。尽可能自繁自养及全进全出；保持舍内空气新鲜，增强通风减少尘埃，及时清除干稀粪降低舍内氨气浓度；断奶后 10~15d 内仔猪环境温度应为 28~30℃，保育阶段温度应在 20℃以上，最少不低于 16℃。保育舍、产房还要注意减少温差，同时注意防止猪群过度拥挤，对猪群进行定期驱虫；尽量减少迁移，降低混群应激；避免饲料突然更换，定期消毒，彻底消毒空舍等。

（2）药物控制。使用抗生素可减缓疾病的临床症状和避免继发感染的发生。常用的抗生素有四环素类、泰乐菌素、林肯霉素、氯甲砜霉素、泰妙灵、螺旋霉素、奎诺酮类（恩诺沙星、诺氟沙星等），但总的来说，使用抗生素不会阻止感染发生，且一旦停止用药，疾病很快就会复发。另外由于是防御性措施，通常使用的抗生素浓度较低，这易导致病原体产生耐药性，以后再用类似药物效果就不好。值得注意的是猪肺炎支原体对青霉素，阿莫西林，羟氨苄青霉素，头孢菌素Ⅱ，磺胺二甲氧嘧啶，红霉素，竹桃霉素和多黏菌素都有抗药性。

（3）综合防治措施。应针对该病考虑使用综合防治措施：对于未感染猪肺炎支原体的猪群来说，感染猪肺炎支原体的可能性很大，如距离感染猪群较近、猪群过大、离生猪贩运的主干道太近，这些都极易导致支原体传播与感染。由于猪肺炎支原体是靠空气传播的，这也给保护未感染猪群带来难度。在猪饲养密度过高的地区，问题犹为棘手，未感染猪群很可能会出现持续反复的感染。以上几种措施，无论是加强饲养环境管理、使用抗生素、还是采取根除措施，都不是防治喘气病的理想方案，它们都无法给猪整个生长周期提供全程保护，使猪免受猪肺炎支原体的感染。有条件的猪场应尽可能实施多点隔离式生产技术，也可考虑利用康复母猪基本不带菌，不排菌的原理，使用各种抗生素治疗使病猪康复，然后将康复母猪单个隔离饲养、人工授精，培育健康繁殖群。严重危害地区也可全程药物控制。方法如下。

怀孕母猪分娩前 14~20d 以支原净、利高霉素或林可霉素、克林霉素、氟甲砜霉素等投药 7d。

仔猪1日龄口服0.5mL庆大霉素，5~7日龄、21日龄2次免疫喘气病灭活苗。仔猪15日龄、25日龄注射恩诺沙星1次，有腹泻严重的猪场断奶前后定期用药，可选用支原净、利高霉素、泰乐菌素、土霉素、氟甲砜霉素复方等。

保育猪、育肥猪、怀孕母猪脉冲用药，可选用20~40mg/kg土霉素肌注，首次量加倍，也可对群体猪使用土霉素纯粉及复方新诺明原粉拌料，剂量为前5d用500g复方新诺明加250kg饲料，5d后以每250g土霉素配250kg饲料再用5d。

另外根据猪群背景要求加强对猪瘟、猪繁殖与呼吸综合征、猪萎缩性鼻炎、链球菌病、弓形体病的免疫与控制。

总之在搞好全进全出，加强管理与卫生消毒工作，提高生物安全标准的基础上，加强对怀孕母猪尤其是初产母猪隐性感染和潜伏性感染的药物控制，加强仔猪特别是初产母猪所产仔猪的早期免疫，及时检疫，立即隔离发病猪，并根据猪群具体健康状况采取定期用药，预防用药等措施是控制场内支原体危害的关键。

（四）猪萎缩性鼻炎

猪萎缩性鼻炎是由波氏杆菌和多杀性巴氏杆菌联合感染引起猪的慢性呼吸道传染病。其中仔猪最易感，6~8周龄发病较多，发病率一般随猪年龄的增加而下降，多呈现散发和地方流行。

1. 主要症状

患病猪鼻炎、鼻梁变形和鼻甲骨萎缩，呼吸困难、吸气时鼻孔张开和明显的张口呼吸，发出鼾声和喘鸣声，响如拉锯声或口哨声，鼻炎时鼻泪管阻塞泪液流出眼外，形成明显的月牙痕，严重的面部变形，甚至引起脑炎和肺炎，发病猪生长停止。

2. 病理变化

特征性病理变化是鼻腔软骨和鼻甲骨软化和萎缩，最常见的是鼻甲骨下卷曲，重者鼻甲骨消失。

3. 治疗

猪萎缩性鼻炎的治疗用磺胺嘧啶钠和长效土霉素、卡拉霉素等交替给药治疗，连续一周。中兽药治疗可用辛夷散加味（酒黄柏、酒知母、沙参、木香、郁金、明矾、细辛、辛夷、黄芩、贝母、白芷、苍耳子、百部、麦冬）煎汤灌服，并用药液冲洗鼻腔。

4. 预防

加强饲养管理，保持猪舍的清洁、干燥、卫生、定期消毒、避免阴冷、潮湿、寒凉的圈舍环境。饲喂时尽量减少饲料的粉尘，防止异物刺激诱发此病。对有明显症状的猪进行隔离或淘汰。妊娠母猪于产前2个月和1个月分别接种波氏杆菌和巴氏杆菌灭活油剂二联苗，以提高母源抗体滴度，保护初生仔猪免受感染。对于仔猪可于21日龄免疫接种波氏杆菌和巴氏杆菌二联苗，并于一周后加强免疫1次。公猪每年注射1次。预防性给药母猪妊娠最后1个月饲料中添加磺胺嘧啶钠粉0.1g/kg或土霉素粉0.4g/kg。乳猪出生3周内可用庆大小诺霉素注射液预防性注射3~4次，并结合鼻腔喷雾3~4次直到断奶。育成猪预防也可添加磺胺粉，但宰前1个月应停药。

（五）猪链球菌病

猪链球菌病是由多种血清型的链球菌引起多种传染病的总称，主要特征为急性败血症和脑炎，慢性关节炎和心内膜炎。患病猪、隐性感染猪和康复带菌猪是主要的传染源。经呼吸道、消化道、和受损的皮肤黏膜均可感染，以哺乳和断奶仔猪最易感。疾病一年四季均可发生，但以5—10月气候炎热时多发。

1. 主要症状

猪链球菌病临床上主要分为急性败血病型、脑膜炎型和淋巴结脓肿型3个类型。

猪败血型链球菌病最急性突然发病，多不见异常突然死亡，或者食欲废绝、卧地不起、体温41~42℃、呼吸迫促常在1d内死亡。急性型体温42~43℃、高热稽留，眼结膜潮红、流泪，呼吸急促、间或咳嗽，常在耳、颈、腹下、四肢下端皮肤出现紫红色和出血点，多于3~5d死亡。慢性多由急性转化而来，表现为关节炎，关节肿大、高度跛行、有疼痛感、严重者瘫痪，多预后不良。

猪链球菌病脑膜炎型多发于哺乳和断奶仔猪，体温升高，绝食、便秘、流浆液和黏液性鼻液，盲目走动、步态不稳、转圈运动、触动时敏感并尖叫和抽搐，口吐白沫、倒地时四肢游动，多在1~2d内死亡。

猪淋巴结脓肿型链球菌病主要表现为颌下、咽部、颈部等处的淋巴结化脓和脓肿，病猪体温升高，食欲减退，常由于脓肿压迫导致咀嚼、吞咽困难、甚至呼吸障碍，脓肿破溃、浓汁排尽后逐渐康复，但长期带毒，成为传染源。

2. 病理变化

败血型病猪血凝不良，皮肤有紫斑，黏膜浆膜和皮下出血。胸腔积液，全身淋巴结水肿充血，肺充血水肿，心包积液，心肌柔软，色淡呈煮肉样。脾脏肿大呈暗红或紫蓝色，柔软易碎，包膜下有出血点，边缘有出血梗塞区。肾脏肿大，皮质髓质界限不清有出血点。胃肠粘膜浆膜有小出血点。脑膜和脊髓软膜充血、出血。关节炎病变是关节囊膜面充血、粗糙，关节周围组织有化脓灶。

3. 治疗

发病早期抗菌可选用青霉素、阿莫西林、庆大霉素、磺胺嘧啶钠，一天两次，连续一个星期进行治疗，直到症状消失，解热可用安乃近，消炎用地塞米松，化脓创首先排尽脓汁，然后用3%的双氧水或0.3%的高锰酸钾进行清洗，再涂撒磺胺粉。中兽药治疗用清瘟败毒饮（生地、黄连、黄芩、丹皮、石膏、知母、甘草、竹叶、犀角、玄参、连翘、栀子、白芍、桔梗）。

4. 预防

免疫是预防本病的主要措施，可用猪链球菌病灭活疫苗每头皮下注射3~5mL，或者用猪败血性链球菌病弱毒疫苗，每头皮下注射1mL或口服4mL，免疫期一般6个月。

药物预防：常在流行季节添加土霉素、四环素、金霉素，每吨饲料添加600~800g，连续饲喂一周。有病例发生时每吨饲料添加阿莫西林300g、磺胺二甲氧嘧啶钠400g连续饲喂一周。也可以每吨饲料添加11%的林可霉素500~700g、磺胺嘧啶200~300g、抗菌增效剂50~90g连续饲喂一周。

保持圈舍清洁、干燥和通风，建立严格的消毒制度，外地引种实行隔离观察45d后方可混群，发现病例及时隔离，对圈舍彻底消毒，对可疑猪药物预防或紧急接种。病死猪严禁宰杀和出售，一律按要求进行深埋（一般不低于2m）和化制等无害化处理。

（六）猪伪狂犬病

猪伪狂犬病是由伪狂犬病毒引起猪的一种急性传染病。一般散发，呈地方流行性，常以冬春季多发。仔猪年龄越小发病率和死亡率越高，随着年龄的增加而下降。带毒猪、鼠是主要的传染源，主要经消化道传播，也可经损伤的皮肤以及呼吸道和生殖道传播。

1. 主要症状

仔猪体温升高，精神委顿、压食、呕吐，有的呼吸困难、呈腹式呼吸，然后出现神经症状全身抖动，运动失调，状如酒醉，做前进和后退运动，阵发性痉挛，倒地后四肢划动，最后昏迷死亡，部分耐过猪出现偏瘫，发育受阻。怀孕母猪表现为发热、咳嗽、常发生流产、死胎、木乃伊胎和产弱仔，弱仔表现为尖叫、痉挛、不吸吮乳汁、运动失调，常于1~2d 内死亡。

2. 病理变化

一般无特征性病理变化，有神经症状的仔猪脑膜充血、出血和水肿，脑脊液增多。肺水肿，有小叶间质性肺炎病变。扁桃体、肝、脾均有灰白色小坏死灶。全身淋巴结肿胀出血。肾布满针点样出血点，胃底黏膜出血，流产胎儿的脑和臀部皮肤有出血点，肾和心肌出血。

3. 治疗

一般施以对症治疗，尚无特效药物。中兽药用镇心散加味（朱砂、栀子、麻黄、茯神、远志、郁金、防风、党参、黄芩、黄连、女贞子、白芍、柴胡、金银花、板蓝根、连翘）煎汤灌服。

4. 预防

猪舍灭鼠对预防伪狂犬病有重要意义。引进猪要实行严格的隔离观察，严禁引入带病猪。流行地区可进行免疫接种，用伪狂犬病弱毒疫苗、野毒灭活苗和基因缺失苗，但在同一头猪只能用一种基因缺失苗，避免疫苗毒株间的重组。疫苗接种不能消灭本病，只能缓解发病后的症状，所以无病猪场一般禁用疫苗。发病时要立即隔离和扑杀病猪，尸体销毁和深埋，疫区内的未感染动物实行紧急免疫接种，圈舍用具及污染的环境，用2%的氢氧化钠、20%的漂白粉彻底消毒，粪便发酵处理。

（七）猪魏氏梭菌病

魏氏梭菌病，是由产气荚膜梭菌引起的传染病，各年龄段猪不分性别，一年四季均可发病。发病率不高，但死亡率极高，是严重为害养猪业的重要疾病。

1. 临床症状

最急性型发病猪病程极短，临床上几乎见不到症状，突然死亡。急性型表现体温升高到40.5℃，腹部明显臌胀，耳尖、蹄部、鼻唇部发绀，精神不振，食欲减少。有的出现神经症状，跳圈，怪叫，接着倒地不起，口吐白沫或红色泡沫。

2. 病理变化

解剖病死猪，胸腹腔有黄色积液，肠系膜和腹股沟淋巴结出血，心包积液，肝肿大，质地脆，易碎，脾肿大，有出血点，气管及支气管中有白色或红色泡沫，胃出现膨胀，胃黏膜完全脱落，有出血斑。其他无明显病变。

3. 防治措施

对猪魏氏梭菌病的防治一般采取综合性治疗措施。

①用支梅素+维生素C+5%的葡萄糖静脉滴注，2次/d，连续3d治疗，未有发病症状的猪可用痢菌净拌食吃，一天两次连续3d治疗。②隔离发病猪，栏舍消毒，每天一次，连续一周，消毒药用10%的生石灰，20%绿卫等交替使用，饲槽、饮水用具用0.01%的高锰酸钾水溶液清洗。病死猪无害化处理，然后深埋。

（八）猪肺疫

猪肺疫是由多杀性巴氏杆菌所引起的一种急性传染病（猪巴氏杆菌病），俗称“锁喉风”“肿脖瘟”。各种年龄的猪都可感染发病。发病一般无明显的季节性，但以冷热交替、气候多变，高温季节多发，一般呈散发性。急性或慢性经过，急性呈败血症变化，咽喉部肿胀，高度呼吸困难。

1. 临床症状

根据病程长短和临床表现分为最急性、急性和慢性型。最急性型：未出现任何症状，突然发病，迅速死亡。病程稍长者表现体温升高到41~42℃，食欲废绝，呼吸困难，心跳急速，可视黏膜发绀，皮肤出现紫红斑。咽喉部和颈部发热、红肿、坚硬，严重者延至耳根、胸前。病猪呼吸极度困难，常呈犬坐姿势，伸长头颈，有时可发出喘鸣声，口鼻流出白色泡沫，有时带有血色。一旦出现严重的呼吸困难，病情往往迅速恶化，很快死亡。死亡率常高达100%。

急性型：本型最常见。体温升高至40~41℃，初期为痉挛性干咳，呼吸困难，口鼻流出白沫，有时混有血液，后变为湿咳。随病程发展，呼吸更加困难，常作犬坐姿势，精神不振，食欲不振或废绝，皮肤出现红斑，后期衰弱无力，卧地不起，多因窒息死亡。病程5~8d，不死者转为慢性。

慢性型：主要表现为肺炎和慢性胃肠炎。时有持续性咳嗽和呼吸困难，关节肿胀，常有腹泻，食欲不振，营养不良，有痂样湿疹，极度消瘦，病程2周以上，多数发生死亡。

2. 病理变化

最急性型：全身黏膜、浆膜和皮下组织有出血点，尤以喉头及其周围组织的出血性水肿为特征。切开颈部皮肤，有大量胶胨样淡黄或灰青色纤维素性浆液。全身淋巴结肿胀、出血。

急性型：除了全身黏膜、实质器官、淋巴结的出血性病变外，特征性的病变是纤维素性肺炎，胸膜与肺黏连，肺切面呈大理石纹，胸腔、心包积液，气管、支气管粘膜发炎有泡沫状黏液。

慢性型：肺肝变区扩大，有灰黄色或灰色坏死，内有干酪样物质，有的形成空洞，高度消瘦，贫血，皮下组织见有坏死灶。

3. 防治措施

最急性病例由于发病急，常来不及治疗，病猪已死亡。青霉素、链霉素和四环素类抗生素对猪肺疫都有一定疗效。也可与磺胺类药物配合用，在治疗上特别要强调的是，本菌极易产生抗药性，因此有条件的应做药敏试验，选择敏感性药物治疗。

每年春秋两季定期注射猪肺疫弱毒菌苗；对常发病猪场，要在饲料中添加抗菌药进行预防。

发生本病时，应将病猪隔离、严格消毒。对新购入猪隔离观察一个月后无异常变化合群饲养。

（九）猪传染性胃肠炎

猪传染性胃肠炎又称幼猪的胃肠炎，冬泻，是一种高度接触传染病，以呕吐、严重腹泻、脱水，致两周龄内仔猪高死亡率为特征的病毒性传染病。各种年龄的猪都可感染，多以冬季寒冷季节多发，特别寒冷季节潮湿猪场容易流行。

1. 临床症状

一般2周龄以内的仔猪感染后12~24h会出现呕吐，继而出现严重的水样或糊状腹泻，粪便呈黄色，常夹有未消化的凝乳块，恶臭，体重迅速下降，仔猪明显脱水，发病2~7d死亡，死亡率达100%；在2~3周龄的仔猪，死亡率在10%。断乳猪感染后2~4d发病，表现水泻，呈喷射状，粪便呈灰色或褐色，个别猪呕吐，在5~8d后腹泻停止，极少死亡，但体重下降，常表现发育不良，成为僵猪。冬季育肥猪发病表现水泻，呈喷射状，呕吐，在7d后腹泻停止，极少死亡，表现良性病程。

2. 防治措施

治疗药物可用痢菌净，土霉素类拌料饲喂，注射恩诺沙星类注射液以及中药白头翁汤加味（白头翁、黄连、黄柏、秦皮、金银花、陈皮、苍术、茯苓）煎汤灌服，1日2次。同时保持圈舍干燥，注意防寒保暖，及时清除粪污，及时隔离病畜，彻底消毒圈舍。预防用传染性胃肠炎和流行性腹泻二联弱毒疫苗，春秋两次免疫。

（十）猪瘟

猪瘟是由猪瘟病毒引起的急性、热性、高度接触性传染病。主要特征是高热稽留，细小血管壁变性，组织器官广泛性出血，脾脏梗死。强毒株感染呈流行性，中等毒力株感染呈地方流行性，低毒力株感染呈散发性。病猪和带毒猪（特别是迟发性病猪）是主要的传染源。各个年龄段的猪均易感。直接接触感染为主要传播方式，一般经呼吸道、消化道、结膜和生殖道黏膜感染，也可经胎盘垂直传播。发病无明显的季节性，一般以春秋多发。

1. 主要症状

根据猪瘟病猪的临床症状，可分为急性、慢性、迟发性和温和性4种类型。

（1）急性型。病猪精神萎靡、呈弓背弯腰或皮紧毛乍的怕冷状，垂尾低头，食欲减少或停食，体温42℃以上。病初便秘、腹泻交替、后期便秘，粪如算珠呈串或单粒散落，有的伴有呕吐。眼结膜炎，两眼有黏液性和脓性分泌物，严重时糊住眼睑。随着病程发展出现步态不稳，后躯麻痹。腹下、耳和四肢内侧等皮肤充血，后期变为紫绀区，密布全身（除前背部）。大多数在发病后10~20d内死亡。

（2）慢性型。病程分为3期，早期食欲不振，精神沉郁，体温升高41~42℃，白细胞减少。随后转入中期，食欲和一般症状改善，体温正常或略高，白细胞仍偏低，后期又出现食欲减退和体温升高，病猪病情的好转与恶化交替反复出现，生长迟缓，常持续3个月以上，最终死亡。

（3）迟发型。是由低毒力猪瘟病毒持续感染，引起怀孕母猪繁殖障碍。病毒通过胎盘感染胎儿，可引起流产、木乃伊胎、畸形胎和死胎，以及有颤抖、嘶叫、抵墙症状的弱仔和外表健康的感染仔猪。胎盘内感染的外表健康仔猪终生有高浓度的病毒血症，而不产生对猪瘟病毒的中和抗体，是一种免疫耐受现象。子宫内感染的外表健康仔猪在出生后几个月表现正常，随后出现食欲不振，结膜炎，皮炎，下痢和运动失调，体温不高，大多数存活6月龄以上，但最终死亡。

（4）温和型猪瘟。又称“非典型猪瘟”。体温一般40~41℃，皮肤一般无出血点，腹下多见淤血和坏死，耳部和尾巴皮肤发生坏死，常因合并感染和继发感染而死亡。

2. 病理变化

急性亚急性病例是以多发性出血为主的败血症变化。呼吸道、消化道、泌尿生殖道有卡他性、纤维素性和出血性炎症反应。具有诊断意义的特征性病变是脾脏边缘有针尖大小的出血点并有出血性梗死，突出于脾脏表面呈紫黑色。肾脏皮质有针尖大小的出血点和出血斑。全身淋巴结水肿，周边出血，呈大理石样外观。全身黏膜、浆膜、会厌软骨、心脏、胃肠、膀胱及胆囊均有大小不一的出血点或出血斑。胆囊和扁桃体有溃疡。

慢性病例特征性病变是在回盲瓣口和结肠黏膜，出现坏死性、固膜性和溃疡性炎症，溃疡突出于黏膜似纽扣状。肋骨突然钙化，从肋骨、肋软骨联合到肋骨近端，出现明显的横切线。黏膜、浆膜出血和脾脏出血性梗死病变不明显。

迟发性：特征性病变是胸腺萎缩，外周淋巴器官严重缺乏淋巴细胞和发生滤泡，胎儿木乃伊化，死产和畸形，死产和出生后不久死亡的胎儿全身性皮下水肿。胸腔和腹腔积液，皮肤和内脏器官有出血点。

3. 诊断要点

临床上通过流行病学、临床症状、病理变化，可以作出初步诊断。必要时可以进行实验室诊断利用荧光抗体病毒中和试验，方法是采取可疑病猪的扁桃体、淋巴结、肝、肾等制作冰冻切片，组织切片或组织压片，用猪瘟荧光抗体处理，然后在荧光显微镜下观察，如见细胞中有亮绿色荧光斑块为阳性，呈现清灰和橙色为阴性，2~3h 即可作出诊断。也可用兔体交互免疫试验，即将病料乳剂接种家兔，经7d 后再用兔化猪瘟病毒给家兔静脉注射，每隔 6h 测温一次，连续3d，如发生定型热反应则不是猪瘟，如无发热和其他反应则是猪瘟(原理是猪瘟病毒可使家兔产生免疫但不发病，而兔化猪瘟病毒能使家兔产生发热反应)。

4. 防治措施

平时的预防原则是杜绝传染源的传入和传染媒介的传播，提高猪群的抵抗力。严格执行自繁自养，从非疫区引进生猪要及时免疫接种，隔离观察 45d 以上。保持圈舍清洁卫生，定期消毒，凡进场工作人员、车辆和饲养用具都必须经过严格的消毒方可入场，严禁非工作人员、车辆和其他动物进入猪场，加强饲养管理，采用残羹饲喂要充分煮沸，对患病和疑似感染动物要紧急隔离，病死动物实行严格的无害化处理深埋或焚烧。加强对生猪出栏、屠宰、运输和进出口的检疫。

预防接种是预防猪瘟的主要措施，用猪瘟兔化弱毒苗，免疫后4d 产生免疫力，免疫期 1 年以上。建议 28 日龄首免，60 日龄 2 次免疫接种。另外也可以在仔猪出生后立即接种猪瘟疫苗，2h 后再哺乳，对发生猪瘟时的假定健康猪群，每头的剂量可加至 2~5 头份。

(十一) 猪繁殖与呼吸综合征 (蓝耳病)

猪繁殖与呼吸综合征又称猪蓝耳病，是由猪繁殖与呼吸综合征病毒引起猪的高度接触性传染病。主要特征为发热，繁殖障碍和呼吸困难。病猪和带毒猪是主要的传染源，主要经呼吸道感染，也可垂直传播，亦可经自然交配和人工授精传播。感染无年龄差异，主要感染能繁母猪和仔猪，育肥猪发病温和。饲养卫生环境差、密度大、调运频繁等因素可促使本病的发生。

1. 主要症状

不同年龄和性别的猪感染后差异很大，常为亚临床型。

母猪感染后精神沉郁，食欲下降或废绝，发热，呼吸急促，一般可耐过。妊娠后期流产、早产、产死胎、木乃伊胎、弱仔或超过妊娠期不产仔。有的6周后可正常发情，但屡配不孕和假妊娠。少数耳部发紫或黑紫色，皮下出现一过性血斑。

仔猪发病表现毛焦体弱，呼吸困难，肌肉震颤，后肢不稳或麻痹，共济失调，昏睡，有时还发生结膜炎和眼周水肿。有的耳紫或黑紫色以及躯体末端皮肤紫绀，死亡率高。较大日龄的仔猪死亡率低，但育成期生长发育不良。

肥育猪双眼肿胀，结膜发炎，腹泻，并伴有呼吸加快，喘粗，一般可耐过。但严重病例出现后驱摇摆、拖曳，常于1~2d内死亡。

公猪食欲不振，精神倦怠，咳嗽、喷嚏，呼吸急促，运动障碍，性欲减弱，精液品质下降，有时伴有一侧或两侧睾丸炎，红肿和两侧睾丸严重不对称。

2. 病理变化

母猪、公猪和肥猪可见弥漫性间质性肺炎，并伴有细胞浸润和卡他性炎。流产胎儿可见胸腔积有多量清亮液体，偶见肺实变。

3. 治疗

尚无特效治疗药物，多采用对症治疗和注射抗菌素防治继发感染，降低死亡率。抗菌素可选用氟苯尼考，强力霉素，泰妙菌素，氧氟沙星等。中药用理肺散加味（理肺散：知母、栀子、蛤蚧、升麻、天门冬、麦冬、秦艽、薄荷、马兜铃、防己、枇杷叶、白药子、天花粉、苏子、山药、贝母、加味党参、白术、五味子、生地）煎汤喂服和拌料饲喂。

4. 防治措施

实行自繁自养，严禁从疫区引进猪只，若确需引种，应从非疫区引进，并实行严格的隔离观察，一般隔离饲养45d以上，并进行两次以上的血清学检查，阴性者方可混群饲养。改善饲养卫生条件，定期消毒，注意防寒保暖和祛暑降温，减少猪群应急和饲养密度。增强防疫意识，严格执行免疫程序，每年春秋用猪蓝耳病弱毒疫苗进行两次免疫接种，最好在首免后 14d 加强免疫一次以增强猪群的抵抗力。

三、中毒病防治

（一）黄曲霉毒素中毒

黄曲霉毒素中毒是生猪采食了经黄曲霉和寄生曲霉污染的玉米、麦类、豆类、花生、大米及其副产品酒糟、菜籽粕后，由黄曲霉和寄生曲霉产生的有毒代谢产物黄曲霉毒素损伤机体肝脏，并导致全身出血，消化功能紊乱和神经症状的一种霉败饲料中毒病。一年四季均可发生，但以潮湿的梅雨季节多发。多为散发，仔猪中毒严重，死亡率高。

1. 主要症状

中毒症状一般分为急性、亚急性、慢性 3 类，急性多见于仔猪，尤以食欲旺盛健壮的仔猪发病率高，多数不表现症状突然死亡。亚急性体温升高，精神沉郁，食欲减退或丧失，可视黏膜苍白，后期黄染，四肢无力，间歇性抽搐，2~4d 内死亡。慢性多见于成年猪，食欲减少，明显厌食，逐渐消瘦，生长停止，可视黏膜黄染，被毛粗乱泛黄，后期出现神经症状，多预后不良。

2. 治疗

目前，尚无特效治疗药，排毒可投服硫酸镁、人工盐加速胃肠毒物排出，保肝解毒可用 20%~50%的葡萄糖注射液、维生素 C，止血用 10%氯化钙、维生素 K。中兽药用天麻散（党参、茯苓、防风、薄荷、蝉蜕、首乌、荆芥、川芎、甘草）拌料喂服。

3. 预防

不用发霉的饲料饲喂家畜。防止饲料发霉，加强饲料的仓储管理，严格控制饲料的含水量，分别控制在谷粒类 12%、玉米 11%、花生仁 8%以下，潮湿梅雨季节还可用化学防霉剂丙酸钠、丙酸钙每吨饲料添加 1~2kg 防止饲料霉变。霉变饲料直接抛弃将加重经济损失，可用碱性溶液浸泡饲料，使黄曲霉毒素结构中的内酯环破坏，形成能溶于水的香豆素钠盐，然后用水冲洗去除毒素，再作饲料使用。

（二）菜籽饼中毒

菜籽饼中毒是由于长期和大量采食油菜籽榨油后的菜籽饼，由于菜籽饼含有含硫葡萄糖苷，经降解后可生成有毒物异硫氰酸酯、噁唑烷硫酮和腈，引起肺、肝、肾和甲状腺等器官损伤和功能障碍的一种中毒病。多为慢性散发，全国各地都有发生、

1. 主要症状

患畜精神沉郁，呼吸急促，鼻镜干燥，四肢发凉，腹痛，粪便干燥，食欲减退和废绝，尿频，瞳孔散大，呈现明显的神经症状，呼吸困难，两眼突出，痉挛抽搐，倒地死亡。慢性病例精神萎靡，消化不良，生长停滞，发育不良。

2. 治疗

目前尚无特殊疗法，主要是对症治疗，发现病例立即停喂菜饼，急性大量采食的，可用芒硝、鱼石脂加水灌服排出胃肠毒物，同时静脉注射葡萄糖、安钠咖、氯化钠，以保肝、强心、利尿解毒。中兽药可用甘草、绿豆研末加醋灌服。

3. 预防

（1）限制日粮中菜籽饼的饲喂量，母猪和仔猪添加量不超过5%，肥育猪添加量不超过10%。

（2）菜籽饼去毒处理后饲喂家畜，方法是将菜籽饼用水拌湿后埋入土坑中30~60d后再作饲料使用。

（3）与其他饼类搭配使用增加营养互补，减少菜饼用量，防止过量中毒。

（三）亚硝酸盐中毒

亚硝酸盐中毒是动物摄入过量的含有硝酸盐和亚硝酸盐的植物和水，引起高铁血红蛋白症，造成病畜体内缺氧，导致呼吸中枢麻痹而死亡。当生猪采食富含硝酸盐的白菜、甜菜叶、萝卜菜、牛皮菜、油菜叶以及幼嫩的青饲料后引起中毒，特别是青绿多汁饲料经暴晒和雨淋或堆积发黄后饲喂最易中毒。有喂熟食习惯的地区，采用锅灶余温加热饲料和焖煮饲料易使硝酸盐转化为亚硝酸盐而导致家畜中毒。具有病程短，发病急，一年四季均可发生，常于采食后15min到1~2h

发病，食欲旺盛、精神良好的猪最先发病死亡。

1. 主要症状

主要表现为呕吐、口吐白沫、腹部臌胀，呼吸困难、张口伸舌，耳尖、可视黏膜呈蓝紫色，皮肤和四肢发凉，体温大多下降到35~36℃，针刺耳静脉和剪断尾尖流出紫黑色血液，四肢痉挛和全身抽搐，最后窒息死亡。

2. 治疗

发现亚硝酸盐中毒时应紧急抢救，可用特效解毒药亚甲蓝静脉注射和肌内注射，并同时配合维生素C和高渗葡萄糖效果好。

3. 预防

严禁用堆积发黄的青绿饲料特别是菜叶饲喂家畜，改熟食饲喂为生食，青饲料加工储藏过程中要注意迅速干燥，严防饲料长期堆积发黄后再干燥储藏。加强亚硝酸盐中毒知识的宣传，也是预防此病的关键。

（四）有机磷农药中毒

有机磷农药中毒是家畜采食和吸入某种有机磷制剂的农药，引起体内胆碱酯酶活性受抑制，从而导致神经机能紊乱为特征的中毒性疾病，一年四季均可发生，但以农药使用多的春夏秋季居多。常用的有机磷农药主要有乐果、甲基内吸磷、杀螟松、敌百虫和马拉硫磷等。

1. 主要症状

采食有机磷农药和被农药污染的饲料后，最短的30min，最长的8~10h出现症状，主要表现为大量流涎，口吐白沫，磨牙，烦躁不安，眼结膜高度充血，瞳孔缩小，肠蠕动音亢进，呕吐腹泻，肌肉震颤，全身出汗，四肢软弱，卧地不起，常因肺水肿而窒息死亡。

2. 治疗

停喂有毒饲料，用硫酸铜和食盐水洗胃，清除胃内尚未吸收的有机磷农药，急救用特效解毒药硫酸阿托品、碘解磷定、双复磷等，硫酸阿托品为乙酰胆碱对抗剂，首次给药必须超量给药猪按0.5~1mg/kg给药，若给药后1h症状未改善，可适量重复用药。碘解磷啶为胆碱酯酶复活剂，使用越早效果越好，否则胆碱酯酶老化则难以复活，碘解磷啶按20~50mg/kg体重给药，溶于葡萄糖或者生理盐水中静脉注射和皮下注射，对内吸磷、对硫磷、甲基内吸磷疗效好。但碘解磷啶在碱性溶液中易水解成剧毒的氰化物，故忌与碱性药物配伍。双复磷作用强而持久，能透过血脑屏障对中枢神经症状有缓解作用，猪按40~60mg/kg体重给药，肌注和静注，对内吸磷、甲拌磷、敌敌畏、对硫磷中毒疗效好。

3. 预防

（1）加强对农药购销、保管、使用的监管，严防农药泛滥使用，减少毒源。

（2）普及预防农药中毒知识的宣传，减少知识误区而引起的中毒。

（3）加强对饲料采收的管理，严防带毒采收，和带毒饲喂。

四、寄生虫病

（一）猪蛔虫病

猪蛔虫病是蛔虫寄生于猪的小肠，引起猪的生长发育不良，消化机能紊乱，严重者甚至造成死亡的疾病。一年四季均可发病，以3~6月龄的猪感染严重，成年猪多为带虫猪成为重要的传染源。

1. 主要症状

仔猪感染早期，虫体移行引起肺炎，轻度湿咳体温可升至40℃，较严重者精神沉郁，食欲缺乏，营养不良，被毛粗乱无光，生长发育受阻成为僵猪。严重感染猪，呼吸困难，咳嗽明显，并有呕吐、甚至吐虫、流涎、腹胀、腹痛、腹泻等。寄生数量多时可以引起肠梗阻，表现疝痛，甚至引起死亡。虫体误入胆道管可引起胆道管阻塞出现黄疸，极易死亡。成年猪多表现为食欲不振、磨牙、皮毛枯燥、黄、无光、成索状等。

2. 治疗

用左旋咪唑片按10mg/kg混料喂服。连喂两天。也可用伊维菌素按0.3mg/kg皮下注射。

3. 预防

对散养户，仔猪断奶后驱虫一次，2月龄时再驱虫一次。母猪在怀孕前和产仔前1~2周驱虫一次。育肥猪每隔2个月驱虫一次。规模养殖场，对全群猪驱虫后，每年对公猪至少驱虫两次，母猪产前

1~2周驱虫一次，仔猪转入新圈和群时驱虫一次，后备母猪在配种前驱虫一次，新引进的猪驱虫后再合群。同时搞好圈舍环境卫生，垫草、粪便要发酵处理，产房和猪舍在进猪前要彻底冲洗、消毒。

（二）猪囊尾蚴病

猪囊尾蚴病是由猪带绦虫的幼虫寄生于猪的横纹肌所引起的疾病，又称“猪囊虫病”。幼虫寄生于肌肉时症状不明显，但寄生于脑组织时出现神经症状，病情严重。猪囊尾蚴成虫寄生于人的小肠，是重要的人畜共患病。寄生有猪囊尾蚴的猪肉切面可看见白色半透明的囊泡，似米粒镶嵌其中故称为“米猪肉”。人感染取决于饮食卫生习惯，有吃生肉习惯的地区成地方流行，吃了未经煮熟的猪肉也可感染。

1. 主要症状

猪囊尾蚴主要寄生在活动性较大的肌肉中，如咬肌、心肌、舌肌、腰肌、肩外侧肌、股内侧肌、严重时可见于眼球和脑内。轻度感染时症状不明显。严重感染时，体型可能改变，肩胛肌肉出现严重的水肿和增宽，后肢肌肉水中隆起，外观呈现哑铃状和狮子状，走路时四肢僵硬，左右摇摆，发音嘶哑，呼吸困难。重度感染时触摸舌根和舌腹面可发现囊虫引起的结节。寄生于脑内时引起严重的神经扰乱，鼻部触痛、癫痫、视觉扰乱和急性脑炎，有时突然死亡。

2. 治疗

用吡喹酮按50mg/kg灌服，硫双二氯酚30~80mg/kg拌料喂服。

3. 预防

（1）加强白肉检疫，对病猪肉化制处理。

（2）高发病地区对人群驱虫，排出的虫体和粪便深埋或烧毁。

（3）改善饲养方法，猪圈养，切断传播途径。

（4）加强卫生宣传，提高防范能力，不吃生肉和未煮熟的肉，减少人的感染从而减少虫卵排出再次感染的风险。

（三）猪细颈囊尾蚴病

猪细颈囊尾蚴病是由泡状袋绦虫的幼虫寄生于猪的腹腔器官而引起的的疾病。主要特征为幼虫移行时引起出血性肝炎、腹痛和虫体大量寄生时引起机能障碍及器官萎缩损伤等。细颈囊尾蚴又称水铃铛，呈乳白色，囊泡状，囊内有大量液体，囊泡壁上有有一个乳白色长颈的头节，外形鸡蛋大小，镶嵌于器官的表面，寄生于肺和肝脏的水铃铛由宿主组织反应产生的厚膜将其包裹，故不透明，应与棘球蚴病区别。

1. 主要症状

轻度感染一般不表现症状，仔猪感染后症状严重，有时突然大叫后倒毙。多数病畜表现为虚弱、不安、流涎、消瘦、腹痛、有急性腹膜炎时，体温升高并伴有腹水，腹部增大，按压有痛感。

2. 治疗

用吡喹酮50mg/kg喂服。

3. 预防

（1）发病地区对犬定期驱虫，防止虫卵污染饲料。

（2）禁止将患病动物的内脏，未经处理直接抛弃和喂犬，应深埋和烧毁，防止形成循环感染。

（3）加强饲养管理，猪圈养，减少感染途径。

（四）猪弓形虫病

猪弓形虫病是由龚地弓形虫寄生于猪的有核细胞而引起的的疾病，主要引起神经症状、呼吸和消化系统症状，是重要的人畜共患传染病。主要经消化道感染，也可以经呼吸道和损伤的皮肤黏膜感染，一年四季均可感染发病，广泛流行。

1. 主要症状

急性型多见于年幼动物，突然废食，体温升高达40℃呈稽留热，便秘或腹泻，有时粪便带有黏液和血液。呼吸急促，咳嗽。眼内出现浆液性和脓性分泌物。皮肤有紫斑，体表淋巴结肿胀。孕畜流产和产死胎。发病后数日出现神经症状，后肢麻痹。常发生死亡，耐过的转为慢性。

慢性型病程较长，表现为厌食、消瘦、贫血、黄疸。随着病情发展可出现神经症状，后肢麻痹。多数能够耐过，但合并感染其他疾病则可发生死亡。

2. 治疗

尚无特效治疗药。急性病例用磺胺-6-甲氧嘧啶60~100mg/kg

内服另加甲氧苄胺嘧啶增效剂 14mg/kg 内服，每日一次，连用 5 次。也可用磺胺嘧啶 70mg/kg 内服，每日两次，连用 4d。

3. 预防

（1）防治猫粪污染饲料、饮水。

（2）消灭鼠类，防治野生动物进入猪场。

（3）发现病患动物及时隔离，病死动物和流产胎儿要深埋和高温处理。

（4）禁止用病死动物的猪肉和内脏饲喂猫。

（5）搞好猪场环境卫生，做好粪污的无害化处理。

（五）猪疥螨病

猪疥螨病是由节肢动物蜘蛛纲、螨目的疥螨所引起的一种接触传染的寄生虫病，疥螨虫在猪皮肤上寄生，使皮肤发痒和发炎为特征的体表寄生虫病。由于病猪体表摩擦，皮肤肥厚粗糙且脱毛，在脸、耳、肩、腹等处形成外伤、出血、血液凝固并形成痂皮。该病为慢性传染病，多发生于秋冬季节由病猪与健康猪的直接接触，或通过被螨及其卵污染的圈舍、垫草和饲养管理用具间接接触等而引起感染。猪疥螨病对猪场的危害很大，尤其是对仔猪，严重影响其生长发育，甚至死亡，给养猪业造成了巨大的经济损失。

本病流行十分广泛，我国各地普遍发生，而且感染率和感染强度均较高，为害也十分严重。阴湿寒冷的冬季，因猪被毛较厚，皮肤表面湿度大，有利于疥螨的生长发育，病情较严重。

经产母猪过度角化（慢性螨病）的耳部是猪场螨虫的主要传染源。由于对公猪的防治强度弱于母猪，因而在种猪群公猪也是一个重要的传染源。大多数猪只疥螨主要集中于猪耳部，仔猪往往在哺乳时受到感染。

猪螨病的传播主要是通过直接接触感染。规模化猪场的猪群密度较大，猪只间密切接触，为螨病的蔓延提供了最佳条件，因此猪群分群饲养，生长猪流水式管理，以及按个体大小对仔猪进行分圈饲养均有助于螨病的传播。

1. 临床症状

猪疥螨病通常起始于头部、眼下窝、颊部和耳部等，以后蔓延到背部、体侧和后肢内侧。剧痒，病猪到处摩擦或以肢蹄搔擦患部，甚至将患部擦破出血，以致患部脱毛、结痂、皮肤肥厚，形成皱褶和龟裂。病情严重时体毛脱落，皮肤的角化程度增强、干枯、有皱纹或龟裂，食欲减退，生长停滞，逐渐消瘦，甚至死亡。疥螨引起的过敏反应严重影响猪的生长发育和饲料转化率。

2. 治疗方案

（1）0.5%~1%敌百虫洗擦患部，或用喷雾器淋洗猪体。

（2）蝇毒磷乳剂 0.025%~0.05%药液喷洒或药浴。

（3）阿维菌素或伊维菌素，皮下注射 0.3mg/kg。

（4）溴氰菊酯溶液或乳剂喷淋患部。

（5）双甲脒溶液药浴或喷雾。

（6）多拉菌素 0.3mg/kg 皮下或肌内注射。

3. 预防措施

（1）每年在春夏、秋冬换季过程中，对猪场全场进行至少两次以上体内、体外的彻底驱虫工作，每次驱虫时间必须是连续 5~7d。

（2）加强防控与净化相结合，重视杀灭环境中的螨虫。因为螨病是一种具有高度接触传染性的外寄生虫病，患病公猪通过交配传给母猪，患病母猪又将其传给哺乳仔猪，转群后断奶仔猪之间又互相接触传染。如此，形成恶性循环，永无休止。所以需要加强防控与净化相结合，对全场猪群同时杀虫。但在驱虫过程中，大家往往忽视一个非常重要的环节，那就是环境驱虫以及猪使用驱虫药后 7~10d 内对环境的杀虫与净化，才能达到彻底杀灭螨虫的效果。

（3）在给猪体内、体表驱虫的过程中，螨虫感觉到有药物时，有部分反应敏感的螨虫就快速掉到地上，爬到墙壁上、屋面上和猪场外面的杂草上，此外，被病猪搔痒脱落在地上、墙壁上的疥螨虫体、虫卵和受污染的栏、用具、周围环境等也是重要传染源。如果不对这些环境同时进行杀虫，过几天螨虫就又爬回猪体上。

（4）环境中的疥螨虫和虫卵也是一个十分重要的传染源。很多杀螨药能将猪体的寄生虫杀灭，而不能杀灭虫卵或幼虫，原猪体上的虫卵 3~5d 后又孵化成幼虫，成长为具有致病作用的成虫又回到猪体上和环境中，只有此时再对环境进行一次净化，才能达到较好的驱虫效果。

（5）另外疥螨病在多数猪场得不到很好控制的主要原因在于对其为害性认识不足。在某种程度上，由于对该病的隐性感染和流行病学缺乏了解，饲养人员又常把过敏性螨病所致瘙痒这一主要症状，当作一种正常现象而不以为然，既忽视治疗，又忽视防控和环境净化，所以难以控制本病的发生和流行。

所以必须重视螨虫的杀灭工作。加强对环境的杀虫，可用1：300的杀灭菊酯溶液或2%液体敌百虫稀释溶液，彻底消毒猪舍、地面、墙壁、屋面、周围环境、栏舍周围杂草和用具，以彻底消灭散落的虫体。同时注意对粪便和排泄物等采用堆积高温发酵杀灭虫体。杀灭环境中的螨虫，这是预防猪疥螨最有效的、最重要的措施之一。

第六章　发展黑猪产业的思路及建议

第一节　发展思路

一、建设恩施黑猪种源基地

一是按国家畜禽品种资源保护的要求，建立和完善恩施黑猪品种资源保护体系，夯实恩施黑猪产业开发基础。突出抓好恩施黑猪资源场建设，使恩施黑猪核心群保种规模不断扩大，确保恩施黑猪基因稳定，血缘家系不断丰富。二是建设好恩施黑猪种公猪站，提供优质公猪精液，改变恩施黑猪公猪生产和配种“多、乱、杂”的现象。三是建设恩施黑猪原种场，开展资源场选育优良恩施黑猪的扩群和提纯复壮工作，不断提高恩施黑猪整体质量，为实施猪源工程建设提供足够的优质种源。四是建设恩施黑猪扩繁场，选择良种母猪群体，加快育种速度，迅速扩大母猪群，提高母猪质量，培育产量高、品质好、生长速度快的恩施黑猪新品系。

二、发展有机生态牧业

咸丰地处武陵山区，植被繁茂，清泉互达，山野沃土含自然沉积的千年精华，孕育的五谷万物，绿色且无工业污染，是发展生态养殖的适宜地方。可以充分利用山区的茶园、果园、药材园、良田，发展茶牧、果牧、药牧、粮牧结合的养殖模式，充分利用粮果副产物饲喂家畜，用药材防病治病，用猪粪尿作为茶、果、药、粮的肥料，减少或不用化肥。形成“鸡栖花枝迎日月，家眠园林过春秋”的生态循环养殖模式，不仅可以提升产品附加值，也保护了生态环境。

三、发展企业加村集体组织加农户的发展模式

黑猪产业的发展帮助人民脱贫致富，光靠个人单打独斗难见成效必须依托政府招商引资引进企业、规划区域、出台奖励政策、维护秩

序，由村集体经济组织发展农户适度规模生产，并由企业制定发展规划、模式、方案、提供资金技术支持，从而形成上下齐动，内外兼顾的政府统筹、农户受益，企业获利的发展格局。

四、打造民族特色品牌、主营高端消费

恩施黑猪是地方特色品种，在保持传统生态饲养习惯的基础上，引入现代养殖理念，不断选育更新，充分利用优质遗传基因，发展特色品系，并在此基础上着力打造具有地方特色、人文情怀的品牌产品。恩施黑猪肉具有香味浓、肉质脆、营养价值高等特点目前走大众消费利润微薄，且受白猪肉消费占主导的影响，所以必须谋划高端消费市场，面对沿海发达经济城市和消费群体，由高端消费，健康消费引导大众消费逐渐转型而扩大市场。

五、发展旅游牧业、订单牧业

武陵山区被誉为周边城市的后花园，是旅游观光的好地方，随着人民生活水平的提高，对健康生活的要求也在提升，并对日益繁杂、喧闹的城市生活逐渐厌倦，会有更多的人走出城市到乡村旅游调节身心，我们可以建观光养殖场，让游客在欣赏自然风光之余，亲自体验、饲喂养殖家畜，目睹健康绿色养殖，并在此基础上发展订单牧业，即旅游者可以根据自己的需要选择所需的生畜和饲料配方，由养殖场负责按个人要求饲养，旅游者可以通过平时的旅游来观察饲喂，年底可以按旅游者的要求宰杀、熏制并邮寄；另外特别要重视加大与城市大型肉联企业和生鲜肉连锁超市的结合，发展订单牧业。

六、完善精深加工

恩施黑猪产业的持续健康发展离不开精深加工业的发展，只有对恩施黑猪肉进行精深加工，开发出不同类型的恩施黑猪肉产品，提升产品附加值，不断提高产前、产中、产后各个相关环节的利益，并满足消费市场的更高需求，才能促进产业持续发展。

第二节　发展建议

一、加大政策支持力度

结合恩施黑猪发展实际，及时出台产业鼓励政策，在土地、资

金、人才等方面给予支持。按照整合资源、捆绑资金、集中扶持、以点带面的要求，多渠道筹集资金，扶持恩施黑猪产业发展。建议对恩施黑猪产业化建设实施“一保四补”的扶持政策。一保：对恩施黑猪能繁母猪开展政策性保险。四补：对能繁母猪给予补助；对品种资源场给予补助；对家庭牧场的标准化栏舍、粪污处理等基础设施建设给予补助；对家庭牧场贷款进行贴息。

二、根据自身定位，适度发展

恩施黑猪产业的发展要根据当地的实际情况，比如地理位置、饲料资源、产品销路、市场需求等因素进行综合考虑，适度理性发展，不能盲目跟风扩大生产，不能千篇一律一个思维。只有因地制宜、因人制宜、因时制宜，才能让人民增收而脱贫。

三、良心生产，诚信经营

恩施黑猪肉产品是一个地方特色产品，要保持它的自然、绿色、健康特性，必须用自己的良心去精细饲养、安全生产，不要让利益迷住了心窍、胡乱添加、舍本逐末而毁了产品原始生态的特性，也毁了产业的发展前景。

参考文献

[1] 张红伟，董永森．动物疫病［M］．北京：中国农业出版社，2009：1，29-56.

[2] 褚秀玲，吴昌标．动物普通病［M］，北京：化学工业出版社，2009：9，7-10，155-171.

[3] 规模化猪场免疫程序地址．中国养猪技术网，2012-11-27，2016. 12.

[4] 中国家畜起源论文集．百度文库，1993，2016. 12.

[5] 生猪饲养与繁殖技术．中国百科网，2016. 12.

[6] 袁欣欣. 中国黑猪品种介绍. 农业之友网，2016. 7. 6，2012.12.

[7] 丁山河，陈红颂．湖北省家畜家禽品种志［M］．湖北科学技术出版社，2004. 2015. 12.

编写：谭德俊　吴长江　朱　麟　李　杨

红衣米花生产业

第一章 概 述

咸丰县地处鄂西南边陲，武陵山区腹部，咸丰县小村乡为红衣米花生主产区，平均海拔 1 100m 左右，咸丰县小村乡蓝河两岸生态优良。境内沙土、砾土、壤土为主的土壤热化程度高，土层深厚、疏松、富含有机质，排水和肥力特性良好，富含硒元素，气候、土壤、生态环境有利于发展红衣米花生（绿色食品）。由于独特的地理、气候、土壤条件，小村乡出产的红衣米花生外形美观，花生仁圆润饱满、衣红鲜艳、营养丰富，生食幽香味长，熟食香脆可口，深受消费者青睐。

咸丰县种植红衣米花生历史悠久，常年种植面积 3 万余亩。2010 年通过国家地理保护标志保护农产品认证，2014 年获国际认可的“中国地理标志商标”，2015 年荣获“中国名优硒产品”称号。获得中国“农产品地理标志登记证书”、中国“绿色食品证书”“中国名优硒产品”、第八届中国武汉农业博览会“金奖农产品”“恩施州知名商标”、全国“最受欢迎旅游产品”等殊荣及证书。

第一节 红衣米花生的起源及分布

一、花生的起源

花生起源于南美洲热带亚热带地区，我国广泛种植花生是在清朝末期，最早是在福建种植，以后迅速传及东南沿海各省。当时种的花生为小粒型品种，壳薄粒小，早熟，含油量高。100 多年后，又从国外引进一种大粒型花生，有直立和蔓生型两种。大约在 19 世纪初期，大粒型花生传播到山东蓬莱县，由于它品质好，产量高，收获省工，而且香甜味美，营养丰富，故迅速在黄河及长江流域大面积传播开来，并发展成为我国的重要油料作物。目前以花生为原料的花生加工业正在迅速发展，可以预计，不久的将来，花生将为我国经济发展做出更大贡献。红衣米花生为小粒型品种，壳薄粒小，早熟，含油量高。应属于清朝末期从福建及东南沿海各省种植的花生类型。小村红衣米花生的来源：据传说，20 世纪 60 年代初，一位劳模获得的奖励花生，劳模将其带回咸丰县小村乡种植，面积逐年扩大，逐渐形成适应咸丰小村乡独特地理、气候、土壤条件的花生品种——红衣米花生（图 1-1）。

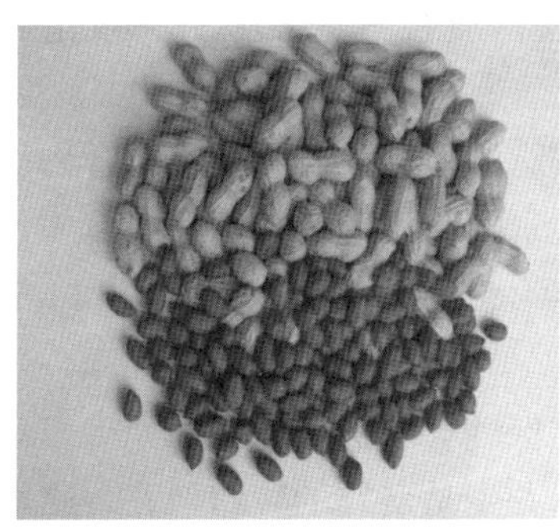

图 1-1　红衣米花生

二、红衣米花生的分布

咸丰县的红衣米花生主要分布在小村乡、活龙坪乡、大路坝区、黄金洞乡麻柳溪村、兴隆坳村、勾皮溪村，清坪镇的二台坪村、泗坝村、灯笼寺村，高乐山镇牛栏界村、麻谷溪村等区域。2016 年咸丰县小村红衣米花生专业合作社发展了 5 个专业种植村，种植面积咸丰县约 5 万亩，单产 150kg，平均亩产值 3 000元左右，已带动 65 个贫困户脱贫。

第二节　发展红衣米花生产业的重要意义

红衣米花生是咸丰县的主要经济作物之一，红衣米花生仁含油 40%~56%，蛋白质 30%左右。此外，还含有多种维生素、胡萝卜素、抗坏血酸及各种矿物质。红衣米花生油，淡黄透明，气味清香，深受人们喜爱。花生油含有大量易为人体吸收的油酸和亚油酸，可预防多种疾病。还含有生育酚（维生素 E）、凝血维生素（维生素 K）、植物甾醇（有破坏胆固醇在体内合成、防止皮肤皲裂、抗哮喘等功用)、磷脂等。用红衣米花生仁煮汤喝，有强壮补虚的功能，是一种良好的营养食品，现代医学研究，花生仁还有止血作用。用红色的花生种皮可制成“止血宁”，可治疗消化道疾病、肺结核、支气管扩张，及多种出血病症，对血友病、血小板减少性紫疲症也有明显效果。花生仁还可加工成花生蘸、花生酥、花生酱以及各种糖果点心等。花生榨油后的副产物花生饼，蛋白质含量达 50%，碳水化合物 24%，可以加工制成糖果、饼干、酱油等。花生鲜嫩茎叶也是发展畜牧业的良好饲料。花生壳中也含有较高的蛋白质。和碳水化合物，水解干馏后可以提制醋酸、糖醛、活性炭等几百种有益物质。目前我国花生种植面积仅次于印度，居世界第二位，1982 年我国出口花生 42. 9 万 t，在世界上首屈一指。

红衣米花生作为本地消费者营养保健食品消费或作为原生态营养保健食品出售——经济收入。红衣米花生是良好的轮作换茬培肥地力的先锋作物。红衣米花生营养丰富，生食幽香味长，熟食香脆可口，深受消费者青睐，供不应求，每年都存在扩大再生产和商品供给均不足的矛盾。为了红衣米花生这个种质资源得到科学保护与合理开发利用，通过扩大红衣米花生商品生产和种子繁植基地，建设精深加工与旅游产品市场有机融合，形成咸丰县小村红衣米花生精准扶贫的产业链，通过“基地+农户+公司”的产业经营模式，稳定提升农户年均纯收入，实现精准扶贫目标。因此，普及红衣米花生绿色高产科学种植技术，提高红衣米花生单位面积产量和种植效益，对促进红衣米花生产业发展具有十分重要的意义。

第三节　红衣米花生产业的发展概况

咸丰县小村乡等区域种植花生历史悠久，常年种植面积 1 万余亩。小村乡蓝河两岸以砂壤土为主，且富含人体必需的微量元素——硒，土壤、气候、环境适宜红衣米花生生长，小村红衣米花生已打造成为咸丰县地方特色旅游产品，在恩施州及上海、重庆、长沙、北京等大城市享誉盛名。咸丰县蓝河农特开发有限公司自 2006 年成立以来，一直从事小村红衣米花生种植、加工、营销，逐步成长为恩施州产业化龙头企业。目前，公司走“公司+基地+农户”的农业产业化发展道路，建设红衣米花生良种基地 3 200亩，红衣米花生商品生产基地 50 000亩，建有绿色食品加工生产线及配套生产设备 3 套，具有较强的绿色食品研发、加工及销售能力。公司生产的小村红衣米花生获原产地保护品牌后，产品供不应求，畅销武汉、上海、北京、重庆、宜昌等大中城市，部分产品通过中转销往香港、台湾地区。

第二章 红衣米花生的形态特征及生长环境

第一节 红衣米花生的形态特征及经济性状

红衣米花生属于珍珠型类花生，叶脉为网状脉，在咸丰露地栽培时株高35cm左右，侧枝长40cm左右，总分枝数10个，结果枝2~4个，叶脉为网状脉，单株结饱果数25个，每果1~2仁，仁衣红色，百果重105g，百仁重51g，出仁率79.5%，含油量46%。地膜覆盖栽培时株高45cm左右，侧枝长60cm左右，总分枝数10个，结果枝4~6个，单株结饱果数60~80个，每果1~2仁，仁衣红色，百果重115g，百仁重71g，出仁率85%，含油量50%。低山地区地膜覆盖栽培时单株结饱果数80~120个。红衣米花生的荚果与果柄结合牢固，不易落果和采摘。

第二节 红衣米花生的生长环境

土壤条件：耕作层疏松、活土层深厚、排水和肥力特性良好的壤土或砂壤土。适宜3年以上未种过花生或豆科作物的地块。

气温条件：花生起源于热带，属喜温作物，从种子萌发到荚果成熟都需要较高的温度。发芽温度最低12~15℃，最适宜温度为25~37℃，开花最适宜温度为23~38℃，最低温度为19℃。结荚最适宜温度为25~30℃，最低温度为15℃。

第三章 红衣米花生高产栽培技术

第一节 整 地

一、对土壤的要求

选择耕作层疏松、活土层深厚、排水和保肥力特性良好的壤土或砂壤土。红衣米花生适宜3年以上未种过花生或豆科作物的地块。

二、对整地的要求

整地是花生丰产的基础，也是落实各项技术措施的前提。花生种子较大，脂肪含量高，发芽出苗需要较多的水分和氧气。因此，播种前整地的总体要求是土壤疏松、细碎、不板结、含水量适中、排灌方便，使花生的生长发育一直处于适宜的土壤环境中（图3-1）。

图3-1 整地、开沟分厢

花生地宜在冬前或早春深耕冬凌，冻死部分病虫源，减轻来年病虫害。3月下旬或4月上旬深开围沟，以利排水。按3~4m宽分厢，在厢内东西向按双行100cm距离开沟施肥，沟宽13.3cm，沟深20cm，将腐熟的农家肥、复混肥等均匀施入沟内，覆土整平厢面。地膜栽培按100cm宽开一条施肥沟，沟宽13.3cm，沟深20cm，沟内均匀撒施底肥，接着起土作垄，在相邻的二条施肥中间取土起垄，沟宽 20cm，沟深（垄高）10cm，将沟中土壤起于施肥沟上作垄，播种前 10～15d 起垄盖膜，垄面整细整平或者呈“瓦背型”，形成 80cm 宽的垄面 20cm 宽的垄沟。起垄后，每亩用“扑草净”“高效盖草能”或“乙草胺”60～90g 对水 30kg 均匀喷洒垄面防止杂草。然后覆盖微膜（厚度 0.014mm，膜宽 100～200cm），将膜平展铺在垄面上，膜边四周拉入垄沟内，用细土压实，防止地膜随风刮起。

第二节　播　种

一、种子准备

做好种子准备工作，对于保证一播全苗和提高花生产量、品质至关重要。①选种剥壳前对留种的荚果进行再次选种，选择种仁饱满的双仁荚果作种子。剥壳后对种子进行粒选分级，首先将秕粒、小粒、破碎粒、感染病虫害和霉变的种子拣出。②播种前带壳晒种 2～3d，晒果能增加种子的后熟，打破种子的休眠性，促进酶的活动，有利于种子内养分的转化，提高种子的生活力；晒果可使种子干燥，增强种皮透性，提高种子的浸透压，增强吸水能力，促进种子的萌动发芽，特别是对成熟度差和贮藏期间受过潮的种子效果尤为明显；晒果还可以起到杀菌作用。浸种催芽，带芽播种不仅节省种子，而且可提早 5～7d 出苗，出苗率可达 98%以上，促进苗齐苗壮。方法是：先浸种，选粒大饱满的种仁浸种 12h，然后放入 30～35℃的环境中，12h 左右即可出芽。注意保持恒温，种子湿润，如发现种皮干燥应喷温水，种芽以露嘴 1cm 为度，不宜过长。带芽播种时，要分级粒选，分级播种，以利苗齐苗壮。③药剂拌种。用 50%多菌灵可湿性粉剂，或 40%拌种灵可湿性粉剂按种子重量的 0.3%～0.5%拌种可有效防止烂根死苗；用 50%辛硫磷乳剂按种子量的 0.2%拌种，或用 50%氯丹乳剂按种子量的 0.1%～0.3%拌种，可防治苗期地下害虫。

二、播种时期

花生播种期必须根据花生的生育期、所需积温，生殖生长期所需要的温度范围来安排确定。播种适期的确定，一是要求有利于一播全苗壮苗，二是有利于调节好花生的营养生长和生殖生长的关系，打好花生丰产的基础。小村红衣米花生春播，温度是主要矛盾。播期愈早，生育期愈长，籽粒愈饱满，产量就愈高。因此，在温度达到要求抢时抢墒播种。日平均气温稳定通过 12℃ 即可播种，要求土壤水分充足，表土 10cm 以内土壤湿润，与前作共生期不宜太长，套种花生共生期（从出苗期算起）不超过 45d，空地、蔬菜地在 4 月上旬播种，低海拔地区宜早，随着海拔高度的增加播期适当推迟。一般 4 月 25 日左右完成播种。地膜覆盖一般可比露地种植提前 10d 左右播种，即可提早到 4 月 15 日左右完成播种。双膜覆盖育苗可提到 4 月上旬早播。

第三节　播种密度和方式

一、种植密度

红衣米花生宜实行宽窄行种植，宽行可推迟封行，有利通风透光，密窝可保证足够的窝数，发挥边际优势形成高产群体。一般宽行 60cm，窄行 40cm，窝距 26.6~33cm，达到每亩 4 000~5 000窝，每窝播种 2 粒。瘦薄地适当密植，肥沃土地则适当稀植，早播适当稀植（4 000穴），晚播适当密植（5 000穴）。

二、种植方式

红衣米花生以单作为主，套作为辅。为了扩大花生种植面积，减少茶园除草用工和增加茶园早期收入，移栽茶园 3 年内可以套作花生。为方便田间管理和轮作换茬，提高单位面积产量，应以单作为主，单作按播种方法分露地种植和薄膜覆盖种植。作业方式为人工点播。红衣米花生在咸丰县种植，因其地处二高山区域内，有效积温偏少，而红衣米花生要求土壤和气候积温较多为宜，试验证明在低山地区早播条件下，红衣米花生成熟期仍然是 9 月 10 日左右成熟，而单株饱果数和单株产量确要高得多，因此在劳力较充裕时以“双膜育苗移栽+起垄+地膜覆盖+单作模式”可获得单位面积最高产量。

第四节　地膜覆盖

一、选择地膜覆盖种植

花生地膜覆盖具有提高地温，提早播种，延长红衣米花生生长期，保持土壤水分，减少地面蒸发，增强抗旱能力，减轻杂草为害，减少农事劳动投入，改善土壤结构，促进养分转化，提高肥料利用率，促进植株健壮生长，提高红衣米花生的抗病力。达到早熟高产，提高品质的作用。地膜要求厚度 0.014mm，宽度 100~200cm 的新材料膜，旧膜或旧材料膜易损坏，后期失去了覆膜效果。全黑膜防草效果好，提倡选择和使用全黑膜。覆膜质量标准：铺平、拉紧、贴实、压平。人工覆膜，即按厢面宽度要求，将厢两边上下垂直切齐，覆盖规格适宜的地膜，要做到膜面平整，膜与厢面贴紧无皱褶，膜边贴坡压得牢，使得日晒膜面不鼓泡，大风劲吹刮不掉（图 3-2）。

图 3-2　分厢覆膜

二、合理施肥

花生虽是豆科作物，有固氮能力，但它仍需从土壤中吸取一定数量的氮肥，特别是幼苗前期，自身固氮机制尚在形成之中，必须从土壤中吸取养料；而后期根系逐渐衰老吸收能力下降，不能满足荚果发育所需养料，易出现早衰，因此，花生施肥应掌握前促后补的原则。

（一）足施底肥

一般亩产 200~250kg 花生，要求亩施农家肥 500~1 000kg，尿素

10～15kg，过磷酸钙 30～50kg，草木灰 70～90kg（或氯化钾 5～10kg）。或亩施 45%三元复合肥 50kg 加生物有机肥 50kg。

（二）早施底肥

农家肥、复混肥、普钙混合堆沤腐熟后加尿素作底肥沟施，然后起土作垄，大批果针入土时，每亩用尿素 0.5kg 和磷酸二氢钾 0.4kg 进行叶面喷施。

（三）叶面喷肥（也称根外追肥）

花生叶面肥具有肥料吸收利用率高、节约用肥、增产显著的效果。使用和喷施技术很重要，花生肥料营养技术专家研究发现，叶面施用氮肥，花生植株吸收利用率达 55.5%以上，饱果数明显增加，经济系数显著提高；叶面施用磷肥，一般可增产 7%～10%；叶面施用铝、硼、锰、铁等微肥，一般可增产 8%～10%，土壤缺微量元素肥时增产效果更高。氮、磷、钾、钙等大量元素及钼、硼、锰、铁等微量元素均可叶面施用。特别是花生生长发育后期，根系衰老，叶面喷肥效果更为明显。叶面喷施磷肥，可以很快运转到荚果，促进荚果充实饱满。8 月上旬开始，叶面喷三康牌叶面肥+防病+防虫药 2～3 次（图 3-3）。

图 3-3　施用微量元素肥加覆膜效果比较

（四）叶面喷施硒肥

硒是人体必需的微量元素。硒参与合成人体内多种含硒酶和含硒蛋白。其中谷胱甘肽过氧化物酶，在生物体内催化氢过氧化物或脂质过氧化物转变为水或各种醇类，消除自由基对生物膜的攻击，保护生物膜免受氧化损伤；硒参与构成碘化甲状腺胺酸脱碘酶。硒能提高人体免疫，促进淋巴细胞的增殖及抗体和免疫球蛋白的合成。硒对结肠癌、皮肤癌、肝癌、乳腺癌等多种癌症具有明显的抑制和防护的作用，其在机体内的中间代谢产物甲基烯醇具有较强的抗癌活性。富硒产品是功能保健食品条件之一，红衣米花生富硒会提高其保健功能和扩大消费市场及经济效益。生产富硒红衣米花生具有重要的经济社会意义。

红衣米花生富硒技术：红衣米花生开花下针封行后，7 月中下旬叶面喷施恩施和诺生物工程有限责任公司生产的含硒微量元素肥，每亩 80g，分 2~3 次叶面喷施，红衣米花生果硒含量可达 2.0μg/g 以上，产品达到富硒标准（图 3-4）。

图 3-4　红衣米花生用硒肥

（五）花生所需微量元素及其施用技术

1. 硼肥

硼肥对红衣米花生的生殖生长能起到至关重要的作用。硼能促进细胞的伸长和分裂，有利于红衣米花生根系的生长和伸长；刺激花粉的萌发和花粉管的伸长，使授粉顺利进行，进而提高结实率和坐果率；硼还能增强红衣米花生的抗旱、抗病能力，改善红衣米花生体内碳水化合物的运转，促进作物早熟。红衣米花生缺硼时，表现为叶片小而皱缩，顶端叶片容易脱落，严重时生长点焦枯坏死；根瘤发育不良，根系不发达，根尖有坏死斑点；花药、果针萎缩，开花时间长，花量少，出现“果而不仁”现象；籽粒小，秕籽多，严重影响花生的产量和品质。硼肥施用方法：作基肥，可穴施或条施，与土杂肥或化肥混匀，避免与种子接触，以免影响发芽、出苗和幼根、幼苗的生长，硼砂或持力硼一般用量 0.5~1.0kg/亩，硼肥肥效长，作基肥隔年施用即可。叶面喷肥于初花期喷施 0.1%~0.2%硼砂或硼酸溶液，每隔 7d 再喷 1 次，连续喷 2~3 次。

2. 钼肥

钼是豆科植物根瘤菌中固氮酶和硝酸还原酶的组成成分，是植物生长发育的关键元素之一，钼能促进红衣米花生根瘤菌的固氮作用和叶片光合作用，促进蛋白质的合成，促进红衣米花生的开花、受精和饱果；促进红衣米花生根瘤早生，增加根瘤数；使植株生长健壮，成果多，出仁率高。在花生开花期喷施钼肥，可协调营养生长和生殖生长，促进荚果充实饱满，增产幅度可达 10%以上。

缺钼使红衣米花生根瘤的固氮能力受阻，通常表现为缺氮症状。轻微缺钼时叶色变淡，中度缺钼时叶片出现失绿斑点，严重时叶缘干枯，直到整个叶片干枯脱落，不能形成根瘤或根瘤少，固氮能力弱造成花而不实。钼肥施用方法：作种肥，用 0.1%钼酸铵水溶液浸种 3~5h，或拌种，每 1 kg 种子拌钼酸铵 1~2g；叶面喷施钼肥，开花下针期用 0.1%~0.2%钼酸铵溶液进行叶面喷施，隔 10d 再喷 1 次。施用钼肥要严格控制用量，如浓度过大，用量超出标准，不但影响花生正常发芽，还会造成环境污染。

3. 铁肥

铁是红衣米花生不可缺少的微量元素，有利于叶绿素的形成，是红衣米花生叶绿素形成不可缺少的条件；铁是红衣米花生体内多种氧化酶、铁氧还蛋白和固氮酶的组成部分，参与红衣米花生体内的氧化还原反应，促进氮素代谢正常进行；铁还能增强红衣米花生植株抗病性。红衣米花生施用铁肥后，对控制心叶黄化有明显效果，在缺铁土壤上增施铁肥，增产幅度可达 15%以上。红衣米花生缺铁性失绿引起红衣米花生叶片大小和形态的明显变化，缺铁引起的失绿常使红衣米花生叶片变薄变小，植株矮小，缺铁使红衣米花生叶片小而簇生，出现黄白小叶症。铁肥施用方法：作基肥，穴施或条施硫酸亚铁

(黑矾)，一般用量 2kg/亩；作种肥，用 0.1%硫酸亚铁水溶液浸种 12h；叶面喷肥，在开花下针期或新叶出现黄化时，用 0.2%硫酸亚铁溶液叶面喷施，隔 7d 喷 1 次，连续喷 2~3 次。

三、提高红衣米花生播种质量或育苗移栽

在晴好天气条件下整地→分厢→施底肥分厢或起垄→覆膜→播种或育苗移栽。

播种方法。红衣米花生的播种方法按照栽培方式露地播种和薄膜覆盖播种。作业方式为人工点播。

播种深度。一般红衣米花生的播种以 5cm 左右为宜。由于红衣米花生播期愈早，生育期愈长，籽粒愈饱满，产量就愈高。因此育苗移栽可作为红衣米花生提高单位面积产量的重要措施来实施。育苗可提早播种期，培育壮苗，确保苗齐苗全苗壮，节约种子，有利于防治苗期病虫害和节约农药，有利于提早团棵开花，有利于减轻杂草为害，有利于节约劳力投入。

3 月下旬至 4 月上旬，将红衣米花生种子剪成单粒种仁的带壳种子，用温水浸泡 12h，放入 30~35℃的环境中催芽，12h 左右即可发芽。注意保持恒温，种子湿润，如发现种皮干燥应喷温水，种芽以露嘴 1cm 为度，不宜过长。

药剂拌种。用 50%多菌灵可湿性粉剂，或 40%拌种灵可湿性粉剂按种子重量的 0.3%~0.5%拌种可有效防止烂根死苗；然后将种芽按 2 芽为一单元，每单元间距 5cm 左右均匀摆放于苗床上，种子上盖约 5cm 厚细土，再盖拱膜保温育苗。苗出齐后喷 100mg/kg 多效唑培育壮苗。幼苗长出 2~3 片真叶时移栽，4 月下旬或 5 月上旬将培育的壮苗按 33~40cm 株距移栽到整地、分厢、施肥、起垄、覆膜好的大田里。阴天或晴天下午移栽最好，栽后可浇少量定根水促进成活(图 3-5)。

图 3-5　地膜覆盖红衣米花生出苗破膜期

第五节　田间管理

一、施肥

（一）花生的施肥原则

1. 有机肥和无机肥料配合施用

土壤结构不良，肥力较低，应施用有机肥料以活化土壤，改良土壤结构，培肥地力，再结合施用化学肥料，以及时补充土壤养分。为了保证花生的高产优质，提高施肥效益，达到用地养地相结合，必须贯彻有机肥料和无机肥料配合施用的原则，做到两者取长补短，缓急相济，充分发挥肥料的增产作用。

2. 施足基肥，适当追肥

基肥足则幼苗壮，花生生长稳健，为高产优质奠定坚实基础，花生增加氮、磷、钾肥基施比重，可满足幼苗生根发棵的需要。氮肥追施比重过高，则容易引起徒长，倒状和易发生病虫害；钾肥追施比重过高，则容易引起烂果，并且肥料报酬递减。肥效迟缓、利用率低的有机肥、磷肥更应以基肥为主。因此，在花生生产上如能够一次性施好施足基肥，一般可以少追肥或不追肥。要掌握“壮苗轻施、弱苗重施、肥地少施、瘦地多施”的原则。咸丰县每亩地基肥应以腐熟的有机肥为主，基肥亩施 1 000kg。种肥约施 50kg（N、P、K 45%）的复合肥和 50kg 的生物有机肥。

（二）基肥和种肥

在播种前结合耕地整地铺施的肥料称为“基肥”或“底肥”，结合播种开沟或开穴集中施的肥料称为“种肥”。基肥、种肥是花生苗壮、花多、果多、荚果饱满的基础，用量一般要占总施肥量的80%~90%，是花生的主要施肥方式。

（三）追肥

花生追肥应根据地力、基肥施用量和花生生长状况而定。

1. 追施苗肥

土壤肥力低、基肥用量不足，幼苗生长不良时，应早追施苗肥、促苗早发。苗期追肥应在始花期前施用，应以氮肥为主，磷、钾肥配合。

2. 花针期追肥

花生始花后，植株生长旺盛，有效花大量开放，大批果针陆续入土，对养分的需求量急剧增加，如果基肥、苗肥不足，则应根据花生长势长相，及时追肥。但此时花生根瘤菌固氮能力较强，固氮量基本可满足自身需要，而对磷、钙、钾肥需求迫切，因此氮肥用量不宜过多，以追磷、钾、钙肥为主，以免引起徒长。

3. 花生叶面喷肥（也称根外追肥）

具有吸收利用率高，省肥、增产显著的效果。特别是花生生长发育后期，根系衰老，叶面喷肥效果更为明显。叶面喷施氮肥，花生的吸收利用率达到50%以上；叶面喷施磷肥，可以很快运转到荚果，促进荚果充实饱满。

花生生长后期，亩用磷酸二氢钾200g，对水60kg叶面喷施，最好连喷3次，每隔7d喷1次。地膜覆盖种植花生重施基肥种肥和补施叶面肥，不需追肥。

二、水分管理

红衣米花生既怕干旱，又怕渍水。如苗期、花期干旱缺水，会影响植株正常生长，减少花数；下针期缺水，果针入土困难，即使下了针，子房也不能膨大；结荚期缺水，则严重影响荚果发育，明显减少结荚数；成熟期缺水，则荚果饱满度、出米率降低。总之，灌溉时期主要根据花生生育期内降水量多少、降水量分布情况，土壤含水量以及花生各生育阶段对土壤水分的需要来决定。要求开好围沟和厢沟，围沟要深。花生是比较耐旱的作物，但抗涝性差，田间积水过多，土壤缺乏空气，导致根系发育不良，根瘤少，固氮能力弱，植株发黄矮小，开花节位提高、下针困难，结实率、饱果率降低，烂果增多，严重影响花生产量和品质。排水的目的在于排除地面积水，降低地下水位和减少耕作层内过多的水分，以调节土壤温度、湿度、通气和营养状况，保持良好的土壤结构，为花生创造良好的生育环境。

三、查苗补缺

先播种后覆膜的在红衣米花生出苗后，要及时进行查苗，缺苗严重的地方要及时补苗，使单位面积苗数达到计划要求的数量，这项工作一般在出苗后 3~5d 进行。补苗措施主要有以下 3 种。

（一）催芽补苗

在花生田的田头地角或其他空地种植一些花生，待子叶顶出土面尚未张开时将芽起出，移栽到田间缺穴处。用与田间苗龄相近的备用幼苗，补种于缺苗的播种穴，增产效果优于补种浸种或催芽的种子。

（二）育苗移栽

选择一块空地或田边地角，用报纸做直径 3~4cm 的营养杯，杯中装上营养土，每杯种 2 粒备用花生种子，待幼苗长出 2~3 片真叶时，选择阴雨天或傍晚进行移栽。

（三）催芽补种

上述两种方法费工较多，而且育芽或育苗数量不容易掌握，数量过多浪费种子，数量过少又不能满足补栽之用，为了节省用工，也可将种子催芽后直接补种。育苗移栽种植法免去了查苗补苗的工作。

四、破膜清棵

先播种后覆膜的，花生出苗期间要及时破膜放苗，否则晴天易造成高温烧苗，放苗同时做好清棵，花生清棵又叫清棵蹲苗。是在花生出苗时用小锄或手在花生幼苗周围将土向四周扒开，使 2 片子叶和第一对侧枝露出土面，以利于第一对侧枝健壮发育，使幼苗生长健壮。

花生结果主要依靠第一、第二对侧枝。第一对侧枝结果数占全株结果数的60%~70%，第二对侧枝结果数占全株结果数的20%~30%，而主茎和其他侧枝结果很少。由于花生第一对侧枝着生在子叶节上，而花生出苗时子叶不出土或半出土，因此子叶节分枝开始生长时往往被埋在土中，不能见光变绿进行光合作用，影响红衣米花生及早分枝团棵，直接影响花芽分化和开花结果。在花生出苗后及时清棵，可使子叶节分枝露出土面，提早接收阳光的照射而健壮生长。实践证明，清棵后的植株主茎和侧枝基部节间短，茎枝粗壮，开花结果多。清棵可使主根深扎，侧根增多、根系发达，从而增强植株的抗旱能力和吸收能力，通过清棵还可以尽早地把护根草除掉，有利于植株的健壮生长。正确掌握清棵时间是实现清棵增产的关键环节。清棵过早，幼苗太小，扒出土后对外界环境的抵抗能力弱；清棵过晚，第一对侧枝基部埋在土中的时间长，侧枝细弱，基部节间伸长，影响清棵效果。要求齐苗后及时清棵，按照出苗情况，齐苗一块清一块，充分发挥清棵的增产效果。清棵深度以2片子叶露出为准，清棵时注意不能损伤或碰掉子叶。育苗移栽种植法免去了清棵壮苗的工作。

五、中耕除草及化学调控

（一）中耕管理

露地红衣米花生需要人工或化学防除杂草，不覆膜的一般中耕3次，第一遍中耕在4~5叶进行，中耕能灭除田间杂草，深松深度在30cm以上；第二遍中耕在花生5~6片复叶时进行，起到碎土、灭草的作用；第三遍中耕在封行前进行培土作业，起到松土、灭草和促进根系生长和抗倒伏的作用。红衣米花生露地栽培产量只有120kg左右，不提倡露地栽培。

（二）叶面追肥及化控

根据田间长势情况，可在开花前期，每亩用钼酸铵7.5g+速乐硼（速效硼）20mL喷施。花期下针期喷磷酸二氢钾或三康叶面肥，当花生长势过旺，发生徒长现象时，可采用每亩20g多效唑植物生长调节剂调节，在花生初花期、盛花期分别进行叶面喷洒，进行化学调控，能有效抑制徒长，矮化茎秆，防止倒伏，增加产量。

六、病虫害防治

（一）花生褐斑病

褐斑病主要发生在叶片上，严重时叶柄、茎秆亦可受害。病原菌侵染花生叶片后，开始出现黄褐色小斑点，后发展成近圆形病斑，病斑边缘的黄色晕圈较宽而明显，病斑在叶片正面呈黄褐色或深褐色，背面一般为黄褐色。发病叶片提早脱落，大发生时可导致全部叶片脱落，植株提早枯死。潮湿时，叶片正面的病斑上产生分生孢子梗和分生孢子。茎秆上的病斑褐色至黑褐色，长椭圆形，病斑多时，也可导致茎秆枯死。

防治褐斑病用凯润（25%吡唑醚菌）1.1mL/hm^2 或百泰（60%唑醚·代森联）2.7g/hm^2 或 80%代森锌防治花生褐斑病效果显著，并且无药害发生，对花生安全，可以作为防治花生叶斑病的药剂，生产上建议用量为 1 200g/hm^2。每隔 15d 喷洒一次，分别在 7 月 15 日、7 月30 日、8 月 15 日共计喷药 3 次，正反面叶面喷雾至药液滴下，每次药液浓度相同。

（二）花生黑斑病

花生黑斑病主要为害花生叶片，严重时叶柄、托叶、茎秆和荚果均可受害。黑斑病和褐斑病可同时混合发生。黑斑病病斑一般比褐斑病小，直径 1~5 mm，近圆形或圆形。病斑呈黑褐色，正反两面颜色相近，周围没有黄色晕圈或仅有不明显的淡黄色晕圈。在叶背面病斑上，通常产生许多黑色小点（病菌子座），成同心轮纹状，着生分生孢子梗和分生孢子。严重时产生大量病斑，引起叶片干枯脱落。病菌侵染茎秆也产生黑褐色病斑，凹陷，严重时使茎秆变黑枯死。

防治黑斑病用凯润（25%吡唑醚菌）1.1mL/hm^2或百泰（60%唑醚·代森联）2.7g/hm^2或 80%代森锌防治花生黑斑病效果显著，并且无药害发生，对花生安全，可以作为防治花生叶斑病的药剂，生产上建议用量为 1 200g/hm^2。每隔 15d 喷洒一次，分别在 7 月 15 日、7 月30 日、8 月 15 日共计喷药 3 次，正反面叶面喷雾至药液滴下，每次药液浓度相同。

（三）花生锈病

花生叶片受锈菌侵染后在正面或背面出现针尖大小淡黄色病斑，

后扩大为淡红色突起斑，随后病斑部位表皮破裂露出红褐色粉末状物，即病菌夏孢子。下部叶片先发病，渐向上扩展。当叶片上病斑较多时，小叶很快变黄干枯，似火烧状，但一般不脱落。叶柄、托叶、茎、果柄和果壳染病夏孢子堆与叶上相似，托叶上的夏孢子堆稍大，叶柄、茎和果柄上的夏孢子堆椭圆形，长 1～2mm，但夏孢子数量较少。综合防治如下所示。

（1）实行轮作，以减少菌源。清洁田园，及时清除病蔓。

（2）改良土壤，挖通排水沟；高厢深沟，改大厢为小厢，降低田间湿度。因地制宜调节播种期，合理密植；少施氮肥，增施磷肥。

（3）药剂防治。在发病初期喷药保护。始花期开始检查早播、低湿地花生田，当发病株率达 15%～30%或近地面 1～2 片叶有 2～3 个病斑时即要进行喷保护药。可选用 75%百菌清 600 倍、胶体硫 150 倍、20%三唑酮乳油 450～600mL 对水 750kg，每亩喷药液量 60kg。残效期可达 40～50d，全生育期喷 1～2 次即可达到良好的防治效果。喷药时加入 0.2%展着剂（如洗衣粉等）有增效作用。

（四）花生茎腐病

该病害从苗期到成株期均可发生，但有两个发病高峰，即苗期和成株期。主要危害花生子叶、根、茎等部位，以根颈部和茎基部受害最重。幼苗期病菌从子叶或幼根侵入植株，使子叶变黑褐成干腐状，然后侵入植株根颈部，产生黄褐色水渍状病斑，随着病害的发展逐渐变成黑褐色。发病初期，叶色变淡，午间叶柄下垂，复叶闭合，早晨尚可复原，但随着病情的发展，地上部萎蔫枯死。在潮湿条件下，病部产生密集的黑色小突起（病菌分生孢子器）。成株期发病多在与表土接触的茎基部第一对侧枝处，初期产生黄褐色水渍状病斑，病斑向上、下发展，茎基部变黑枯死，引起部分侧枝或全株萎蔫枯死，病株易折断，地下荚果脱落腐烂，病部密生黑色小粒点。

茎腐病防治：种子包衣用 2.5%的适乐时 20mL，用清水 200mL 将药剂充分调匀，拌种 10～15kg，使每个花生仁上都均匀沾上种衣剂，将拌好的花生种子摊晾后播种；或用 50%的多菌灵可湿性粉剂，分别按种子量的 0.5%或 0.3%拌种。先将种子用清水湿润后再与药粉拌匀，使药粉均匀黏附在种子表面即可播种，喷雾，用 50%可湿性粉剂的多菌灵，配制 1 000倍液，或用 70% 甲基托布津 800 倍液，在花生全苗后喷雾，隔 7d 再喷 1 次，喷足淋透，可基本抑制该病的扩展蔓延。育苗移栽可减少用药量。

(五) 花生纹枯病

花生封行后，在下部叶片出现水浸状暗绿色斑，病斑不断扩展，可形成云纹状斑，菌丝常把附近叶片黏叠在一起。天气干燥时，病害扩展慢，病斑呈浅黄色，边缘褐色。田间湿度大时病害扩展很快，并向上部叶片蔓延，下部叶片以后腐烂脱落，并在叶上长满白色菌丝，菌丝渐结成白色菌核，后菌核逐渐变黄，最后成褐色。发病严重时茎枝均软腐而引起倒伏。

花生纹枯病防治方法：在发病初期，可用 75% 百菌清可湿性粉剂 600 倍液叶面喷雾；也可用 1∶1∶200 的波尔多液叶面喷雾。发病期还可用 500~800 倍的多菌灵喷雾。喷药时间，一般年份从 7 月中旬至 8 月初开始，每 10d 喷 1 次，连喷 2~3 次可有效控制花生纹枯病之危害。同时对叶斑病、锈斑病也有一定防效。

(六) 花生菌核病

该病害通常发生在花生生长后期，为害花生叶片、茎、果柄、荚果等各个部位，典型的症状是受侵染的枝条顶端迅速萎蔫和下垂。初始侵染位点形成淡绿色水浸状小病斑，后期病斑扩大，凹陷且变成浅褐色。叶片上产生轮纹不明显的直径 3~8mm 近圆形的褐色病斑。潮湿时，病斑呈水渍状。茎秆上老病斑处的病健交界界限明显，受侵染的枝条褪绿，变成白色或稻草色并且枯萎。在潮湿的条件下，发病组织周围形成白色、蓬松的菌丝。发病后期，花生靠近土壤的基部产生黑色的不规则形状的菌核，有的菌核覆盖菌丝。

花生菌核病的防治以采取综合措施效果较好，一是轮作换茬、铲除病株等。二是筛选高效低毒杀菌剂，通过拌种、地面喷洒封锁初侵染源和叶面喷洒防治病害效果明显。封锁初侵染源：当花生播种后出苗前，结合喷洒除草剂，将杀菌剂与除草剂混合喷洒于地面，防病除草效果均较好的有霉易克、菌克宁、轮纹净、百菌净和炭特灵。

(七) 花生立枯病

花生出苗前受病菌侵染，可以造成苗前花生种子腐烂。幼苗病斑常出现在土壤表面以下的胚轴区，呈暗褐色，长凹陷状。病斑扩大，变黑，胚轴成带状，形成典型的猝倒症状。主根处也产生同样的病斑，并扩展到整个根系，导致根干腐烂，最终使植株死亡。腐烂区通常被淡褐色菌丝簇所覆盖。在坏死组织上有暗褐色、微小菌核生成。

花生立枯病的防治措施：①农业防治注意合理轮作，排水降湿，合理密植，科学施肥，增施磷、钾肥，促进植株健壮生长，增强抗病力。选用种皮不破损的无病种子。收获后及时将病残体清理干净，深埋或烧毁。②种子药剂处理对种子进行药剂处理，可防治因病害引起的烂种、死苗。拌种前可将种子先浸湿或浸 24h 后沥干，再用种子重量 0. 5%的 50%多菌灵拌种。③化学防治：发病初期喷淋 36%甲基硫菌灵悬浮剂 500 倍液，15%恶霉灵水剂 450 倍液。每亩用药液 30～45kg，视病情 7～10d 喷一次，连续防治 2～3 次。花生结果期发病，可叶面喷施 50%多菌灵可湿性粉剂 1 000倍液，或 70%代森锰锌胶悬剂 400 倍液，每隔 7d 喷一次，连喷 2～3 次，可防止花生徒长、倒伏和郁闭，减轻花生立枯病的发生。

(八) 花生蚜虫

花生自出苗期到收获期，均可受到蚜虫的为害。在花生幼苗顶盖尚未出土时，花生蚜虫就能钻入土缝内在幼茎、嫩芽上为害；花生出土后，躲在顶端心叶及幼嫩的叶背面吸取汁液。开花后为害花萼管、果针。受害花生植株矮小，叶片卷缩，严重影响开花下针和结果。蚜虫猖獗时，排出的大量蜜露黏附在花生植株上，引起霉菌寄生，使茎叶发黑，甚至整株枯萎死亡。防治蚜虫可用吡虫啉、氧化乐果等防治。

(九) 斜纹夜蛾

3 龄前幼虫为害植物叶部，将叶食成不规则透明白斑，留下叶片残留透明的上表皮，使叶形成纱窗状。4 龄以后分散为害，进入暴食期，能将叶片吃成缺刻与空洞，高龄幼虫也为害花及果实。将叶片吃光，并侵害幼嫩茎秆或取食植株生长点，钻入叶鞘内为害，把内部吃空，并排泄粪便，造成新叶腐烂或停止生长。虫口密度大时，常将全田作物吃成光秆或仅剩叶脉，呈扫帚状。

防治斜纹夜蛾应结合田间管理，利用其初孵幼虫群集为害的习性，及时摘除卵块和低龄幼虫虫窝。也可用黑光灯诱杀成虫。在斜纹夜蛾大发生时仍以化学防治为主。斜纹夜蛾高龄幼虫耐药性强，昼伏夜出，并具有假死性等特点，在化学防治时要注意治早治小，在幼虫1~2龄期用药效果最好，喷药时间选在傍晚为佳，低容量喷雾，除了植株上要均匀着药以外，植株根际附近地面也要喷透，以防滚落地面的幼虫漏治。用氟氯溴氰菊酯防斜纹夜蛾，每亩100mL。

（十）地老虎

地老虎幼虫咬断花生嫩茎或在土中截断幼根，造成缺苗断垄，个别还能钻入荚果内取食籽仁。可用黑光灯诱杀成虫。用氟氯溴氰菊酯防地老虎，每亩100mL。

（十一）蝼蛄

成虫和若虫都可在地上和地下为害，为害春播和夏播花生幼苗，特别喜食刚发芽的种子，咬食幼根和嫩茎，受害株的根部呈乱麻状。由于蝼蛄活动，将表土窜成许多隧道，使苗土分离，幼苗生长不良甚至枯萎死亡，造成严重缺苗断垄，可用黑光灯诱杀成虫。中期用50%的辛硫磷乳油1 500倍液喷灌防治蝼蛄，每隔10~15d灌一次，连灌2~3次。

第四章　红衣米花生的收获、贮藏及加工

第一节　适时收获

一、花生成熟的标志

花生是无限开花结实作物，同一植株上的荚果形成时间和发育程度很不一致。生产上一般以植株由绿变黄，主茎保留 3~4 片绿叶，大部分荚果成熟，即珍珠豆型品种饱果率达到 75%以上，地膜花生达 90%以上作为田间花生成熟的标志。

二、花生收获方法

红衣米花生不易落果，可以拔收。拔收后，不着急摘果，可剪去大部分枝叶，清洗掉泥土，抢晴先晒干再摘果，这样容易摘下来，下雨天也可在室内摘果且不影响及时晒干，品质更有保障

第二节　安全贮藏

一、荚果干燥

新收获的红衣米花生，成熟荚果含水量 50%左右，未成熟的荚果 60%左右，必须及时使之干燥。一般经过 5~7d 阳光暴晒后，然后堆放 3~4d 使种子内的水分散发到果壳，再摊晒 2~3d，待含水量降至 10%以下时，即可贮藏。

二、安全贮藏

花生的安全贮藏与含水量，温度关系密切。荚果含水量降至 10%，才能安全贮藏。应注意贮藏期间保持通风良好，以促进种子堆内气体交换，起到降温散湿的作用。贮藏期间要及时检查，加强管理，一旦发现异常现象，要采取有效措施，妥善处理。

第三节　红衣米花生精深加工

红衣米花生洗净晒干后直接销售或加工成花生仁销售价值非常高，因此清洗掉泥土、晒干或烘干后包装或机械脱壳后包装花生仁销售即可（图 4-1）。

图 4-1　包装上市

清洗：用干净清水将泥土洗去。

制干：晴天在阳光下暴晒 7d 左右或烘烤制干，含水量达 10%左右时可安全储藏。

剥壳色选：由脱壳机统一脱壳，人工或在色选机内色选，选择优质花生仁进行包装。

包装：统一标准化包装，统一销售。

参考文献

[1] 陈凯，谢宏峰，樊堂群，等 . 80%代森锌可湿性粉剂防治花生叶斑病的效果［J］. 安徽农业科学，2011，39（18）：10932-10933.

[2] 郭晓强，李 翔，赵志强，等 . 不同杀菌剂对花生叶斑病防治效果及产量影响的研究［J］. 花生学报，2014，43（1）：56-60.

[3] 俘屏亚 . 花生的起源与传播［J］. 新农业，1985-01-31，22-23.

[4] 贺光钦 . 花生的微量元素营养［J］. 花生科技，1986-07-02，46-47.

[5] 徐秀娟，赵志强，宋文武，等 . 花生菌核病及其防治研究［J］. 山东农业大学学报，2003，34（1）：33-36.

[6] 何永梅 . 花生立枯病的识别与防治［J］. 农村实用技术，2016，03（172）：49.

[7] 李红梅，刘克钊，蒋相国 . 母俊花生所需微量元素及其施用技术［J］. 现代农业科技，2011，10：92-94.

[8] 韩锁义，张新友，朱军，等 . 花生叶斑病研究进展［J］. 植物保护，2016，42（2）：14-18.

编写：李必钦　晏立英　罗金华　朱远树　陈代萍

马铃薯产业

第一章　概　述

马铃薯为茄科、茄属一年生草本块茎植物，在我国各地有很多俗称，而最为常用的名称是在东北和华北地区被称为土豆，西南地区称其为洋芋，西北地区称之为山药蛋，华南地区称之为洋番芋，全国通称其为马铃薯，因其形状像系在马身上的铃铛而得名（图 1-1）。恩施地区习惯将马铃薯称为洋芋。

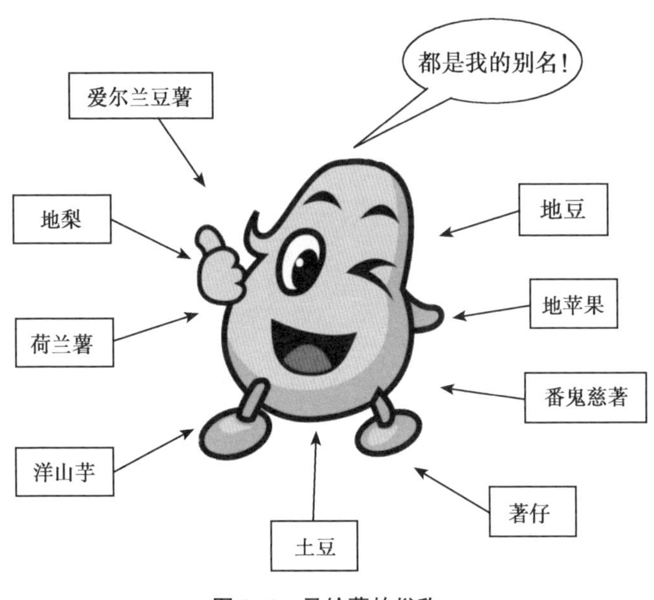

图 1-1　马铃薯的俗称

第一节　马铃薯的起源与分布

马铃薯起源于南美洲秘鲁，广泛分布于欧洲和北美洲，近代在亚洲发展迅速。

一、马铃薯的起源

一般认为马铃薯有两个起源中心：栽培种分布在南美洲哥伦比亚、秘鲁、玻利维亚的安第斯山区及乌拉圭等地，其起源中心在秘鲁和玻利维亚交界处；野生种的起源中心在中美洲及墨西哥。而2005年美国利用DNA技术考证，证明世界上所有栽培的马铃薯都起源于南美洲秘鲁的一种野生祖先。

二、马铃薯的分类

通过按植物形态、结薯习性或其他特征进行区分和归类，把马铃薯分为8个栽培种和169个野生种。

三、马铃薯的传播

经考证，明代1628年出版的《农政全书》中就专门记载了马铃薯，书中将马铃薯称为土豆、土芋等，因此可以肯定马铃薯是在1628年以前传入中国的。《恩施地方志》记载，1822年恩施就有种植马铃薯的，可见恩施栽培马铃薯的历史已有200多年。

第二节　马铃薯在山区农业中的重要价值

马铃薯植株矮小、生育期短、适应性广、易栽培、产量高、增产潜力高、营养丰富、用途广泛，深受群众喜爱，是改善人们食物结构的保健食品及调整农村产业结构的理想作物，因此，被确定为全国第四大主粮作物。恩施山区农民过去把马铃薯作为解决温饱的主要粮食作物，同时也是重要的畜牧饲料。而今，马铃薯逐步成为促进恩施州山区农民营养健康、助推精准脱贫的重要农业产业，是山区农民的“脱贫薯”，更是未来山区农民的“致富薯”。

一、马铃薯的营养价值

马铃薯的食用部分是薯块，学名称块茎。块茎中的营养丰富，具有较高的营养价值、加工转化价值和食疗保健作用。

（一）马铃薯的营养成分

马铃薯的营养主要指的是块茎作为食品的营养，块茎含有的营养成分比较全面，含有人体必需的碳水化合物、蛋白质、维生素、膳食纤维等七大类营养物质，是现代人的理想食物之一。由于马铃薯的营养丰富和养分均衡，已被许多国家的人们所重视。1 个 150g 重的马铃薯维生素 C 含量=10 个苹果，1 个 150g 重马铃薯维生素 A 含量=2 个胡萝卜，1 个 150g 重马铃薯维生素含量=3 棵白菜，1 个 150g 重马铃薯花青素含量=4 个西红柿（图 1-2）。

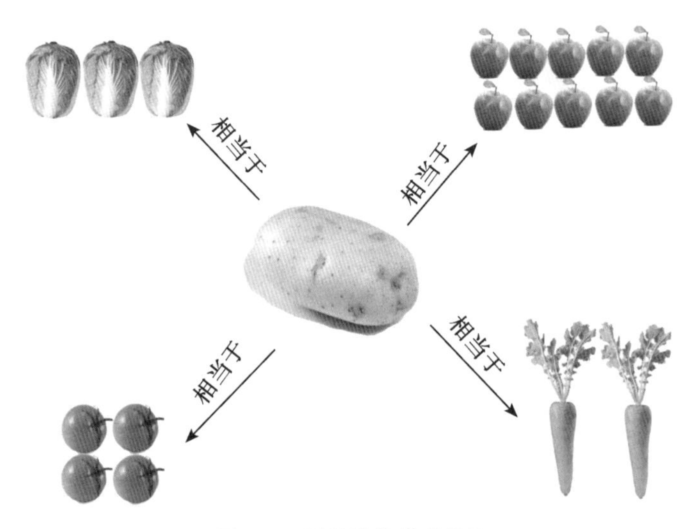

图 1-2　马铃薯的营养价值

（二）马铃薯的保健功效

1. 预防中风

医学专家认为，每天吃 1 个马铃薯，能大大减少中风的危险。营养专家指出，每天吃 1 个马铃薯即可使患中风的概率下降 40%。

2. 减肥

马铃薯脂肪含量极低，吃马铃薯不必担心脂肪过剩，每天多吃马铃薯不仅可以减少脂肪的摄入，还可使多余的脂肪渐渐被身体消耗掉从而达到减肥的功效。

3. 养胃

中医学认为，马铃薯能和胃、温中、健脾、益气，对治疗胃溃疡、习惯性便秘等疾病大有裨益。

4. 降血压

马铃薯中含有降血压的成分，具有类似降压药的作用，有利血管舒张、血压下降。

5. 通便

马铃薯中的粗纤维，可以起到润肠通便的作用，同时有利于使便秘者避免用力憋气排便而导致血压的突然升高。

6. 治皮肤病

马铃薯外用，有消炎抗菌的作用。将马铃薯捣烂敷在患处，可治疗湿疹、黄水疮等皮肤疾病。马铃薯还能缓解腮腺炎症状，与醋磨汁涂抹病灶皮肤处即可。

二、马铃薯的工业加工价值

马铃薯加工的精淀粉、变性淀粉广泛用于医药、纺织、造纸业，还可制作高级涂料、自溶地膜、润滑剂、酒精、生物胶以及合成橡胶等多种工业原料，工业利用价值极高。

第三节　马铃薯产业的发展概况

一、咸丰县地理气候物产概况

咸丰县海拔最高 1 911.5 m，最低 435m。冬无严寒，夏无酷暑，四季分明。低山、二高山区具有北亚热带温润性季风气候特征，高山地区则属于南温带季风气候类型。县内气候温和，多年平均温度低山在 14～16℃，二高山在 12～14℃，高山在 10～12℃。无霜期低山 260～295d；二高山 225～260d；高山 180～225d。咸丰县多年平均降水量 1 460 mm，雨热同期，适宜马铃薯种植。

二、咸丰县马铃薯产业概况

（一）种植面积及发展状况

马铃薯常年种植面积 20 万亩以上，2013 年后咸丰县马铃薯播种面积稳定在 23 万亩左右，2015 年鲜薯总产量 13 万 t（统计年报），实际产量在 23 万 t 左右（农业部门测产验收），2016 年鲜薯总产量为 25.85 万 t（统计年报），占咸丰县粮食总产的 12%，占夏粮总产的90%以上。目前马铃薯生产还处于自产自销的境况，加工转化率极低，不足10%。

（二）种植品种及分布地区

1. 品种

以米拉（马尔科）为主，占60%以上，其次有：鄂马5号、鄂马10号、鄂马11号、费乌瑞它等品种。

2. 分布地区

马铃薯种植主要分布在县境内海拔高度为400~1 300m区域内的11个乡镇，该区域属亚热带湿润季风气候，冬无严寒，夏无酷暑，气候冷凉、温差大，有利于马铃薯生长和养分积累，所产马铃薯干物质含量高、口感好、耐运输、耐贮藏、品质好，适宜种植各具特色的食用型、饲用型和加工型品种。

（三）种植技术

主要推广的有垄作种植技术（分为高垄双行种植技术和高垄单行种植技术）、芽带薯移栽种植技术、高山地膜覆盖技术、马铃薯大棚栽培技术等。

第二章　马铃薯的形态特征及生长环境

马铃薯是双子叶的种子植物，属于茄科、茄属，是以地下块茎为主要产品的一年生草本植物。马铃薯既可以利用块茎繁殖，也可以用种子繁殖，生产上绝大多数是利用块茎繁殖，称为无性繁殖。育种工作者可采用种子繁殖，称为有性繁殖。

第一节　形态特征

马铃薯植株按形态结构可分为根、茎（包括地上茎、地下茎、匍匐茎和块茎）、叶、花、果实和种子几部分。

一、马铃薯的根

马铃薯不同的繁殖方式所生长的根系不一样，用块茎进行无性繁殖所发生的根系，无主根和侧根，均为不定根，称为须根系；用种子进行有性繁殖生长的根，有主根和侧根之分，称为直根系。

二、马铃薯的茎

马铃薯的茎，按形态特征和生理功能不同，分为地上茎、地下茎、匍匐茎和块茎4种。

（一）地上茎

马铃薯块茎发芽生长后，在地面上的主干和分枝，统称为地上茎。它是由种薯芽眼萌发的幼芽发育成的枝条。

（二）地下茎

马铃薯的地下茎，就是种薯发芽生长的枝条埋在土里的部分，下部白色，靠近地表处稍有绿色或褐色，老化时多变为褐色。地下茎上着生根系、匍匐茎和块茎。地下茎的节数，大多数品种为8节左右，在节上长有匍匐根和匍匐茎。

（三）匍匐茎

马铃薯的匍匐茎，是由地下茎节上的腋芽发育而成的，实际上是茎在土壤里的分枝，所以也叫匍匐枝。匍匐茎是一生长块茎的地方，是形成块茎的器官，它的尖端膨大就长成了块茎。匍匐茎一般是白色的，也有紫红色等彩色的。在土壤表层水平方向生长，通常一条匍匐茎只结一个块茎。

（四）块茎

马铃薯的块茎是缩短而肥大的变态茎，既是马铃薯的营养器官，是贮存营养物质的“仓库”，又是繁殖器官，以无性繁殖方式繁殖后代，生产上使用块茎播种。块茎的形状有 3 种主要类型，即圆形、长筒形和椭圆形等。

马铃薯块茎的皮色种类很多，有黄色、白色、紫色、淡红、深红、玫瑰红等颜色。

马铃薯块茎的肉色有白、黄、红、紫等颜色，食用品种以黄肉和白肉为多，通常黄肉块茎更富含蛋白质和维生素。

三、马铃薯的叶

马铃薯的叶片为奇数羽状复叶。叶片是进行光合作用、制造营养的主要器官，是形成产量的活跃部位。因此在生产过程中，要使植株生长一定数量的叶片，以形成足够规模的有机物质“制造工厂”，源源不断地制造出更多的营养物质，保证块茎干物质的积累，获得更高的产量。

四、马铃薯的花

马铃薯的花是有性繁殖器官。马铃薯的花色有白、蓝、粉红、紫等多种颜色。马铃薯的开花有明显的昼夜周期性，即白天开放、夜间闭合。一般每天早晨 5~7 时开放，下午 4~6 时闭合。一般早熟马铃薯品种开花少，中、晚熟马铃薯品种开花大多比较繁茂。

五、马铃薯的果实

是开花授粉后由子房膨大而形成的浆果，呈圆形或椭圆形，看上去像小番茄。坐果后 30~40d，浆果果皮由绿色逐渐变成黄白色或白色。果实由硬变软，并散发出香味，即达成熟。

六、种子

每个马铃薯的果实含种子 100~250 粒，种子一般为扁平近圆形或卵圆形，由种皮、胚乳、胚根和胚轴组成。种皮颜色因品种而异，一般为浅褐色或淡黄色，种皮上密布细毛。

第二节　马铃薯的生长发育

马铃薯的生长发育是指种薯从打破休眠、芽眼萌发生长为芽，到新的块茎成熟的整个生育过程。

一、种薯发芽

从种薯解除休眠，芽眼处开始萌芽、抽生芽条，直至幼苗出土为发芽期，进行主轴第一段的生长。这个时期生长所需时间一般需要30~40d。这一时期的田间管理措施关键是提供良好的土壤温湿度条件，尽快发芽出苗。

二、幼苗期

从幼苗出土到主茎第一叶序环的叶片完成为幼苗期，俗称团棵，进行主茎轴第二段生长。在出苗后7~8d地下匍匐茎开始水平方向生长，团棵前后匍匐茎先端开始膨大，形成块茎雏形。

此期管理重点是促根、壮苗，保证根系、茎叶和块茎的协调分化与生长。生产措施主要是适时适量追施促苗肥。

三、发棵期

从团棵开始到主茎形成第二叶序环的叶片，到封顶叶展平，完成主茎第三段生长，为时30d左右，此期是决定单株结薯多少的关键时期。生产管理上搞好水肥管理，形成旺盛植株，但切忌施用氮肥过多，造成徒长，要结合中耕培土，控秧促根，促进生长中心由茎叶生长迅速转向块茎生长为主。

四、结薯期

由主茎顶端显现花蕾到收获时为结薯期。结薯期一般历时30~50d。关键农艺措施在于尽力防止茎叶早衰，尽量延长茎叶功能期，增强光合作用时间和强度，加速同化产物向块茎运转和积累。

五、成熟期

当地上部50%以上的植株大部分叶片变黄至块茎停止生长为成

熟期，此时马铃薯地上茎叶和地下块茎均已停止生长，块茎进入休眠期，应适时收获。

第三节　马铃薯生长环境条件

马铃薯在生长和发育的每个时期，对环境条件的要求不一样，只有满足适宜的生长条件，才能确保优质高产。马铃薯的外部生长环境条件主要包括温度、水分、光照、土壤和营养等方面。

一、温度

马铃薯的发源地是南美洲安第斯高山区，年平均气温为5~10℃，生长发育需要较冷凉的气候条件，不适宜太高的气温和地温。

解除休眠的块茎，当10cm土层的温度稳定在5~7℃时，种薯的幼芽在土壤中就可以缓慢地萌发伸长；当温度上升到10~12℃时，幼芽生长健壮；13~18℃时，芽条茁壮，根量较多。温度低于4℃种薯不能发芽，温度过高，也不发芽，易造成种薯腐烂。

幼苗期和发棵期，是茎叶生长和进行光合作用制造营养物质的重要阶段。茎的伸长在18℃最适宜，6~9℃极缓慢，高温则引起徒长。

叶片扩展的下限温度为7℃，在16℃比27℃扩展较快。这一时期的适宜温度范围是16~20℃。

结薯期要求16~18℃的土温，18~21℃的气温，对块茎的形成和增长最为有利。对昼夜气温差的要求是越大越好，只有在夜温低的情况下，叶片制造的有机物质才能由茎秆中的输导组织运送到块茎里。

二、水分

马铃薯是需水较多的作物，茎叶含水量比较大，活植株的水分约占90%，块茎含水量也达80%左右。水能把土壤中的无机盐营养溶解，使马铃薯的根系将营养物质吸收到体内利用。水也是进行光合作用、制造有机营养的主要原料之一，而且制造的有机营养，也必须依靠水作为载体才能输送到块茎中进行贮藏，马铃薯不同生长时期对水分的要求不同。

发芽期芽条仅凭块茎内贮备的水分便能正常生长，待芽条发生根系从土壤吸收水分后才能正常出苗。所以，此时期要求土壤保持湿润状态，土壤含水量至少应在田间最大持水量的 40%~50%范围内，就可以保证出苗。

幼苗期土壤水分保持在田间最大持水量的 50%~60%，有利于根系向土壤深层发展，以及茎叶的茁壮生长。

发棵期是马铃薯需水量由少到多的时期，前期应保持土壤水分在田间最大持水量的 70%~80%。发棵后期土壤水分应逐步降到 60%，以适当控制茎叶生长，以利于适时进入结薯期。发棵时期的需水量，占全生育期需水总量的 1/3。

结薯期块茎膨大需要充分而均匀的土壤水分。结薯的前期、中期是马铃薯需水最敏感的时期，也是需水量最多的时期。这个阶段的需水量占全生育期需水总量的 1/2 以上。此时期应及时供给水分，土壤水分应保持在最大持水量的 80%~85%。如果水分过多，茎叶就易出现疯长的现象，这不仅大量消耗了营养，而且会使茎叶细嫩倒伏，为病害的侵染造成有利的条件。结薯后期逐渐降至 50%~60%，切忌水分过多。

收获期土壤相对含水量降至 50%左右，有利于马铃薯块茎周皮老化和收获贮藏。

三、营养

“庄稼一枝花，全靠粪当家”。养分是作物的粮食。马铃薯是高产作物，需要养分比较多。马铃薯生长的养分来源，除了土壤提供根系吸收部分外，主要来自各种有机肥料、无机肥料和生物肥料等。

马铃薯所需营养元素种类，主要是氮素、磷素和钾素，通常称为“三大要素”。马铃薯吸收的钾素量最多，氮素次之，吸收量最少的是磷素，据资料介绍，每生产 1 000 kg 马铃薯块茎，需要从土壤中吸收全钾 11kg、氮素 5kg、磷素 2kg。

（一）氮肥

马铃薯吸收的氮素，主要用于植株茎叶的生长。氮素是马铃薯植株健壮生长和获得较高产量不可缺少的肥料之一。据实践经验，中等以上肥力的田块，每亩施纯氮 4~7kg 为宜。

（二）磷肥

马铃薯吸收的磷肥，在前期主要用于根系的生长发育和匍匐茎的形成，在后期主要用于干物质和淀粉的积累。磷肥吸收利用率一般为20%~30%，中等肥力地块每亩施用五氧化二磷3.0kg。

（三）钾肥

马铃薯是喜钾作物，钾素主要用于茎秆和块茎的生长发育。充足的钾肥，可以使植株生长健壮，提高马铃薯的产量和质量。马铃薯吸收钾肥量较大，一般每亩需施用氧化钾4~6kg。

四、光照

马铃薯是喜光作物。马铃薯在幼苗期、发棵期和结薯期，都需要有较强的光照。只要有足够的强光照，在其他条件都能得到满足的情况下，马铃薯薯块大，产量高，品质优。特别是在高海拔地区，光照强、温差大，容易获得高产。

五、土壤

马铃薯是喜微酸性土壤的作物。土壤pH值为4.8~7.0时，马铃薯生长都比较正常。

马铃薯对土壤适应的范围较广，最适合马铃薯生长的土壤是轻质壤土，因为块茎在土壤中生长，有足够的空气，呼吸作用才能顺利进行。

黏重的土壤种植马铃薯，最好作高垄栽培。

沙性大的土壤种植马铃薯应特别注意增施肥料，种植时应采取平作培土，适当深播而不宜浅播垄栽。

石灰质含量高的土壤种植马铃薯，容易发生疮痂病，所以，遇到这种情况应选用抗病品种和施用酸性肥料。

第三章　马铃薯主栽品种

咸丰县二高山、高山地区主要种植中晚熟马铃薯品种，部分低山河谷地区种植早熟品种。

第一节　早熟品种简介

一、费乌瑞它

1981 年由中央农业部中资局从荷兰引入，原名为 FAVORITA (费乌瑞它)，为我国主栽早熟品种之一。

费乌瑞它生育期 60～70d，株高 60cm，植株直立，繁茂，分枝少，茎粗壮、紫褐色，复叶大，叶绿色，生长势强。植株抗病毒病，易感晚疫病，不抗环腐病和青枯病。花冠蓝紫色，花粉较多，易天然结果。块茎长椭圆形，皮色淡黄，肉色深黄，表皮光滑，芽眼少而浅，结薯集中 4～5 个，块茎大而整齐，休眠期短，一般单产 2 000 kg/亩，高产可达 2 500 kg/亩。块茎淀粉含量 12%～14%，粗蛋白质含量 1.67%，每 100 克鲜薯维生素 C 含量 13.6mg，品质好适宜鲜食和薯条加工。

该品种栽培密度以每亩 4 000～4 500株为宜，适宜咸丰县低海拔地区种植。

二、鄂马铃薯 4 号

系湖北恩施南方马铃薯研究中心 2004 年选育，品种审定编号为鄂审薯 2004001。

该品种长势强，株型半扩散，株高 50cm 左右，生育期 76d，茎叶绿色，白花。结薯集中，块茎扁圆形，黄皮黄肉，商品薯率 75% 左右，表皮光滑，芽眼浅，休眠期短。块茎干物质含量为 20.12%，淀粉含量为 14.63%，100g 鲜薯维生素 C 含量为 16.35mg，还原糖含量为 0.16%。块茎一般单产 2 400 kg/亩，高产可达 3 000 kg/亩。该品种抗晚疫病，抗病毒病、青枯病。

该品种栽培密度以每亩4 000~4 500株为宜，适宜咸丰县低海拔地区种植。

三、中薯5号

是中国农业科学院蔬菜花卉研究所1998年育成的马铃薯品种。

该品种生育期60d左右。株型直立，株高55cm左右，生长势较强。茎绿色，复叶大小中等，叶色深绿，分枝数少。花冠白色，天然结实性中等，有种子。块茎略扁圆形，淡黄皮淡黄肉，表皮光滑，大而整齐，春季大中薯率可达97.6%，芽眼极浅，结薯集中。炒食品质优，炸片色泽浅。植株较抗晚疫病、病毒病、环腐病和青枯病。干物质含量18.5%，还原糖含量0.51%，粗蛋白1.85%，100g鲜薯维生素C含29.1mg。一般亩产2 200 kg左右，高水肥条件下亩产量2 800 kg以上。

该品种栽培密度以每亩4 000~4 500株为宜，适宜咸丰县低海拔地区种植。

第二节　中晚熟品种简介

一、米拉

又名“德友1号”“和平”“马儿科”，德国品种，1955年引入我国。

生育期105~115d，株型开展，分枝数中等，株高60cm，茎绿色基部带紫色，生长势较强，叶绿色，花冠白色，天然结实性弱。块茎短筒形，芽眼较多、深，大中薯率60%以上，黄皮黄肉，一般亩产1 500 kg，高产可达2 500 kg/亩以上。食用品质优良，鲜薯干物质含量25.6%，淀粉含量17.5~19%，还原糖含量0.25%，粗蛋白质含量1.9~2.28%，维生素C含量14.4~15.4 mg/100g鲜薯。植株田间感晚疫病，高抗癌肿病，不抗粉痂病，感青枯病，轻感花叶病毒病和卷叶病毒病。

该品种栽培密度以每亩4 000株为宜，适宜咸丰县中、高海拔地区种植。

二、鄂马铃薯 10 号

是湖北恩施中国南方马铃薯研究中心 2012 年选育，审定编号为鄂审薯 2012004。

生育期 85d，株型直立，生长势强，株高 80cm 左右，茎、叶绿色，叶中等大小，花冠白色，开花繁茂。匍匐茎短，结薯集中，商品薯率 75%以上。块茎长筒形，薯皮黄色光滑，薯肉淡黄色，品质优，芽眼中等深。平均单株主茎数 6 个，平均单株结薯 10 个。田间抗病性鉴定为抗病毒病及晚疫病。干物质含量 21.7%、淀粉含量 14.8%、还原糖含量 0.30%、维生素 C 含量 150mg/kg、蛋白质含量 1.78%。鲜食口感好，炸片色泽均匀，属于鲜食和薯片加工兼用型品种。一般水肥条件下亩产量 2 500 kg 左右；高水肥条件下亩产量 3 000 kg 以上。

该品种栽培密度以每亩 4 000 株为宜，适宜咸丰县中、高海拔地区种植。

三、鄂马铃薯 13 号

湖北恩施中国南方马铃薯研究中心和湖北清江种业有限责任公司 2015 年选育，品种审定编号为鄂审薯 2015001。

株型扩散，植株较高，生长势较强，茎绿色、下部浅紫色，叶片较大、绿色，花冠白色，开花少。匍匐茎中等长，薯块短椭圆形，黄皮黄肉，表皮光滑，芽眼浅。生育期 85d，株高 78.1cm，单株主茎数 4.8 个，单株结薯数 11.9 个，平均单薯重 46.2g，商品薯率 66.1%。田间花叶病毒病、卷叶病毒病发生较轻。干物质含量 24.79%，淀粉含量 15.99%，还原糖含量 0.09%。一般水肥条件下亩产量 2 000 kg 左右，高水肥条件下亩产量 3 000 kg 以上。

该品种栽培密度以每亩 4 000~4 500株为宜，适宜咸丰县中、高海拔地区种植。

四、鄂马铃薯 14 号

湖北恩施中国南方马铃薯研究中心和湖北清江种业有限责任公司 2015 年选育，品种审定编号为鄂审薯 2015002。

株型半直立，植株较高，生长势较强。茎、叶绿色，叶片中等大小，开花繁茂，花冠白色，有天然结实现象。匍匐茎短，结薯集中，薯块扁圆形，薯皮淡黄色，薯肉白色，表皮光滑，芽眼浅。生育期85d，株高87.3cm，单株主茎数5.8个，单株结薯数10.9个，单薯重53.1g，商品薯率69.2%。田间花叶病毒病、卷叶病毒病发生较轻，晚疫病中度发生。干物质含量25.07%，淀粉含量18.14%，还原糖含量0.07%。一般水肥条件下亩产量2 500 kg以上，高水肥条件下亩产量3 500 kg以上。

该品种栽培密度以每亩4 000株为宜，适宜咸丰县中、高海拔地区种植。

五、青薯9号

青海省农林科学院生物技术研究所2006年选育，编号为青审薯2006001。

生育期125d左右，全生育期165d左右、株高65cm、茎粗1.52cm、幼苗生长强、株丛繁茂性强、叶色浓绿、花色淡紫、结薯集中、薯形长随形、红皮、肉色淡黄、表皮光滑、抗病性强、商品薯率85.6%。植株耐旱，耐寒。抗晚疫病，抗环腐病。块茎淀粉含量19.76%，还原糖0.253%，干物质25.72%，维生素C 23.03 mg/100g。一般水肥条件下亩产量2 000~2 500kg，高水肥条件下亩产量3 000 kg以上。

该品种栽培密度以每亩4 000株为宜，适宜咸丰县中、高海拔地区种植。

第四章　马铃薯高产高效栽培技术

马铃薯虽然具有较广的适应性，较强的抗逆性，较短的生育特性，被誉为“抗灾作物”“高效作物”“营养保健食品”。但是要让马铃薯高产、优质、高效，还必须根据马铃薯喜凉爽的气候、喜微酸性和疏松的土壤特性，为其生长发育提供一个良好的生态环境条件，良种良法配套的集成栽培技术。

第一节　马铃薯露地栽培技术

目前，咸丰县是以马铃薯与玉米套种为主，露地栽培适宜冬播，生产上着重搞好选地整地、配方施肥、选用良种、适时播种、合理密植、因苗调控、适期收获等栽培管理。

一、选地整地，配方施肥

马铃薯生长发育喜微酸性、疏松的土壤，喜轮作，喜钾肥，喜干爽，怕积水涝灾。

（一）选地整地

1. 选择地块

（1）选择土质较好的地块：马铃薯块茎的膨大需要深厚、疏松、透气性好的土壤耕作层，以砂壤土最佳，同时要有良好的排灌条件。

（2）选择不重茬的地块：种植马铃薯宜选择大豆、玉米、棉花、芝麻、水稻或萝卜、白菜、甘蓝等作物茬口比较好。应避免重茬和与烟叶、茄子、番茄、辣椒等茄科作物连作种植。

2. 深耕整地

（1）深耕：一般要深耕20~30cm，前茬作物收获后，及时翻耕灭茬，利用冬季低温、降雪、冻垡风化土壤，冻死部分在土壤中越冬的害虫。

（2）起垄：播种前开沟、起垄，起垄高度25~35cm（沟底到垄顶）。

(二) 配方施肥

依据马铃薯的需肥特性，做到测土配方，以地定产，以产施肥，增施有机肥，重施基肥。农家肥在起垄整地前均匀撒施，复合肥和钾肥于播种时在垄上开沟条施 10cm 深，尿素作追肥，出苗时穴施。

二、选择种薯

选择薯形规整、符合品种特征、颜色新鲜、单个重 30~50g 的小薯，或单个重 60~100g 的中等薯块作种。去除尖头、畸形、芽眼坏死、脐部腐烂的薯。

三、适期播种，合理密植

露地种植马铃薯，各地的具体播种时间应依据温度而定，种植密度根据品种的特征特性和种植方式确定。

(一) 适期播种

适期播种对植株的生长发育和产量的形成均有重要影响。咸丰县低山地区一般 12 月上旬至 1 月上旬播种为宜，二高山地区一般在 11 月中旬至 12 月上旬播种为宜，高山地区一般在 11 月上旬至 11 月下旬播种为宜。

(二) 合理密植

马铃薯的种植密度，要依据品种类型、土壤肥力、种植方式和生产管理水平等条件而确定。

1. 依据品种类型定密度

品种的生态类型不同，种植密度不一样，一般早熟品种植株矮小，根系和块茎生长范围小，单株产量低，可适当密植，每亩 5 000 株左右比较适宜；中、晚熟品种，植株比较高大、繁茂，单株生产潜力比较大，适宜的种植密度为 3 500~4 000株/亩。

2. 依据土壤肥力定密度

一般来说，掌握肥地宜稀、瘦地宜密的原则。

3. 依据种植方式定密度

马铃薯的种植方式比较多，有单作与套作、有起垄播种与平播等。掌握单作地块宜密，套种地块宜稀，起垄种植宜稀，平播种植宜密的原则。

（三）提高播种质量

马铃薯为中耕作物，因块茎在地表下膨大而形成，适宜于垄作栽培。一般播种方法是按100cm宽开沟起垄，在垄中开10~15cm深的沟，将肥料施于沟底，沟两边各条摆播1行马铃薯，行距30~35cm，穴距依据密度而定，一般为30cm左右。将马铃薯芽朝上，覆土厚度7~8cm，垄顶整理成龟背状。

四、加强田管，因苗调控

田间管理是马铃薯高产丰收的关键环节，目的在于运用综合农业技术，促进早发壮苗，调节植株内部营养物质合理分配，为植株生长与块茎发育协调创造良好的生育条件。

（一）苗期期促

马铃薯从发芽至发棵期一般需要60d左右，管理措施上以促进生根、发芽、培育壮苗为重点。

1. 中耕除草

出苗前进行化学除草，选用安全高效除草剂，适时适量喷药；出苗后结合中耕进行人工除草，应做好浅中耕松土，消除杂草。

2. 追施肥料

因苗追施一些速效性氮肥，促进茎叶生长。一般在出苗时每亩追施尿素10kg、硫酸钾5kg。

3. 培土保薯

为满足块茎膨大的需要，一般在马铃薯生长前期需要培土两次，现蕾期匍匐茎尖端开始膨大时，进行第一次培土，培土厚度5cm左右，防止匍匐茎窜出地面变成新的枝条。开花初期进行第二次培土，再加3~5cm土层，防止块茎露出地面。

（二）花期促控结合

马铃薯生长中期，是由植株生长逐渐向块茎膨大的过渡阶段，此期从茎叶生长达到顶峰开始，到茎叶逐渐枯黄，历经30~45d。栽培上着重搞好因苗调控、抗旱浇水、排涝防渍、防治病虫等管理。

1. 因苗调控

对茎叶生长势比较弱、生长量不足、叶色偏浅的地块，每亩追施

5~8kg 尿素。对植株生长旺盛、叶色偏浓的地块，预防植株倒伏，可喷施多效唑，控制茎叶生长，促使光合产物及时向块茎转运，提高产量、商品薯率及产品质量。一般在现蕾至初花期每亩用 50%多效唑 50g（或 15%多效唑 150g），对水 40kg 喷施 1~2 次。

2. 防治病虫

重点防治晚疫病、早疫病和蚜虫、粉虱、块茎蛾、二十八星瓢虫等。

第二节　马铃薯地膜覆盖栽培技术

咸丰县低山河谷地区以种植早熟马铃薯品种为主，采用地膜覆盖或大棚覆盖栽培技术，增温保墒，提高肥效，促进马铃薯早熟、高产，提早上市，提高价格，增加收益。

一、马铃薯地膜覆盖栽培技术

马铃薯地膜覆盖栽培，是指马铃薯在播种后到成熟全生育期，在垄（厢）面上覆盖一层地膜（以利增温保墒、提高肥效），充分利用自然资源，建立良好的农田生态环境，培育壮苗，促进早熟，抗灾增收的一项技术。该技术也可应用于二高山及高山地区马铃薯种植。据研究，马铃薯地膜覆盖较不盖地膜的地温高 2~3℃，有利减少土壤水分蒸发，防止雨水造成土壤板结和土壤流失，增强土壤微生物活动，加速营养物质的分解利用，与不覆膜相比，田间出苗率提高 10%左右，单产增加 20%以上，提早成熟 10d 左右。地膜覆盖栽培技术，要在露地栽培的基础上，做好以下几项操作技术。

（一）施足底肥，沟施垄种

1. 施足底肥

地膜覆盖后，地温增高，土壤有机质分解能力增强，使土壤中的硝态氮利用率提高，马铃薯生长快，养分消耗多，加之地膜覆盖后不便于追肥，因此必须施足底肥，增施有机肥。一般地膜覆盖地块底肥施用比例占总施肥量的 70%~80%。

2. 沟施垄种

土地平整后，按设计的垄宽，把肥料条施于垄中间，开沟起垄，垄高 25~30cm，在垄上开两条 10cm 的播种沟，把马铃薯种薯条播于沟内，顶芽向上，播完后覆土盖种，切忌化肥与种薯接触，以免烧种。

（二）适时播种，合理密植

1. 适时播种

地膜覆盖栽培，白天地膜吸收太阳光能辐射热，储存于表层土壤，夜晚地膜阻隔土温散失，起到增温和保温作用。因此地膜覆盖栽培马铃薯的播种期可比露地种植提早 7~10d，一般在气温稳定通过 5℃，地温 7~8℃时即可播种，覆盖地膜后可增至 10℃左右。

2. 适当密植

地膜覆盖栽培马铃薯的种植密度一般比露地栽培可增加 20%左右。一般垄宽 100cm，每垄开沟条摆播 2 行，垄上行距 30~35cm，早熟品种穴距 23~25cm，每亩 5 500 株左右；中熟品种穴距 25~27cm，每亩 5 000 株左右。

（三）优选地膜，严密覆盖

1. 地膜规格

为保护农田生态环境，防止废旧地膜污染土地，应选择国家制定的标准地膜，厚度 0.014mm，或 0.008mm 微膜，地膜宽度依据垄宽而定。

2. 严密盖膜

覆盖地膜是为了增温。盖膜时要拉紧、铺平、紧贴地面，膜边用土封压严实，防止通透空气，在垄面上每隔 2~3m 压盖一点土，预防地膜被大风刮起、吹破，影响增温保墒效果

（四）加强田管，培育壮苗

1. 及时放苗

马铃薯出苗后，及时破膜放苗，破口要小，放苗出膜后随即用细土将苗基部地膜破口封平，既防止幼苗接触地膜烧伤，又能阻隔膜内温度散失。

2. 看苗追肥

地膜覆盖马铃薯一般在现蕾时追肥，每亩施尿素 8~10kg，科学的追肥方法是在播种行上，每两穴打一个洞，将肥料施入洞内，用土

封严洞口，防止肥料蒸发或流失。对叶色浅或长势弱的适当早施和多施；长势旺的推迟施肥或少施肥，或喷施多效唑进行调控。

其他田管技术同春播露地栽培技术。

二、马铃薯棚膜覆盖栽培技术

马铃薯拱棚栽培，就是在大棚内种植马铃薯，拱棚的规格主要有3种。在咸丰低山河谷地区，瞄准市场马铃薯供应紧缺时期，积极推广马铃薯棚膜覆盖栽培，可在4月上旬至5月上旬上市，恰逢马铃薯供应淡季，市场俏、价格高，一般亩收益比露地栽培高1~2倍。

（一）拱棚规格

1. 大棚

棚宽8~10m，棚高2~2.2m，棚长30~50m，棚体采用钢架材料，棚内设1~3行立柱，棚脊用细钢管，两边坡用铁丝，横向把钢架连起来，覆盖0.1~0.12mm厚的无滴大棚专用膜。

2. 中棚

棚宽3~6m，棚高1.5~1.6m，棚长50m左右，棚体采用钢架或竹架等，棚顶用细钢管或竹子横向把拱架连起来，覆盖0.08~0.1mm厚的无滴大棚膜。

3. 小棚

棚宽1.6~2m，覆盖1~2垄，棚高0.5~0.8m，棚长依据地块长度而定，棚体用竹片扎拱，棚顶用绳子把棚架连起来，覆盖0.05~0.08mm厚的农膜。

（二）拱棚设置

搭建拱棚采用南北方向，有利于拱棚接受太阳光照射，棚内温度均匀，再就是防风吹，春季北风、西北风、东南风比较多，南北向拱棚顺风向，棚体受风面小。一般在马铃薯播种前20d扣棚，膜边落地处用土封严实，以利增温。

（三）栽培技术

马铃薯拱棚栽培，是在地膜覆盖栽培的基础上，增加了棚膜覆盖，增温保温的效果更好。

1. 适时播种

播种期可比地膜覆盖提早7~10d，一般在12月下旬至1月下旬，当棚内气温稳定通过 3℃，选晴天播种。

2. 浇水造墒

棚膜覆盖后，土壤不能接受自然降雨、雪，应在垄中间开沟浇水，待水渗干后，再规范进行条穴播种，覆盖地膜。

3. 通风增氧

马铃薯出苗期间，晴天中午将大棚一侧下部棚膜打开一些通风口，使棚内外空气流通，否则二氧化碳供应不足，影响光合作用，植株生长不良，叶子发黄。前期气温低时，晴天中午在下风头开通风口，上风口封闭，实行单向通风；气温升高时，上午 11 时至下午 4 时，把上风口与下风口都打开，实行双向通风，加速空气对流，降低棚内温度；气温稳定至 20℃时，白天把大棚下部裙膜全部打开。

4. 追肥浇水

拱棚栽培升温快，膜内温度高，土壤水分蒸发量大，植株团棵以后，生长速度加快，需水量逐渐增多，要依据土壤墒情和苗情，适时适量进行追肥浇水，采取水肥一体化操作，提高利用效率。防止棚内湿度过大，导致晚疫病的发生和流行，晚上可在棚内点燃百菌清烟雾剂防病。

其他栽培管理同地膜覆盖栽培技术。

第五章　马铃薯病虫害防治

马铃薯是一种易遭受多种病虫为害的作物，在植株生长发育期和块茎收获贮藏期间，都可能会遭受到多种真菌、细菌、病毒、线虫等病害虫的侵染，以及不良气候等造成的灾害。各种病虫害给马铃薯生产带来了不同程度的损失，成为影响马铃薯产业可持续发展的主要障碍之一。因此为了减少马铃薯生产损失，研究马铃薯病虫灾害的防治措施显得尤为重要。

第一节　马铃薯主要病害的发生与防治

全世界有报道的马铃薯病害达 120 多种，我国有 50 多种。马铃薯病害的发生与流行，不仅能损伤植株茎叶从而影响产量，还能直接侵染块茎，轻者降低质量，重者块茎腐烂，造成更大损失。一般来讲，由病原物侵染引起的非生理性病害对马铃薯的为害较重，特别是在病害流行年份，对马铃薯生产造成的损失更为严重。而有些生理性病害在某些特殊年份，或因管理不当，也会给马铃薯生产带来一定程度的损失。

马铃薯非生理性病害

马铃薯非生理性病害种类虽多，但并非所有病害都会威胁马铃薯的生产。从咸丰县范围看，发生普遍、分布广泛、为害较重的主要有病毒病、晚疫病。

（一）马铃薯病毒病

马铃薯病毒病是马铃薯生产上的主要病害，在我国马铃薯产区均有发生，一般使马铃薯减产 20%~50%，严重的达 80%以上。马铃薯病毒病严重为害种薯质量，引起种薯退化，产量逐年降低。

1. 症状

马铃薯病毒病按症状可分为 4 个主要类型。

（1）花叶型：有好几种病毒能引起马铃薯花叶病综合征，按照不同发病程度又可分为普通花叶、重花叶、皱缩花叶、黄斑花叶等症状。

（2）卷叶型：其症状可分为两种。一种植株顶部幼嫩叶片沿中脉向上卷曲，并扩展到老叶，严重者卷成筒形。另一种是继发性患病植株，表现为全株褪绿，基部叶片先卷曲，依次向上表现卷叶，严重者全株叶片卷曲，甚至提早枯死。

（3）丛生矮化型：典型的症状是植株明显矮化，分枝多而细，丛生，叶片变小，顶端叶片黄化，块茎小而多，或有坏死斑，或产生纤细芽。

（4）纺锤块茎型：受害植株分枝少而直立，叶片色泽较浓，叶片小而质地变脆。块茎变长，两端渐尖呈纺锤形。发病重的块茎表皮粗糙，有明显的龟裂。

2. 发生规律

马铃薯病毒病的最主要初侵染来源是携带病毒的种薯，在田间的传播途径主要包括蚜虫传播和汁液摩擦传播。马铃薯病毒通过昆虫媒介或人为操作造成的伤口侵染马铃薯。

3. 防治方法

（1）选用脱毒种薯，建立无病种薯繁育基地。种薯田应设在高纬度或高海拔地区，并通过各种检测方法淘汰病薯，推广茎尖组织脱毒生产无病种薯。

（2）采取防蚜避蚜措施。蚜虫是马铃薯病毒最重要的传播介体，因此防治蚜虫对马铃薯病毒病的控制至关重要。可采用阿维菌素、吡虫啉、抗蚜威等药剂防虫，每隔 7～10d 喷一次，连续防治 2～3 次。铲除田间或周围杂草可消灭部分蚜虫，还可用黄板诱杀有翅蚜。

（3）改进栽培措施。播种时增施磷钾肥做底肥，重施有机肥。及时发现和拔除病毒株，以减少病毒源。注意中耕除草，清洁田园。实行垄作栽培，及时培土，做好水分管理。

（4）药剂防治。在发病初期，交替喷施植病灵、病毒必克、宁南霉素、香菇多糖等药剂，每隔 7～10d 喷一次，连续防治 3～5 次，对病毒病有一定的预防效果。

（二）马铃薯晚疫病

晚疫病对马铃薯生产的威胁性很大，可造成茎叶枯斑或提早枯死，减少同化作用的面积或缩短同化物的积累时间，从而降低产量，还能引起田间和贮藏期间块茎的腐烂。在晚疫病流行时，一般品种田间损失率在20%左右，不抗病品种田间损失率可达50%以上，窖藏损失10%左右，严重者达30%以上。

症状

马铃薯的根、茎、叶、花、果、块茎和匍匐茎等各个部位都可发生晚疫病，最显而易见的是叶和块茎上的病斑。植株感染晚疫病后，一般在叶尖或边缘出现淡褐色病斑，病斑的外围有褪绿色晕圈，病斑随着湿度的增加逐渐向外扩展，叶面如开水烫过一样，为黑绿色，发软，叶背有白霉，严重的全叶变为黑绿色，空气干燥后枯萎，空气湿润时叶片腐烂，叶柄和茎上也会出现黑褐色病斑和白霉。块茎感病后，表皮出现褐色病斑，起初不变形，后来随侵染加深，病斑向下凹陷并发硬。当温度较高、湿度较大时，病变可蔓延到块茎内的大部分组织。随着其他杂菌的腐生，可使整个块茎腐烂，并发出难闻的臭气，成为湿腐型。块茎在空气干燥、温度较低的条件下，没有其他杂菌感染时，只表现组织的变褐，称为干腐型。

（1）选用抗耐病品种，适时早播。选用抗病品种是最经济有效的方法。选用早熟品种时可适当早播，能一定程度上避开晚疫病最适发病时间，从而减少损失。

（2）降低菌源，减少中心病株发生。种薯入窖前，除充分晾晒和挑选外，还可用克露、甲霜灵锰锌、霜脲锰锌、嘧菌酯等药剂喷一次，尽量杀死附在种薯上的晚疫病菌。播种前，对薯块可用上述药剂进行拌种处理。拌种可分为干拌和湿拌，干拌一般是将一定量的药剂与适量滑石粉或细灰细土混匀，再与种薯混匀后进行播种；湿拌一般是将药剂按照产品说明配成一定浓度后均匀喷洒在薯块上，拌匀晾干后播种。

（3）深种深培，减少病菌侵染薯块机会。种薯播种时，深度要保证在10cm以上，并分次培土，厚度也要超过10cm。块茎埋在8cm以下的土中，不但有利于芽苗生长，还可对块茎起到保护作用，使晚疫病菌不易侵染到块茎上，从而减少烂薯损失，降低块茎带菌数量，间接起到减少翌年田间中心病株的作用。

（4）药剂防治，保护未感病茎叶。根据晚疫病测报工作，适期进行药剂防治。一般在发病前3~5d喷第一次药，以后每隔7~10d喷一次，共喷3~5次药。前期选用保护性药剂，如代森锰锌、丙森锌、百菌清、醚菌酯、双炔酰菌胺等；发现中心病株后选用内吸治疗性药剂，如银法利、抑快净、克露、霜克多、阿克白等。为了减少抗药性的产生，不同药剂应交替轮换使用。同时，注意连片施药，统一防治。

（5）必要时提前割秧，减少病菌落地。在晚疫病流行年份，如果田间绝大部分植株已感病，应立即割掉感病茎叶并运出田外，既可减少病菌落地，又可通过阳光暴晒，杀死落土病菌，从而减少薯块的感染率。

第二节　马铃薯主要虫害的发生与防治

马铃薯害虫按照取食特性和分布特点，可分为地上害虫和地下害虫两大类。害虫为害马铃薯后，使植株地下部或地上部的组织受到损害，影响正常的生长，甚至造成死亡，从而使马铃薯产量和品质下降。有些害虫在咬伤植株组织的同时，还能带来病害或为病害入侵提供有利条件。因此做好对虫害的防治工作，是确保马铃薯丰产的重要保障之一。

一、马铃薯地上害虫

为害马铃薯地上部茎叶的主要害虫有马铃薯蚜虫、马铃薯瓢虫、马铃薯块茎蛾。

（一）马铃薯蚜虫

为害马铃薯的蚜虫种类很多，尤以桃蚜、萝卜蚜、甘蓝蚜最为普遍。

1. 为害与习性

蚜虫对马铃薯的为害有两种。第一种是直接为害。蚜虫群居在叶子背面和幼嫩的顶部取食，刺伤叶片吸收汁液，同时排泄出一种黏物，堵塞气孔，使叶片皱缩变形，幼嫩部分生长受到妨碍，可直接影响产量。第二种是在取食过程中，把病毒传给健康植株（主要是桃蚜所为），不仅引起病毒病，造成退化现象，还使病毒在田间扩散，使更多植株发生退化。这种为害比第一种为害造成的损失更为严重。

2. 防治方法

（1）铲除田间、地边杂草，有助于切断蚜虫中间寄主和栖息场所，消灭部分蚜虫，以减少蚜源和毒源。

（2）掌握蚜虫迁飞规律，躲过蚜虫迁飞和为害高峰期，如采取选用早播种或进行错后播种等方法，可以减轻蚜虫传毒。

（3）在有翅蚜向薯田迁飞时，田间插上涂有机油的黄板，诱杀蚜虫。或采用银灰色膜驱避蚜虫，可减少有翅蚜迁入传毒。

（4）可人工饲养和释放瓢虫、草蛉等蚜虫天敌，减轻蚜虫为害。

（5）在有蚜株率为5%时进行化学防治。可选用抗蚜威、吡虫啉、甲氰菊酯等药剂进行喷雾防治，间隔7～10d，连续喷2～3次。或在越冬期，在越冬寄主上喷洒矿物油防治越冬虫卵。喷药的次数和施用的农药种类，应考虑虫量和保护天敌，要掌握早期检查及早治的原则。

（二）马铃薯瓢虫

马铃薯瓢虫，又称为二十八星瓢虫，主要分布于长江以北，黄河以北尤多。除为害马铃薯外，还能为害其他茄科、豆科、十字花科和禾本科等多种作物和杂草，主要为害茄科马铃薯、番茄、茄子等。

1. 为害与习性

成虫、若虫取食叶片、果实和嫩茎，被害叶片仅留叶脉及上表皮，形成许多不规则透明的凹纹，过多会导致叶片枯萎，使植株干枯呈黄褐色。一般减产10%左右，虫害严重的可减产30%以上。

马铃薯瓢虫在不同地区，发生世代不同，一般一年发生1～3代。成虫群集在向阳背风的树洞、石缝、草丛、土中越冬。如遇冬暖，成虫越冬成活率高，容易出现严重为害。出蛰时，成虫先在附近杂草上栖息，待马铃薯出苗后迁入田间为害。马铃薯收获后，成虫先转移至附近茄科植物上取食，随后迁移至越冬场所旁，等气温剧降时钻入土中，不食不动群集越冬。

2. 防治方法

（1）选择重点区域进行防治，如早播田、高秆作物套种田、水地、下湿地以及距荒山坡较近的马铃薯田块，防止虫害扩散蔓延。

（2）适当推迟播种，免遭群集为害。

（3）利用其群集习性，及时清除田园的杂草和残株等越冬场所，消灭越冬成虫。

（4）根据成虫的假死性，可以折打植株，捕捉成虫。或人工摘除叶背上的卵块和植株上的蛹，并集中杀灭。

（5）在幼虫未分散时进行药剂防治，可有效消灭虫体数；在成虫盛发期进行喷药防治，可起到杀一灭百的作用。因幼虫多分布于叶背，施药时注意将药剂喷向叶背。药剂可选用氯氟氰菊酯、氰戊菊酯、辛硫磷等。如使用两次以上，则最好以有机磷和菊酯类药剂交替使用，防止马铃薯瓢虫产生抗药性。

（三）马铃薯块茎蛾

马铃薯块茎蛾，又称为马铃薯麦蛾、烟潜叶蛾。目前在我国山西、河北、甘肃、内蒙古、四川、云南、贵州等均有发现，是重要的检疫性害虫，主要为害茄科植物，其中以马铃薯、茄子、烟草等受害最重，其次是辣椒、番茄等。

1. 为害与习性

幼虫潜入叶内，蛀食叶肉，严重时嫩茎和叶芽枯死，幼株死亡，幼虫还可从芽眼或破皮处潜入马铃薯块茎内，呈弯曲潜道，甚至吃空薯块，外皮皱缩，并引起腐烂。

马铃薯块茎蛾一年发生数代，以各种虫态在田间母薯及寄主残株落叶上越冬。雌蛾在薯块芽眼、破皮、裂隙及沾有泥土的部位产卵最多。成虫昼伏夜出，有趋光性，能适应较低的温度。干旱有利其发生，播种浅、培土薄的田块发生重。

2. 防治措施

（1）加强检疫，不从疫区调运种薯，并在调运种薯前进行严格检测，消除虫源。在无虫害发生区建立留种田，防止虫害传播。

（2）对种薯进行熏蒸处理。可选用磷化铝片剂或粉剂 1kg，均匀放在 200kg 薯块中，用塑料布盖严，于 12 ~ 15℃ 密闭处理 5d，或

20℃以上时密闭处理3d。还可用溴甲烷在室温10~15℃时，用药35 g/m^3，熏蒸3h；或在室温28℃时，用药30g/m^3，熏蒸6h。也可用二硫化碳在15~20℃的室温下，用药7.5g/m^3，熏蒸75min。

（3）加强贮藏期管理。贮藏前，应仔细清扫窖、库，关闭门窗，防止成虫飞入产卵。贮藏时，挑选无虫的薯块入窖，种薯入窖前可用溴氰菊酯等药剂喷洒，晾干后入窖，也可用药剂熏蒸。

（4）加强田间栽培管理与防治。播种时严格选用无虫种薯，避免茄科作物连作。及时摘除虫叶并带出田外深埋或烧毁。搞好中耕培土，防止薯块外露，引来成虫产卵。成虫盛发期可用溴氰菊酯等药剂喷雾防虫；或在成虫产卵盛期，用氯氰菊酯等进行喷雾防治。

二、马铃薯地下害虫

为害马铃薯地下部的主要害虫是地老虎。

地老虎俗称土蚕、切根虫。寄主范围非常广，可为害茄科、豆科、十字花科、百合科、葫芦科以及玉米、胡麻等作物。其中为害马铃薯的主要有大地老虎、小地老虎、黄地老虎，以小地老虎分布最广，全国各地均有发生。

1. 为害和习性

地老虎主要以幼虫为害马铃薯幼苗，在贴近地面的地方咬断幼苗，取食幼苗新叶，并常把咬断的苗推进虫洞，使整个植株枯死，造成缺苗断垄，严重地块甚至绝收。幼虫低龄时，也咬食嫩叶，使叶片出现缺刻和孔洞。幼虫还可钻入块茎为害，影响马铃薯的产量和品质。

地老虎成虫具有趋光性和趋糖蜜性。其中，小地老虎好阴湿环境，田间覆盖度大、杂草多、土壤湿度大的地方虫量大，杂草是早春地老虎产卵的主要场所。其在全国各地发生世代各异，发生代数由北向南递增，但无论年发生代数多少，在生产上造成严重为害的均为第一代幼虫。

2. 防治方法

（1）精耕细作，春秋翻耕土壤，破坏地老虎越冬场所，减少越冬数量，减轻下一年为害。

（2）清除田间、田埂、地头、地边和水沟边等处的杂草，并在作物幼苗期或幼虫1~2龄期结合松土，以减少幼虫和虫卵数量。

（3）在幼虫发生期，可将新鲜泡桐叶浸泡后于傍晚放入菜田中，次日清晨进行捕捉灭杀；或在发现幼苗被咬断的地方，刨挖被害株及附近土壤，人工捕捉幼虫。在成虫盛发期，可利用黑光灯或糖醋液进行诱杀。

（4）虫害发生严重的地区，采用药剂拌种、拌毒土或灌根处理。药剂拌种可选用克百威等溶剂或颗粒剂。或用40%辛硫磷乳油1 000倍液、4.5%高效氯氰菊酯乳油1 000倍液等进行灌根防治。可兼治其他地下害虫。

（5）在成虫盛发期，撒施毒饵诱杀。可将麦麸、秕谷、豆饼或玉米炒香后，每1kg拌入90%敌百虫30倍液（或40%乐果10倍液），做成毒饵，在害虫活动的地点于傍晚撒在地面上毒杀。可兼治其他地下害虫。

第六章　马铃薯贮藏技术

马铃薯收获后仍然是一个鲜活的有机体，存在旺盛的生理生化活动，比如呼吸作用、蒸腾作用、休眠等，贮藏保鲜就是采用科学的设施和技术来降低或延缓这些生理活动，使马铃薯保持良好的商品性状。

第一节　安全收获技术

一、适时收获

应根据植株生长情况、气候状况、病害程度、生产目的和市场需求确定收获时间。对于冬贮鲜食薯和加工薯，应达到生理成熟期，其特征是叶色由绿逐渐变黄转枯，薯块脐部与着生的匍匐茎容易脱离，薯块表皮韧性较大、皮层较厚。成熟期如遇涝灾时，应提早收获。对于随收随上市、不用长期贮存的鲜食薯，收获期应视市场需求及后茬作物播种期而定。种薯应根据其病害程度和成熟度确定收获期。

二、收获注意事项

（1）采收前若植株未自然枯死，可提前 7 ~ 10d 杀秧，使薯皮老化。

（2）选择晴天收获。

（3）选择适宜的收获机具，采运、筛选过程尽量避免机械损伤，减少转运次数。

（4）收获后，可在田间适当晾晒，使薯块表面干燥，避免暴晒、雨淋和霜冻。

（5）去除薯块表面泥土，并进行筛选。筛选种薯时，应剔除带病、损伤、腐烂、不完整、有裂皮、受冻、畸形及杂薯等；筛选鲜食薯和加工薯时，应剔除发青、发芽、带病、腐烂、损伤、受冻的等。

（6）收获、运输中使用工具、容器应进行消毒，可使用 0.2% ~ 1% 的过氧乙酸或 0.05% 的二氧化氯稀溶液擦拭，也可用 0.1 ~ 0.2 g/m^3 的二氧化氯或 6~10g/m³的硫黄熏蒸，或者采用符合食品添加剂要求的化学方法或采用热烫、紫外线或阳光暴晒等物理方法进行消毒。

第二节　贮藏设施准备

一、检查

贮藏前应检查库（窖）整体的安全性，通风管道的畅通情况，风机、照明、监测等设备的运行情况。

二、清杂

贮藏前一个月应将库（窖）内杂物、垃圾清理，彻底清扫库（窖）内环境卫生。

三、通风

贮藏前 1~2 周，应将库（窖）的门、通风孔打开，充分通风换气。

四、控湿

气候比较干燥的地区，应在贮藏前 2~3 周，用适量水浇库（窖）地面，控制相对湿度为 85%以上。气候比较潮湿、地下水位较高的地区，应将库（窖）门窗打开进行通风散湿，并在库（窖）地面、墙壁摆放 5~7 cm 消毒后的秸秆，或在库（窖）地面铺放疏密均匀、清洁干燥的砖块、干木板等架空或垫底材料，垫层高 10~15 cm，防潮湿，利通气。

五、消毒

对于鲜食薯和加工薯贮藏设施及设备，贮藏前一周左右，对贮藏库（窖）、辅助设施及包装材料（袋、箱等）进行彻底消毒，依据库（窖）体积，可使用 1 g/m³的过氧乙酸、或 0.1~0.2g/m³的二氧化氯、或 6~10 g/m³的硫黄密闭熏蒸 1~2d，然后通风 1~2d，或使用 1%的次氯酸钠溶液喷雾，或用饱和的生石灰水喷洒，密闭 1~2d，然后通风 1~2d。可移动设备可采用热烫、紫外线或阳光暴晒等物理方法进行消毒。对于种薯贮藏设施，除了使用上述消毒方法外，还可用 45%百菌清烟剂、高锰酸钾与甲醛溶液混合密闭熏蒸 1~2d，然后通风 1~2d，或用 1%的次氯酸钠溶液、50%多菌灵可湿性粉剂 800 倍液喷雾消毒，密闭 1~2d，然后通风 1~2d。

第三节　马铃薯预贮

一、创伤愈合条件

在温度 13~18℃、相对湿度 85 %~ 95%的环境下放置 1~2 周。

二、预贮方法

在阴凉通风的室内、荫棚下或露天（薯堆上应覆盖透气的遮光物）进行预贮。散放薯堆高度不超过 0.5m，宽不超过 2m，并在堆中设通风管；袋装薯堆不超过 6 层，垛宽不超过 2m，垛与垛之间不小于 0.6m，垛堆走向应与风向保持一致。

对于强制通风库（窖），与贮藏初期管理同步进行。温湿度控制可通过内部和外界空气的互换或内部空气循环流动来实现；只有当外界温度比室内温度至少低 2℃时，才可利用外部空气流动来调节室内温湿度；内部空气循环是为了减小堆垛顶部和底部的温度差异，温度差不宜超过 1℃；通风量主要根据气候条件、贮藏库（窖）大小和薯块贮藏量、温湿度等情况确定，为每吨薯块 0.01~0.04 m^3/s。预贮期间，通风量要适当加大，尽快干燥马铃薯表皮和去除呼吸热。

对于恒温库，与贮藏初期管理同步进行。每天降温 0.5℃~1℃，确保不产生冷凝水。通风量为每吨薯块 0.01~0.04 m^3/s。

第四节　贮藏管理技术

一、贮藏方式

应按不同品种、不同用途、不同等级分类贮藏。堆放、码垛时，应轻装轻放，由里向外，依次堆放，贮藏总量不应超过库（窖）容量的 65%，堆放高度一般不超过贮藏库（窖）高度的 2/3，堆垛与库（窖）顶间的距离不小于 1m。

适宜贮藏量，可根据贮藏库（窖）的总容积（m^3）进行计算，按照每立方米 650~750kg，由以下公式计算出适宜贮藏量：

适宜贮藏量（kg）=库（窖）容积（m^3）×700×0.65

1. 散堆

自然通风库（窖）薯堆高度不超过1.5 m；具有地面通风系统的强制通风库和恒温库，种薯薯堆高度不超过3 m，鲜食薯和加工薯薯堆高度不超过4 m。

2. 袋藏

有透气编织袋、网眼袋或麻袋等多种包装形式，如使用有效宽度为550~650cm、线密度为111 tex、经纬密度为36×36根/100mm-40×40根/100mm的编织袋包装时，鲜食薯和加工薯码放层数平放不宜超过8层，种薯不宜超过6层，垛与垛之间留有观察过道，宽度应不小于0.6m（宽度可根据机械搬运作业需要确定）。

3. 箱藏

有木条箱或可防潮防腐蚀金属筐等多种包装形式。如使用容积为1.8~3.6m^3的木条箱包装时，码放高度不超过6层，垛与垛之间留有运输和检查作业过道。

二、贮藏条件

1. 适宜贮藏温湿度

种薯贮藏温度应控制在2~4℃；鲜食薯贮藏温度应控制在3~5℃；加工薯贮藏温度一般应控制在6~10℃，也可根据品种本身耐低温、抗褐变等特性确定适宜温度。贮藏相对湿度应控制在85%~95%。

2. 二氧化碳浓度

种薯贮藏库（窖）内CO_2浓度不高于0.2%；鲜食薯和加工薯贮藏库（窖）内CO_2浓度应不高于0.5%。

3. 光照

鲜食和加工薯应避光贮藏，照明作业时应使用低功率电灯。种薯贮藏后期可利用散射光照射，散射光强度最小为75lx。

三、贮期管理

整个贮藏期间，应最大限度将库（窖）内温湿度控制在适宜范围，保证垛内外温差不超过1℃，确保薯皮不潮湿，鲜薯不发生冻害；及时检查去除烂、病薯，控制病害发生，抑制薯块发芽。

1. 贮藏初期

贮藏开始的第一个月，主要加强通风，及时除湿、散热和降温，防止库（窖）和薯堆内部温湿度过高。对于自然通风库（窖），应利用夜间低温，通过打开通气孔、库（窖）门进行通风降温。对于强制通风库（窖），应利用夜间低温，通过机械通风设备和通风系统进行强制通风换气，温湿度控制通过内部和外界空气互换或内部空气循环流动来实现。对于恒温库，应逐步降温至适宜的温湿度范围，同时每天进行适当通风。

2. 贮藏中期

对于自然通风库（窖）和强制通风库（窖），应尽量控制库（窖）内温湿度处于适宜范围。当外界温度较低时，应关闭库（窖）门和通气孔，必要时加挂保温门帘，或在薯堆上加盖草帘吸湿、保温，或使用加热设备，确保马铃薯贮藏温度不低于1℃，以防冻害、冷害发生。在温度适宜天气，适量通风。对于恒温库，控温控湿的同时，应适当通风。

3. 贮藏末期

对于自然通风库（窖）和强制通风库（窖），出库（窖）前一个月，最大限度减少外界温度升高对库（窖）内温度的影响。自然通风库（窖）应利用夜间低温，通过通气孔、库（窖）门进行通风；强制通风库（窖）应利用夜间低温，通过机械通风设备和通风系统进行强制通风换气。出库（窖）前，应缓慢升温使不同用途的马铃薯回温至适宜的出库温度。对于恒温库，出库前，应利用控温系统使不同用途马铃薯的薯温逐步升高到适宜出库温度，每天升高温度0.5~1℃。

四、设施维护

定期检查库（窖）体有无鼠洞，若发现鼠洞，应及时进行堵塞。检查库（窖）周围的排水情况，注意防止雨水、地下水渗入窖内。检查库（窖）体结构，发现库（窖）体裂缝、下沉等涉及安全的问题，及时处理。经常维护库（窖）内照明、风机、温湿度监测等设备。

第七章　马铃薯加工及食用技术

目前，我国马铃薯的消费尚处于以鲜薯简单食用、饲料用和粗放加工的状况。深加工用薯比例不到10%，主要加工产品为精致淀粉、全粉、速冻薯条、油炸薯片、变性淀粉及粉皮、粉丝、粉条等，产值比较低。

第一节　马铃薯主要加工产品及方法

马铃薯鲜薯经加工利用后不仅可使鲜薯增值，而且可以极大地延长保质期。将马铃薯加工成淀粉、全粉可使马铃薯增值不少，如果加工成其他休闲食品、变性淀粉等产品，增值可达10倍以上。

一、马铃薯淀粉加工

马铃薯干物质主要是淀粉。马铃薯淀粉因其蛋白质含量高和脂肪含量低、糊化温度低、颗粒大、安全水分高、无任何异味等优良的品质和独特的性能，具有其他淀粉无可比拟的优越性，决定了马铃薯精淀粉的加工价值、经济价值和广阔的市场前景。

(一) 马铃薯淀粉的主要用途

1. 变性淀粉

变性淀粉是指通过用物理、化学的方法或酶制剂的作用改变马铃薯原淀粉的理化性能，使淀粉分子在化学结构上发生变化后而产生的一种新型淀粉衍生物，可广泛用于医药、化工、纺织、造纸、石油、铸造、酒精制药业等。

2. 面食类

方便面及面条食品中添加马铃薯淀粉，主要有以下几方面效果。

(1) 制品透明度高，表面光滑，色泽好。

(2) 大大改善食品的黏性和弹性，食感好，对改善方便面食品的劣化有效果。

(3) 对面的调理时间的改善有效果，使调理汤温度低。这样的效果是其他淀粉不可替代的。

3. 粉条、粉丝和粉皮

（1）粉条生产工艺：选料→冲洗→磨浆→过滤→沉淀→二次过滤→二次沉淀→打芡→揣合漏粉条。

（2）粉丝生产工艺：打芡→合面→漏粉→掌握火候→掌握用量→冷浴捞粉→荫凉→冷冻→摆粉→晾晒→收存。

（3）粉皮生产工艺：选料清洗→磨浆打糊→沉淀淀浆→吊粉皮→晾晒。

4. 鱼、畜产加工制品

用各种粉碎的鱼肉或畜肉及淀粉等加工的食品，其中的水产加工制品是日本传统的食品之一，畜产加工制品主要是西餐，如畜肉火腿等。这样的食品中加入马铃薯淀粉，主要有以下效果。

（1）起到增强制品弹力、保存制品水分的效果。

（2）食品口感食味好，肉质不变味。

（3）改进加工工艺，容易通过加热工序。

（4）休闲类食品，利用马铃薯淀粉黏度和膨胀度高的特性，以马铃薯淀粉为主要原料，制作膨化、休闲类食品。

（二）马铃薯淀粉加工工艺

马铃薯淀粉颗粒包含在细胞液中，生产马铃薯淀粉的主要任务就是尽可能地破坏大量的马铃薯块茎的细胞壁，从释放出来的淀粉颗粒中清除可溶性和不溶性的杂质，得到纯净的马铃薯淀粉。

1. 工业化工艺流程

马铃薯原料→清洗→磨碎→筛分→分离淀粉→洗涤淀粉→脱水→干燥→包装。

2. 传统工艺流程

马铃薯→清洗→磨碎→薯渣分离→沉淀→干燥→粗淀粉。

二、马铃薯全粉加工

马铃薯全粉是将鲜薯去皮煮熟脱水加工制成的干粉，它保持了马铃薯天然风味和营养物质。它是食品加工的中间原料，可制成马铃薯泥、粉、片、丁等食品。

马铃薯全粉加工工艺：筛选鲜薯→连续送料→流水洗净→蒸汽去皮→切片→漂洗→预煮→蒸煮→去除杂质→脱水→粉碎→过筛→烘干→包装。

三、马铃薯休闲食品加工

马铃薯加工制成的休闲食品比较多，有马铃薯速冻薯条、薯干、薯脯、薯丁、薯片、油炸薯条、油炸薯片、膨化食品、酥糖片、薯酱、饴糖、香脆片、香辣片等。

第二节　马铃薯现代化食用方法

马铃薯鲜薯食用方法很多，除炒食、炖烧、煮汤、蒸食、油炸等，用马铃薯淀粉及全粉加工的食品食味具有别样的风味。

1. 马铃薯馒头

马铃薯馒头具有马铃薯特有的风味，同时保存了小麦原有的麦香风味，芳香浓郁，口感松软。此外，马铃薯馒头富含蛋白质，必需氨基酸含量丰富，可与牛奶、鸡蛋蛋白质相媲美，更符合 WHO/FAO 的氨基酸推荐模式，易于消化吸收；维生素、膳食纤维和矿物质（钾、磷、钙等）含量丰富，营养均衡，抗氧化活性高于普通小麦馒头，男女老少皆宜，是一种营养保健的新型主食。

2. 马铃薯面包

马铃薯面包富含蛋白质，必需氨基酸含量丰富，更符合 WHO/FAO 的氨基酸推荐模式，易于消化吸收；维生素 C、维生素 A、膳食纤维和矿物质（钾、磷、钙等）含量丰富，营养均衡，抗氧化活性高于普通小麦面包，是一种新型的营养健康主食。

3. 马铃薯面条

马铃薯面条口感筋道、爽滑，风味独特，富含维生素 C、B 族维生素、膳食纤维及钙、锌等矿物质，脂肪含量低，氨基酸组成合理，含有 18 种氨基酸，包括人体不能合成的各种必需氨基酸，营养丰富，全面均衡。马铃薯面条可蒸可煮，食用便利，是理想、时尚的主食选择。

参考文献

[1] 高广金，李求文. 马铃薯主粮化产业开发技术 [M].武汉：湖北科学技术出版社，2016：1~250

[2] 许敏. 西南山区马铃薯栽培技术 [M].北京：中国农业出版社，2005：1~131

[3] 邹奎，金黎平. 马铃薯安全生产技术指南 [M].北京：中国农业出版社，2012：1~201

[4] 朱明. 马铃薯贮藏技术与设施问答 [M].北京：中国农业科学技术出版社，2012：1~61

编写：李卫东　张远学　沈艳芬　张等宏　肖春芳　杨国才　王　甄

甘薯产业

第一章 概 述

第一节 甘薯的起源与分布

一、甘薯的起源

甘薯属旋花科甘薯属甘薯种，是一年生或多年生草本，又称地瓜、白薯、番薯、甘薯、红苕等，是世界上重要的粮食作物、饲料作物和食品加工、化工、能源业的原料作物，普遍种植于全世界热带和亚热带地区的100多个国家。

甘薯起源于以墨西哥为中心的南美洲热带地区，欧洲第一批甘薯是由哥伦布于1492年带回，然后经葡萄牙人传入非洲，并由太平洋群岛传入亚洲。甘薯最初引入我国是在明朝万历年间，后来经过陈氏家族加以推广，至今已有400多年历史，因其产量高、风味好、有营养、用途广、繁殖及栽培简便，在全国已普遍栽种，栽培面积和总产量仅次于水稻、小麦、玉米而居第四位，已成为我国当前低投入、高产出和抗旱、耐瘠的主要粮食作物之一。

二、甘薯的分布

据联合国粮农组织（FAO）统计，在纳入其年度统计的全球237个国家和地区中有114个国家和地区栽培甘薯，在世界粮食生产中甘薯总产位列第七位，主要产区分布在北纬40°以南，其中亚洲24个，非洲40个，美洲35个，大洋洲11个，欧洲4个。2010年世界甘薯种植面积810.63万hm^2，产量达10 657.00万t；亚洲甘薯种植面积为441.65万hm^2，总产达8 851.11万t，分别占世界的54.5%和83.1%；非洲甘薯种植面积为320.33万hm^2，产量达1 421.37万t，分别占世界的39.5%和13.3%。

我国是世界上最大的甘薯生产国，甘薯种植面积由1961年的1 084.97万hm^2降到2010年的368.36万hm^2，甘薯总产量2010年达到8 116.46万t，分别占世界的45.4%和76.2%，占亚洲的83.4%和

91.7%。中国甘薯单产水平一直呈现不断提高的趋势，2010 年每公顷达到 22.04t，是亚洲平均水平的 1.10 倍，是世界水平的 1.68 倍。

甘薯在我国种植范围很广，南起海南省、北到黑龙江，西至四川西部山区和云贵高原，从北纬 18°到北纬 48°，从海拔几米到几十米的沿海平原，再到海拔 2 000多米的云贵高原，均有分布。经过多年实践，综合气候条件、甘薯生态型、行政区划、栽培面积和种植习惯等，我国甘薯主要种植区可简单划分为 3 个大区，即北方春夏薯区、长江中下游流域夏薯区和南方薯区。北方薯区包括辽宁、吉林、河北、陕西北部、黄淮流域等地，以淀粉加工业为主；长江中下游薯区是指除青海和川西北高原以外的整个长江流域，主要作为饲料和淀粉加工原料；南方薯区则包括长江流域以南地区以及北回归线以南的沿海陆地，多为鲜食和加工成休闲食品。近几年来随着甘薯保健功能的重新认识，三大产区甘薯作为淀粉加工和饲料的比例有所降低，食用的比例有所增加。

第二节　发展甘薯产业的重要意义

近年来，甘薯已逐步成为食品、化工、医药、纺织等各行业重要的工业原料，甘薯因具备良好的营养价值以及药用价值，发达国家将其作为生产营养保健食品的原辅料，开发了 2 000多种商品，其中包括快餐方便食品、休闲食品、甘薯饮料、甘薯全粉等；又利用甘薯茎尖而开发出甘薯叶保健茶、保健饮料、速冻甘薯茎尖等。与此同时，随着全球不可再生能源煤炭、石油、天然气等的日趋紧张，全球大力提倡生物质能源的开发，我国也大力推广乙醇汽油，高淀粉甘薯品种的淀粉含量高，利用甘薯提取燃料乙醇也存在广阔的前景，甘薯在未来极有可能成为重要的能源作物之一，因此，大力发展甘薯产业将具有深远重大的意义。

一、甘薯的营养价值

随着社会经济的发展和人们生活水平的提高，甘薯不再是过去的“救灾糊口粮”，而是营养丰富极具保健价值的食物。

甘薯含有丰富的淀粉、膳食纤维、胡萝卜素、维生素 A、B 族维生素、维生素 C、维生素 E 以及钾、铁、铜、硒、钙等 10 余种微量元素和亚油酸等，营养价值很高，被营养学家们称为营养最均衡的保健食品。甘薯富含淀粉，一般含量占鲜薯重的 15%~26%，高的可达 30%左右，随品种不同而异。据测定，每 100g 鲜薯中含蛋白质 2.3g、脂质 0.2g，粗纤维 0.5g、无机盐 0.9g（其中钙 18mg，磷 20mg、铁 0.4mg）、胡萝卜素 1.31mg，维生素 C 30mg、维生素 B_1 0.21mg、维生素 B_2 0.04mg、尼克酸 0.5mg、热量 531.4kJ。甘薯所含蛋白质虽不及米面多，但其生物价比米面高，且蛋白质的氨基酸组成全面，高达 18 种氨基酸。

甘薯茎蔓也含丰富的蛋白质、胡萝卜素、维生素 B_2、维生素 C 和钙、铁，尤其是茎蔓嫩尖更富含以上营养成分。据台湾报道，甘薯顶端 15cm 鲜茎叶，蛋白质含量为 2.74%，胡萝卜素为 0.558mg/100g，维生素 B 为 0.35mg/100g，维生素 C 为 41mg/100g，铁为 3.14mg/100g，钙为 74.4mg/100g。中国预防医学科学院研究认为甘薯茎叶的蛋白质、胡萝卜素、维生素 B_2、纤维素、碳水化合物、钙、铁等指标的含量在 13 种蔬菜中居首位，香港人更是称甘薯为“蔬菜皇后”。

二、甘薯的保健价值

甘薯不仅具有丰富的营养价值，近年来国际上也开始关注其药用保健价值。甘薯在我国也是传统的药用植物，早在明朝李时珍的《本草纲目》中已有“甘薯补虚乏，益气力，健脾胃，强肾阴”的记载；清朝陈云《金氏种薯谱》记载“性平温无毒，健脾胃，益阳精，壮筋骨，健脚力，补血，和中，治百病延年益寿，服之不饥”。

我国传统医学研究表明，甘薯的茎、叶、块根均可入药。甘薯块根中含有丰富的维生素 C、胡萝卜素、脱氢表雄甾酮及赖氨酸等抗癌物质，其防癌、抗癌等保健作用已被世界所公认。

甘薯中还含有丰富的食物纤维，被称为人体第七营养素，有通便、防肠癌、降低胆固醇和降低血糖的作用。食物纤维还能抑制胰蛋白酶的活性，在一定程度上影响食物在人体小肠的吸收，起到减肥的作用。

薯块里含有的钾、钙等碱性元素较多，在人体内易生成带阳离子的碱性氧化物，使体液呈碱性，故称甘薯是“生理碱性食品”，长期与白面、鱼、肉、蛋类等生理酸性食物搭配食用，有利于保持人体血液的酸碱平衡，可使脸色红润、荣光焕发、延年益寿。

甘薯除薯块有营养保健作用外，薯叶也有很好的保健作用。据北京农学院、江苏徐州甘薯研究中心等研究，甘薯西蒙1号的叶有止血、抗癌、降血糖、通便、利尿、催乳、解毒和防治夜盲症等功能，亦能调节人体免疫功能，提高机体抗病能力，延缓衰老。

三、甘薯的工业价值

甘薯被公认为是多用途作物，既可做粮食、蔬菜，又可做工业原料。我国在20世纪五六十年代主要以食用为主，80年代以饲用、食用和加工为主，90年代后以加工为主，食、饲兼用。

近年来，随着食品加工业以及发酵工业的迅速发展，将甘薯作为原料已遍及食品、化工、医疗、造纸等十多个工业行业，利用甘薯可制成数百种工业产品和数百种食品。鲜薯加工中，用于淀粉加工的比例最大，淀粉再进一步加工成粉丝、粉条、粉皮等食品和其他制品。除此之外，还可生产变性淀粉、酒精、食醋、味精、柠檬酸、果糖、葡萄糖、饴糖、果脯糖浆、虾片及系列高级点心等。近年来逐渐将甘薯用来生产乳酸、丁酸、丁醇、丙酮、氨基酸、酶制剂、淀粉衍生物以及深加工系列产品等物质。

甘薯薯块中含有20%左右的淀粉，茎叶和块根中含有较丰富的粗蛋白、糖类及纤维素等，养分丰富，是良好的饲料；甘薯加工后副产品如甘薯渣等可制成各种饲料，延长了饲料的供应期，降低饲料成本，提高养殖效益。

甘薯还是重要的新型能源用块根作物，单位面积能量产量达到435MJ/（hm^2·d），远高于马铃薯、大豆、水稻、玉米等作物。如今，在全球能源危机、燃油价格日趋攀升的背景下，用酒精代替部分燃油，是未来能源行业发展的趋势，而100kg淀粉型鲜薯可制造15kg左右的酒精，是生产酒精的理想原料。有专家预测，甘薯种植业将在粮食、能源和环境保护等全球性问题方面担当重要作用。因此，充分开发甘薯的各种有用价值，在提高世界粮食产量的同时还能促进畜牧业和轻化工业的发展。

第三节　甘薯产业发展概况

一、咸丰县基本概况

咸丰县地处武陵山东部、鄂西南边陲，扼楚蜀之腹心，为荆南之要地，古有“荆南雄镇”“楚蜀屏翰”之誉，东经108°37′8″~109°20′8″，北纬29°19′28″~30°2′54″，位于鄂、湘、黔、渝四省（市）边区结合部，距州府所在地恩施98km，距重庆市黔江区53km。冬少严寒，夏无酷暑，气候温和，终年湿润，降水充沛，年平均气温13.9℃，年降水量1 200~1 500mm，年均日照1 158.5h，年相对湿度大于85%。海拔最高1 911.5m，最低435m，相对高差为1 476.5m，平均海拔800m左右。低山占总面积的22.98%，二高山占62.83%，高山占14.19%。海拔950m以下区域属亚热带湿润性季风气候，以上区域则为南温带湿润性季风气候。咸丰县出露地层的土壤母质主要有石灰岩、砂质页岩、石英砂岩、紫色砂页岩、第四纪黏土、河流冲积物等。咸丰自然条件适宜甘薯种植，重点布局在咸丰高乐山镇、忠堡镇、丁寨乡、活龙坪乡等乡镇的大坝、白岩、明星、黄木坨、天上坪、马家楼、茅坝、板桥河等村。近年来，甘薯主要用作淀粉工业加工和饲料，虽然整个甘薯种植面积有所下降，但随着加工企业的发展，高淀粉品种的种植面积呈上升趋势。

二、咸丰县甘薯种植情况

咸丰县是湖北省薯类的主产地，主要以马铃薯、甘薯为主，据调查，咸丰县马铃薯常年种植面积在20万亩，产量30万t，占咸丰县夏粮总产的95%以上，占全年粮食总产13%~15%；秋收粮食甘薯种植面积在17万亩左右，总产量28万t，占全年粮食总产12.13%。咸丰县自然条件优越，甘薯病虫害少、皮薄肉嫩、生育期短、淀粉含量高、产量高、品质优。但是在咸丰县的很多甘薯产区，所应用的薯种还是多年来一直种植的传统品种，甘薯品种的更新换代速度缓慢，导致可用于不同加工用途的甘薯品种少、品质差，并且有的产区栽培管理比较落后，还延续着甘薯的平地栽植、单一施肥、后期翻蔓等栽植误区。为了改良品种，2011 年咸丰县明龙农业开发有限责任公司引进甘薯新品种豫薯 13 号，常年聘请恩施州农科院专家，对种植户从甘薯育苗、大田移栽、田间管理、薯种储存全过程进行技术指导，提升甘薯淀粉含量及产量，使甘薯平均亩产由 1 000~1 500kg 提高到 2 500~3 000kg，淀粉含量由 13%提高到 22%，从而提高了农户的收益和种薯的积极性，同时也增加了企业效益。

三、咸丰县甘薯加工和利用情况

20 世纪 50—90 年代初期，咸丰县的甘薯块茎主要用作主粮和饲料，茎叶作为青饲料，同时民间手工加工成薯粉、薯干、粉条，没有专业的精加工企业。进入 21 世纪，甘薯的用途发生根本性变化，以咸丰县明龙农业开发有限责任公司为代表的民营加工企业纷纷崛起，由过去的纯手工加工，已逐步发展为半机械化或自动化生产，生产的甘薯淀粉、粉条（丝）系列产品，远销国内外。以市场运作的方式，带动了咸丰县薯农的积极性，促进了咸丰县甘薯产业的发展。

目前，咸丰县甘薯加工企业虽呈现快速发展趋势，但还处于加工的初级阶段，企业生产条件与技术装备都比较落后，加工的主要产品是淀粉和粉条，附加值低，深加工技术与新工艺跟不上，有些已经成熟的技术和成型的工艺也因缺乏投资条件而未能形成产业化。且因鲜薯不耐贮藏而使加工周期变短（一般只有 3 个月时间），给需连续加工的食品加工企业带来困难。缺乏大型精深加工龙头企业和高端产品，造成产业链不完整，对产业的带动能力差。因此政府应加大扶持力度，多方筹集资金，广泛招商引资，兴办甘薯加工企业，生产高附加值产品，形成生产、加工、销售一体化产业格局。

四、咸丰县甘薯产业化发展优势

（一）资源优势

咸丰县位于湖北西部，是个山区农业大县，现有农村人口 28 万余人；常年光照充足，雨热同期，生态优良，气候适宜，水能资源丰富，是我州适合甘薯生长的区域。咸丰甘薯种植历史悠久，经验丰富，但甘薯产业发展较缓慢。目前甘薯淀粉提取技术日渐完善，技术复制性较强，已具备了甘薯产业化发展基础。充分发挥咸丰甘薯传统种植优势，扩大甘薯在传统种植作物中的份额，发挥基地示范优势，集中成片打造甘薯产业带，引进优良品种、开发甘薯产业将有力推动咸丰县农业产业化的发展，对农民增收、致富具有重要的现实意义。

（二）交通便利

咸丰位于鄂、湘、黔、渝四省（市）边区结合部，距州府98km，重庆市黔江区53km。境内有椒石、利咸、咸来三条省道和恩黔高速公路，长渝、沪蓉两条高速公路，渝怀、枝万两条铁路，恩施许家坪、黔江舟白两个机场，打造咸丰“承东启西，东进西出”的区位优势。县内各乡镇均有公路，基本上实现了村村通路，商品薯、种用薯、加工成品调运快捷便利。

（三）技术依托

咸丰县明龙农业开发有限责任公司依托恩施州农科院技术支撑，推进种薯繁育和产品研发，因地制宜制定推广甘薯高产高效栽培技术，推广普及了甘薯高垄栽培，合理密植，配方施肥、病虫害防治等栽培技术。

（四）市场优势

据中国淀粉工业协会资料显示，我国甘薯淀粉及其制品在国内市场需要量很大，有很好的市场前景。粉制品有三个不同的大的消费市场。第一个国际市场，要求外在质量指标、内在质量指标和卫生指标均很高，这个市场目前需求空间很大，价格也高，每吨在1万~1.5万元之间，需要高中档淀粉为原料；第二是国内中高消费市场，第三是中低消费市场，目前3个消费层次消费均较旺盛。

第二章　甘薯的形态特征及生长环境

第一节　甘薯的形态特征

甘薯属旋花科甘薯属甘薯种，为蔓生性草本植物。甘薯在热带终年长绿，为多年生；在温带经霜冻茎叶枯死，为一年生植物。甘薯植株可分为根、茎、叶、花、果实、种子等部分。

一、根

甘薯可用种子繁殖，也可用茎蔓或块根繁殖。用种子繁殖的叫有性繁殖，用茎蔓或块根繁殖的叫无性繁殖。甘薯用种子繁殖时，实生苗先形成一条主根（胚根发育而形成的种子根），以后再于其上生出侧根，然后由主根和一部分侧根发育成块根。用营养器官繁殖时，生出的均属不定根，由不定根进一步分化发育为纤维根、梗根和块根三种不同的根（图 2-1）。

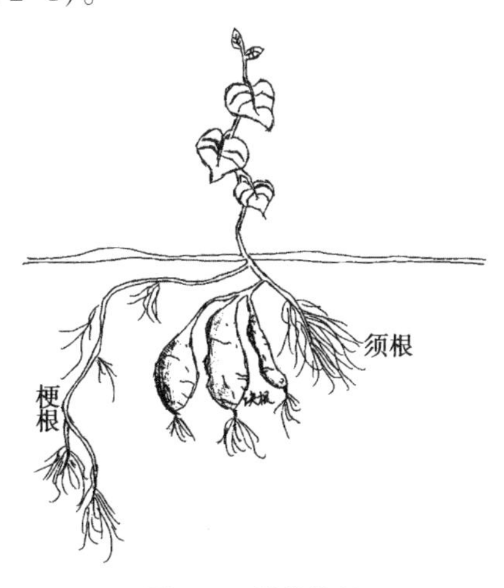

图 2-1　甘薯块根

（一）纤维根（须根）

呈纤维状，有根毛，根系向纵深伸展，一般分布在30cm土层内，深可超过100cm，具有吸收水分和养分的功能。

（二）梗根（牛蒡根）

粗如手指，长约30cm。甘薯根是先伸长，后加粗，在开始加粗过程中，遇到不良环境条件（如土壤水分过少，通气不良，钾肥不足，氮肥过多等），阻碍了块根膨大，便形成梗根。这种根消耗养料而无经济价值，生产上应防止发生。

（三）块根（贮藏根）

块根是甘薯贮藏养料的主要器官，多分布在5~25cm深的土层内。块根的形状因品种而异，一般可分为纺锤形、球形、圆筒形和块状形等。块根的形状除与品种有关外，还受栽培条件影响，土质疏松、氮肥多、土温高或缺钾时，块根会变长；干旱，土质硬或钾肥丰富时，块根变短或成球形。有的品种块根表面光滑，有的表面有4~6条纵沟或表面粗糙。薯皮光滑的品种比粗糙或有裂缝的品种好。块根的皮色与肉色是鉴别品种的主要特征之一。皮色一般有紫红、黄、淡黄、淡红、白等颜色。肉色一般可分为白、黄、淡黄、橘红、杏黄等。黄肉和红肉品种胡萝卜素含量较多，营养价值较高。

二、茎

甘薯的茎通常叫做蔓或藤。蔓的长相即株型一般分为直立型、匍匐型、半直立型和攀缘型4种，茎长1~7m，生产上推广的品种茎蔓长多为1.5~2.5m，茎色呈绿、绿紫或紫、褐等色。茎节能生芽，长出分枝和发根，再生力强，可剪蔓栽插繁殖。

三、叶

甘薯属双子叶植物，叶着生于茎节，茎上每节着生一片叶，以2/5叶序呈螺旋状排列。叶有叶柄和叶片而无叶托。叶两侧都有绒毛，嫩叶上的更密。叶片长7~15cm，宽5~15cm。叶片形状很多，大致可分为心脏形、肾形、三角形和掌状等，叶缘又可分为全缘和深浅不同的缺刻。叶片、顶叶、叶脉（叶片背部叶脉）和叶柄基部颜色可概分为绿、绿带紫、紫等数种，为品种的特征之一，是鉴别品种的依据。

四、花

甘薯的花单生，或数朵至数十朵丛集成聚伞花序，生于叶腋，呈淡红色或紫红色，其形状似牵牛花（呈漏斗状）。花萼5裂，长约1cm。甘薯花是两性花，雄蕊5个，长短不一，有2个较长，都着生在花冠基部。花粉囊2室，呈纵裂状。花粉球形，表面有许多对称排列的小突起。雌蕊1个，柱头多呈2裂，子房上位，2室，由假隔膜分为4室。开花习性随品种和生长条件而不同，有的品种容易开花，有的品种在气候干旱时会开花，在气温高、日照短的地区常见开花，温度较低的地区很少开花。

五、果实与种子

果实为圆形或扁圆形蒴果。直径在5~7mm，幼嫩时呈绿色或紫色，成熟时为褐黄色。1个蒴果有1~4粒种子；甘薯种子较小，千粒重20g左右，直径3mm左右。种子呈褐色或黑色，形状呈圆形、半圆形或不规则三角形。种皮角质，坚硬不易透水，多用于选育新品种。

第二节　甘薯的生长环境

一切有机体都不能脱离周围环境而生存，甘薯生长也必然受所处生态条件的影响而产生相应的反应。不同的生态因素对甘薯生长产生不同的影响，且不同生长时期对同一生态因素的要求也是不一样的。

一、温度

甘薯原产热带，喜温暖，怕低温，忌霜冻。适宜栽培于夏季平均气温22℃以上、年平均气温10℃以上、全生育期有效积温3 000℃以上、无霜期不短于120日的地区。薯苗栽插后需有18℃以上的气温始能发根，茎叶生长期一般气温低于15℃时茎叶生长停滞，低于6~8℃则呈现萎蔫状，经霜即枯。块根膨大的适宜地温是20~25℃，地温低于20℃或高于30℃时，块根膨大较慢，低于18℃时，有的品种停止膨大，低于10℃时易受冷害，在-2℃时块根受冻。块根膨大时期，较大的日夜温差有利于块根膨大。低温对甘薯生长极有害，较长时期在10℃以下时，茎叶会自然枯死。一经霜冻很快死亡。薯块在低于9℃条件下持续10d以上时，会受冷害发生生理腐烂。

二、光照

甘薯属喜光短日照作物。它所贮存的营养物质基本上都来自光合作用，在生长过程中，光照充足，则光合作用强，光合产物多，有利于茎叶生长和块根膨大；相反，光照弱，则叶色发黄、叶龄短，茎蔓细长，茎的输导组织不发达，同化产物少，向块根输送亦少，产量降低。甘薯块根膨大不但与光照强度有关，且与每天受光时间长短有关。每天受光12.5~13h，比较适宜块根膨大。而每天受光8~9h，对现蕾、开花有利，但不利于块根膨大。所以甘薯与高秆作物间套作时，为不太影响甘薯产量，要加大薯地受光面积，高秆作物不宜过多过密。

三、水分

甘薯根系发达，是耐旱作物。其蒸腾系数在300~500，低于一般旱田作物。不同生长阶段的耗水量不同，发根缓苗和分枝结薯期植株幼小，这两个时期占总耗水量的10%~15%；茎叶盛长期需水较多，约占总耗水量的40%；薯块膨大期约占总耗水量的35%。田间栽培中，前期土壤相对含水量以保持在70%左右为宜，有利于发根缓苗和纤维根形成块根；中期茎叶生长消耗水分较多，为尽快形成较大叶面积，土壤相对含水量以保持在70%~80%为宜；薯块膨大期，应防止土壤水分过多，造成土壤内氧气缺乏，影响块根膨大，此期若遭受涝害，产量、品质都受影响。

四、土壤条件

甘薯系块根作物，块根膨大时需消耗大量的氧气，因此甘薯对土壤通透性要求较高。以土壤结构良好、耕作层厚20~30cm、透气排水好、含有机质较多、具有一定肥力的壤土或砂壤土为宜，有利于根系发育、块根形成和膨大。甘薯在这种土壤里生长，结薯光滑，薯皮光滑，色泽新鲜，大薯率高，品质好，产量高。土壤养分状况也是甘薯获得高产的重要因子，甘薯生产上除要保证氮肥、磷肥的供应外，要特别重视增施钾肥。

第三章　甘薯名优品种

从淀粉加工和食用等用途上，甘薯品种可分为高淀粉专用型品种、鲜食及食品加工型品种、食用兼饲用型品种、茎尖及菜用型品种、紫色食用型品种等五种。在生产上，可根据市场的需求，选用适宜本地区生态环境条件的专用品种。

第一节　高淀粉加工型品种

一、商薯 19

商薯 19 由河南省商丘市农林科学研究所以“sl-01 作母本”“豫薯 7 号”作父本进行有性杂交选育而成。特征特性：中短蔓型，叶片微紫色、心脏形，叶片、叶脉、茎全绿色，茎蔓粗，长短及分枝中等。结薯早而特别集中，无“跑边”，极易收刨。薯块多而匀，表皮光洁，上薯率和商品率高。薯块长纺锤形，皮色深红，肉色特白，烘干率 36%~38%，淀粉含量 23%~25%，淀粉特优特白。熟食味中等。商薯 19 连续两年参加全国区试，鲜薯和薯干产量居首位。一般亩产量：春薯 5 000kg 左右，夏薯 3 000kg 左右。适合在河南、河北、山东、山西、江西、江苏、安徽、湖北等地作春夏薯种植。栽培技术要点：栽插密度为 3 500~4 000株/亩。在生产过程中注意防治黑斑病，不宜连作和在黑斑病重病区种植。

二、豫薯 13

豫薯 13 是由河南省农科院粮食作物研究所以济“78066”作母本、“绵粉 1 号”作父本选育而成。特征特性：顶叶绿色，叶脉绿带紫色，叶柄绿色，叶片为深复缺刻形，极易辨认；分枝多（5~8 个），茎蔓短（11.5m）、易于管理。薯块为纺锤形，薯皮紫红色，薯肉白色，结薯集中整齐。豫薯 13 号高抗根腐病、抗茎线虫病；抗旱性强，品质测定鲜薯含水分 72%，总淀粉 16.4%，可溶性糖 3.25%，粗蛋白 1.80%，粗纤维 0.91%，维生素 C 29.9mg/100g，熟食味较好。适宜在山东、河南、河北、陕西、北京、江苏北部、安徽北部薯区种植。

三、万薯5号

万薯5号是由重庆三峡农业科学院选育的淀粉型甘薯新品种，用“徐55-2”作母本，“92-3-7”作父本杂交选育而成。该品种顶叶褐色，叶色绿色，叶脉绿色，脉基紫色，叶片较大呈心脏形，蔓色绿色，株型匍匐，基部分枝4~5个，单株结薯数3~4个，薯块纺锤形，薯皮紫红色，薯肉淡黄色。萌芽性较优，出苗整齐，幼苗生长健壮；栽后成活快，大田生长势强，耐旱、抗逆性强、适应性广；结薯集中整齐，上薯率90%以上，鲜薯产量可达2 200kg/亩，淀粉含量24%~26%。熟食味甜，纤维较少，商品性好。适宜在重庆、四川、江西、湖南、湖北、江苏南部地区种植。

第二节　鲜食及食品加工型品种

一、济薯21

济薯21是由山东省农科院作物所育成，以“CHGU1.002”作母本，以“PC94-1”作父本，经有性杂交选育而成，2007年通过国家鉴定。该品种萌芽性好，叶绿色，顶叶绿边褐，叶片心脏形，叶脉紫色，茎紫色，中长蔓，较细，分枝较多，长势旺；结薯集中，大中薯率较高，薯块纺锤形，红皮黄肉，结薯性较好，食味较好；高抗根腐病，感茎线虫病和黑斑病。2007年山东省引种试验平均亩产鲜薯2 389.8kg、薯干784.8kg、干物率32.6%。该品种适应加工熟制薯干用。

二、栗子香

由中国农业科学院原薯类研究所用“南瑞苕”与“胜利百号”杂交，后经徐州地区农科所繁育定名。该品种顶叶色浅绿，主脉色微紫，叶心形带齿。蔓长绿色。薯块长纺锤形，粉红色皮，薯肉白色。可溶性糖8.01%，粗蛋白4.58%，粗纤维3.66%，烘干率34%。熟食干面，有栗子香味，经贮藏后更加香甜。亩密度3 500株，亩产

2 000kg 以上。耐肥、耐旱，较抗黑斑病，但易感茎线虫病，薯块易发芽。

三、南薯 010

南薯 010 是南充市农业科学研究所引进国际马铃薯中心的“PC99-1”集团杂交种子，所选育的一个高胡萝卜素食用及食品加工用保健新品种，2010 年四川省审定。中早熟、中蔓型。顶叶色绿，叶形浅裂复缺，叶脉紫，柄基紫，叶色绿，叶片大小中等；蔓色绿，蔓粗细中等，蔓长中等，基部分枝 6~8 个，茎尖茸毛多，株型匍匐，自然开花；薯块长纺锤形，皮黄色，薯形美观，薯肉桔红，烘干率 20.98%，淀粉率 11.89%，可溶性总糖为 7.29%，粗蛋白 0.556%，维生素 C 20.1mg/100g 鲜薯，类胡萝卜素含量 9.3mg/100g 鲜薯，藤叶粗蛋白含量为 1.44%。甜味中等，纤维含量少，熟食品质优；萌芽性较好，出苗早、整齐，单薯萌芽数 10~14 个，幼苗生长势较强；单株结薯 5~6 个，结薯整齐集中，易于收获；2007—2008 年参加省区试，鲜薯产量平均 2 235.18kg/亩，抗黑斑病，耐旱、耐瘠性较强。

第三节　食用兼饲用型品种

一、恩薯四号

恩薯四号是恩施州农科院 1998 年以本院选育的亲本“恩薯 3 号”作母本，以“恩薯 1 号”作父本杂交选育而成。种薯繁殖萌芽性好，出芽较整齐。茎叶生长旺盛，叶片心形，叶色绿色，叶柄基紫色、脉基紫色、叶脉紫色，茎色为黄绿色。主蔓长 258cm，分枝 6.65 个，单株结薯 3.3 个，薯形为长纺锤形，薯皮红色、光滑，薯肉黄色，大中薯率 80.15%，烘干率 29.01%，食味中等。对黑斑病、软腐病的抗性较好，感根腐病，重感薯瘟病。适应湖北省绝大部分地区种植，在山区适合间套作种植。

二、鄂薯 4 号

由湖北省农科院作物育种栽培研究所用“AISO122-2”作母本与“鄂薯 2 号”作父本进行有性杂交，在子代实生系的无性繁殖后代中筛选而成。2002 年通过湖北省品种审定委员会审定。该品种萌芽性好，出苗早而整齐，大田生长势较强。结薯早且较集中，膨大快。顶叶绿色，叶淡绿色，叶片心形，叶脉淡紫色，茎绿色。薯块长纺锤形，表皮淡红色，薯肉桔黄色，烘干率 25.8%。耐渍性、抗旱性较强，较抗根腐病和黑斑病。鲜薯块水分含量 79.68%，淀粉含量 12.68%，蛋白质含量 1.00%，可溶性糖含量 3.52%，维生素 C 含量 36.93mg/100g，类胡萝卜素含量 0.97mg/100g。鄂薯 4 号生物学产量高，其每亩鲜产茎叶可以达到 4 000kg 以上，地下块根仍然可以收鲜薯 2 000kg，其生物学总产可以达到 6 000kg 以上；是一个高产、优质、高抗的食、饲两用型新品种。

三、恩薯二号

恩薯二号是恩施州农科院用“8714-13”作母本，“徐薯 18”作父本，经有性杂交育成。恩薯 2 号顶茎绿色，叶片心形浅裂单刻，叶色深绿，叶脉浅紫色，叶脉基部紫色，浅绿红茎，平均主蔓长 120.7cm，分枝 5.1 个，半匍匐生长。薯皮深红，肉色桔红，结薯集中，薯形整齐为短纺锤形，抗病耐贮，萌芽快，节间短，苗质好。百苗重 1 903g，栽后易成活。烘干率 32.6%，淀粉含量 21.17%。耐阴性强，适宜间套作种植。2002 年，恩施市白杨坪乡 1.5 万亩示范片，两年平均单产达 2 100kg/亩。适应在湖北省恩施州绝大部分地区种植、在山区适合间作套种植。

第四节　茎尖菜用型品种

一、鄂菜薯一号

鄂菜薯一号系湖北省农业科学院 2002 年用从徐州甘薯研究中心引进的“w-4”为母本，以该院选育的水果型甘薯“鄂薯三号”为父本，进行定向杂交，再从实生系种子中选育而成。于 2010 年 4 月通过湖北省农作物品种审定委员会审定。基部分枝数 10.8 个，平均茎粗 0.28cm，叶形心形、顶叶色、叶色、叶脉色、茎色均为绿色，柄基色绿，茎端及表皮无茸毛，最长蔓长 160cm，薯皮淡红黄色，薯肉橘红色，薯形长纺锤形。鄂菜薯 1 号品质经农业部农产品测试中心测试，鲜样蛋白质含量 3.28%，脂肪 0.39%、粗纤维 1.18%、干物质 10.20%、碳水化合物 5.23%、灰分 1.34%、维生素 347.0mg/kg、类胡萝卜素 24.1mg/kg、钙（以干基计）8.0mg/kg、磷（以干基计）6.0mg/kg、铁（以干基计）209.0mg/kg。在鄂菜薯 1 号中检测到 17 种人体所必需氨基酸，氨基酸总和为 25.9mg/kg，品质综合评分居试验第一位。鄂菜薯 1 号 2007—2008 年两年分别在新洲、黄陂、江夏和湖北省农业科学院等 5 点进行区域试验，对照品种为南薯 88，每年剪 6 次，平均每次茎叶产量 652.5kg/亩，居参试品种第一位。

二、宁菜薯一号

宁菜薯一号系江苏省农业科学院粮食作物研究所 2005 年以“苏薯 9”号为母本，经放任授粉获得杂交种。2006 年从实生苗中选出，2013 年 3 月通过全国甘薯品种鉴定委员会鉴定。宁菜薯 1 号顶叶、叶脉、叶片均为绿色，顶叶三角深复缺刻，分枝数中等，茎绿色，株形半直立。薯块萌芽性较好；薯形纺锤形，薯皮红色，薯肉白色。茎尖无绒毛，烫后呈翠绿—深绿色。略有香味和甜味，口感有滑腻感。中抗根腐病和病毒病，中感蔓割病，不抗茎线虫病，疮痂病为害轻，食叶性害虫和白粉虱为害轻。2010 年全国区试茎尖平均产量 29 735.7kg/hm^2。

第五节　紫色甘薯品种

一、绵紫薯 9 号

绵紫薯 9 号系绵阳市农科院于 2006 年从西南大学甘薯研究中心引进“4-4-259”集团的杂交后代中选育而成的，2012 年通过四川省甘薯新品种审定。中熟，紫肉食用型。株型匍匐，蔓长中等，基部分枝 5~7 个，蔓中等偏细，蔓色绿色，节色绿色。顶叶紫绿色，成熟叶绿色，深裂复缺刻。大中薯率 77%，薯块纺锤形，薯皮紫色，薯肉紫色；烘干率 29.18%，淀粉率 19.03%。熟食品质优，结薯集中，单株结薯 4 个以上，萌芽性较好，单块萌芽 13~18 个，长势中等。中抗黑斑病。2011 年区域试验和生产试验同时进行，区试平均亩产 1 701kg，在所有参试品系中居第一位，薯块干物率 28.9%。

二、济薯 18

济薯 18 号系山东省农科院作物研究所与国际马铃薯中心合作，以“徐薯 18”作母本，以国外品种“PC99-2”作父本，通过有性杂交选育而成的紫色甘薯新品种。2007 年通过国家农作物品种审定委员会审定。顶叶和叶片均为绿色，叶脉深紫、脉基和柄基均紫色；叶三角形，边缘齿状，蔓中长，紫中带绿；分枝数较多，地上部生长旺盛，属匍匐型；薯块长纺锤形或直筒形，皮色紫，春薯肉色淡紫，夏薯肉色紫；结薯早而集中，中期膨大快，后劲大，单株结薯数 4.1 个，大中薯率 80.3%；萌芽性好，出苗早而多；抗逆性强，耐旱，耐瘠、适应性广；品质优，经测试鲜薯烘干率 26%~30%，蛋白质含量 1.03%，淀粉含量 15.05%，花青素含量 17.1mg/100g，熟食味中上。夏薯亩产 2 000kg。

三、宁紫薯一号

宁紫薯一号由江苏省农业科学院粮食作物研究所用“97-23”放任授粉杂交选育而成。顶叶绿色，叶脉绿色，茎绿色，叶片心脏形。中长蔓型，薯形为长纺锤形，单株结薯数 4~5 个，干物率 28%左右，薯皮紫红色，薯肉紫色，薯形外观光滑，结薯整齐，商品性好，薯块的花青素含量为 22.41mg/100g，可溶性糖 5.6%，硒含量为 0.0166mg/kg，抗茎线虫病和根腐病。该品种作春薯种植产量可达 3 000kg/亩以上。

第四章 甘薯育苗及栽插技术

第一节 甘薯育苗

一、苗床选择

选择背风向阳、地势高、排水良好、管理方便的肥土作苗床，床土最好用新土，或用新地作苗床，以杜绝病源发生。整地后按 1.7m（包沟心）划线，播种厢面宽 1.15m，用扁锄将 5~6cm 厚的表土刨入沟中，铺一层新鲜牛栏粪（低山 5cm，二高山 6~7cm）于厢面上，然后选择晴天进行排种。

二、精选种薯与处理

“好种出好苗”是我国农民长期生产实践经验的总结。选种是防止烂床、保证薯苗数量、质量的有效措施。选种时应选择具有本品种皮色、肉色、形状等特征明显的纯种，要求皮色鲜艳光滑，次生根少，薯块大小适中（100~150g），无病无伤，未受冻害、涝害和机械伤害，生命力强健的薯块。经过窖选、消毒选、上床排种时选三次筛选，尽量剔除病、伤和不符合标准的薯块，选出最好的薯块进行排种。

排种前要做到浸种灭菌，具体做法是：用 55℃温水浸种 10min，或用 300 倍代森铵药液浸泡 10min，也可用 5%多菌灵 500~800 倍液浸种 5min 后捞出晾干，准备上床。

三、种薯排种

甘薯育苗的排种期以各地区的气候条件、栽培制度、栽插期、育苗方法等来确定。适时排种可以早出苗、多出苗、出壮苗。在咸丰，播种时期，低山于 3 月上旬，二高山于 3 月中旬，选晴天 10 时到 16 时进行播种，排种时将种薯头尾先后相接排在牛粪上，切忌倒排，一般顶（头）部皮色较深，浆汁多，细根少，尾部皮色浅，细根多，细根基部伸展的方向朝下，薯块之间留 1.5cm 空隙，为了保证出苗整齐，应当保持上齐下不齐的排种方法，大块的入土深些，小块的浅些，使薯块上面都处在一个水平上。一般情况下，春薯每亩甘薯所需秧苗用 60kg 种薯就可育成。种薯的大小以 0.10~0.15kg 比较合适，排种密度为 15~20kg/m^2 为好。排种太密，成苗反而少，而且苗子质量差，茎细节长，栽插后成活率低。起沟土盖种 1.5~3.5cm，将薯种盖好，厢面整平，四周排水沟通畅。同时用地膜铺平厢面，地膜四周用土密封保温。在咸丰，一般采取单膜覆盖，有的地区为了加温和保温，也会采取双膜覆盖，在厢面上拱起竹材，又盖上一层薄膜，四周压严。

四、苗床管理

育苗全靠管理，管理适当，出苗多而快，苗子壮。甘薯从排种到幼苗出土是薯块萌芽阶段，这阶段由于气温与地温都低，所以主要管理工作是保温。地膜四周要用土密封保温，防止被风吹开，薯块遭受冻害，同时要控制浇水，因为薯块萌芽阶段没有叶片，蒸发量少，水分消耗少，所以这阶段尽量少浇水或不浇水，以免降低地温，影响出苗。但因排薯时，浇水不足，苗床太干，会影响薯块生根发芽，这时还得适当补充水分，以薯皮保持湿润为好。播种后 25~30d 开始出苗顶土时，是培育壮苗的阶段。若遇晴天，10 时将地膜揭去，浇一次稀粪，安上竹拱架，重新将地膜放在竹搭架上，每天坚持早揭晚盖。若遇连阴雨天就将地膜盖严。4 月中旬（二高山 4 月下旬）方可撤膜，将地膜洗净晾干保存。到采苗前这阶段的管理要以“蹲苗”和“炼苗”为主。坚持多次剪苗移栽，5 月上旬当薯秧有 20~30cm 时开始剪苗，严禁拔苗。剪苗要留一寸苗桩，可减轻带病茎数。每剪一次苗应以稀粪加尿素（每 50kg 稀粪加 1kg 尿素）对匀后浇施提苗，促进苗多苗壮。剪苗后至薯苗伤口尚未愈合前，不能立即追肥，以免引起霉烂，也就是说当天剪苗当天不能追肥，要到第二天才能进行。对暴露在外的种薯，要及时培土覆盖，促使生根发芽。苗长 7~8 节，够剪就剪，不然会影响苗的数量和质量。

第二节　甘薯栽插技术

甘薯的栽插技术是甘薯栽培的关键技术之一，其栽插方式对甘薯抗旱能力、结薯特点、结薯多少、结薯大小、产量高低及品质有密切关系。生产上常见的栽插方式有直插法、斜插法，水平插法、船底形栽法、压藤法等。现将5种甘薯栽插法介绍如下。

一、水平插法

一般采用长25~30cm的薯苗，栽插时顺垄向开浅沟，把薯苗3~5个节平放在垄面下5~10cm深的浅土层中，苗梢2~3个节外露，盖土压实（图4-1）。由于各节都能生根结薯，很少空节，结薯较多而均匀。如能配合较好的水肥条件，可获得高产。但其抗旱性较差，如遇高温、干旱、土壤瘠薄等不良环境条件，保苗比较困难，易出现缺苗或少株，并因结薯多而营养不足，导致小薯率增多，影响产量。所以水平插法多适于水肥充足、多雨湿润地区应用，小面积高产栽培及“迷你薯”生产适宜采用此法。

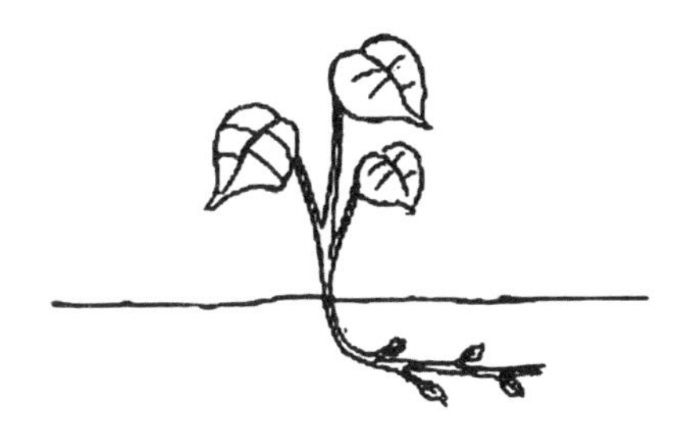

图4-1　甘薯水平插法

二、斜插法

一般采用长20~25cm的秧苗斜栽于垄土中，斜度约45°，插入土中2~4个节，苗尖露出土表2~3个节（图4-2）。这种栽插法入土节位多，耐旱，操作容易，抗风，易成活，单株结薯数稍多，靠近地面的节上结薯较大，下部节上结薯小，甚至不结薯。如适当增加单位面积株数，即使单株薯块数不多，由于薯块较大，也可使单位面积薯重有所增加，从而获得高产。所以斜插法适于水肥条件中等、比较干旱的地区采用。

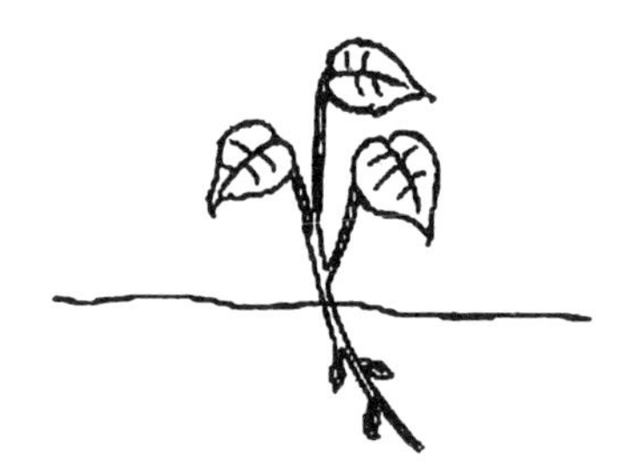

图 4-2　甘薯斜插法

三、船形法

适于稍长的薯苗。先将苗的基部埋入 2~3cm 的浅土层内，把薯苗中部向下弯曲压入土中，深 4~6cm（沙地深些、黏土地浅些），苗尖和各节叶子外露，首尾稍翘起呈船底形（图 4-3）。由于入土节数较多，多数节位接近土表，有利于结薯，因而产量较高，但薯苗中部入土深的部位结薯少而小。宜在土质肥沃、土层深厚、无干旱威胁的条件下采用。此法具备水平浅栽法和斜插法的优点，缺点是入土较深的节位如果管理不当，易成空节。

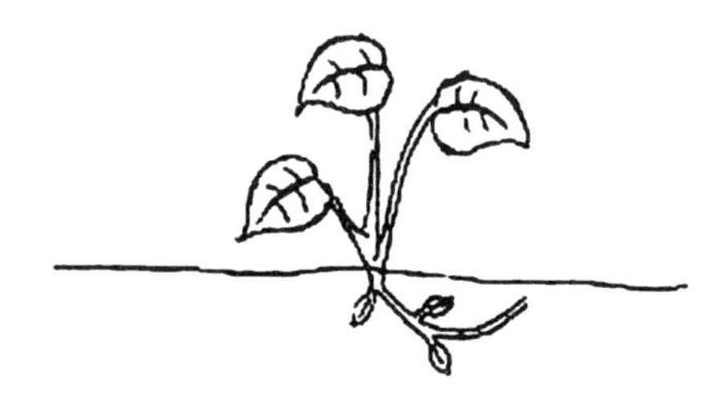

图 4-3　甘薯船形插法

四、直插法

薯苗较短，薯苗长 17~20cm，有 3~4 个节，将 2~3 个节直插入土中，深约 8~10cm，其余 1~2 个节留在土外（图 4-4）。这种栽插法由于插苗较深，容易吸取土壤下层水分和营养物质，能提高耐旱、耐瘠能力，缓苗快，成活率高且省工。直插法结薯多集中在上部节位，下部节位土壤条件差，结薯很少，结薯比较集中，大薯率高，便于机械收获。但是，由于薯苗入土节数少，有利结薯的部位少，以致影响产量，但适当增加密度，也可解决单株结薯数少的不足。宜在干旱瘠薄地或丘陵坡地采用。

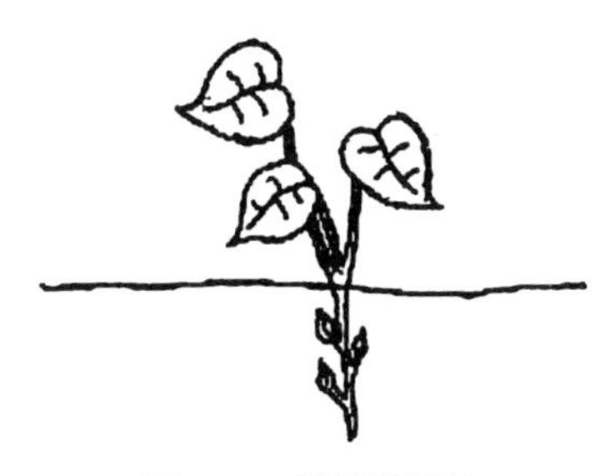

图 4-4　甘薯直插法

五、压藤法

南方多阴雨地区或夏薯繁种多用此法，又称长苗水平栽插法。将去顶的薯苗全部压在土中，而薯叶露出地表，栽好后用土压实后浇水（图 4-5）。由于插前去尖，破坏了顶端优势，可使插条腋芽早发，节节萌芽分枝。这种栽插法生根结薯，茎多叶多，促进薯多薯大，且不易徒长。但抗旱性能差，费工，小面积种植或夏薯种植适宜采用此法。

图 4-5　甘薯压藤法

第五章　甘薯高产栽培技术

第一节　单作甘薯高产栽培技术

单作甘薯是指在前作蔬菜、油菜、小麦、马铃薯收获后，接着栽一季甘薯。冬季蔬菜田可种植春薯，高产指标亩产鲜薯3 500kg；油菜、小麦地可种植夏薯，高产指标亩产鲜薯2 000kg；马铃薯田可作甘薯留种田，高产指标亩产鲜薯1 500kg。

一、选地整地

甘薯是适应能力极强的作物，对土壤要求不严，但要获得较高的产量和较好的品质，仍需有良好的土壤环境和耕作管理措施。因此甘薯地块的选择与深耕起垄也是甘薯生产中不可忽视的重要环节。

（一）地块选择

甘薯属于块根作物，通常选择土层较深厚、土质较为疏松、通气性良好、保肥保水能力强和富含有机质的中性或微酸性的砂壤土或壤土。

（二）深耕起垄

普遍推行深耕起垄栽培，垄作可使土壤结构疏松，空隙度大，透气性好，吸热散热快，加大昼夜温差，利于甘薯生长和根系积累养分，也便于透水排涝。采取晴天起垄，雨前或雨天抢栽，有利大面积抢住栽插季节，提高栽苗成活率，做到一次全苗。垄栽规格要依据地势和栽植方式而定。坡土要横向沿等高线起垄，不可由坡顶向坡底起垄；平坝肥土而地下水位高，垄宜窄而高；单行栽插的垄宜窄而稍矮，双行栽插的垄宜宽而高。高垄双行一般垄宽1m（包沟心），垄面40～50cm，垄高25cm左右，株距20cm；窄垄单行（包沟心）60cm，垄面25cm，垄高20cm，株距20cm，每亩密度4 000～5 000株。

（三）施足基肥

甘薯虽然耐瘠能力强，但要高产就需增加施肥量。综合各地试验资料，亩产鲜薯万千克须施纯氮 20~25kg，五氧化二磷 15~20kg，氧化钾 35~50kg，氮磷钾比例以 1：0.8：1.5 为宜。恩施地处长江中上游，历年有伏旱，高产薯田应在伏旱来临前及早封垄并形成一定薯块产量，以增强抗逆丰产能力，必须坚持施足底肥、早追氮肥、看苗补肥等原则。底肥一般占总肥量 70%，以腐熟牛粪、渣粪、火土等农家肥为主，掺入足量复合肥（亩施 40~50kg），在整土后起垄前均匀撒施地面，通过起垄将肥料与土壤混匀盖好，保证整个生长期养料供应。

二、大田扦插

（一）选择壮苗

壮苗标准为薯苗长 20cm 左右，展开叶片 6~7 片，叶色浓绿，顶三叶齐平，茎粗节短，无病斑，根原基多，百棵苗鲜重 0.5~0.75kg、壮苗生活力强，扎根快、成活率高、结薯早、耐旱能力强。尽量使用第一段苗，切忌使用中段苗，很大程度避免了薯苗携带病原菌，从而保证甘薯能够达到高产。

（二）栽插时间

根据当地气候条件、品种特性和市场需求选择适宜的栽插期。一般当土壤 10cm 地温稳定在 17~18℃时栽植。适时早栽能够延长甘薯的生育期，生长时间越长，营养物质积累越多，产量就越高。要保证甘薯高产，春薯生长不能少于 180d，夏薯不少于 150d。恩施州地区一般 5 月 20 前栽春薯，6 月 10 日前栽夏薯，6 月 20 日前后栽留种薯。栽插时间最好选择在阴天土壤不干不湿时进行，晴天气温高时宜午后栽插。大雨天气栽插甘薯易形成柴根，应在雨过天晴土壤水分适宜时栽插。如果久旱缺雨，应考虑抗旱栽插。

（三）扦插方法

甘薯栽插方法与保证全苗、产量形成关系密切，应根据薯苗长短、栽插时间、土壤墒情及气候条件等具体情况因地制宜地选择栽插方法。咸丰地区一般采用斜插法，用窖锄按株距 20cm 在垄上挖个裂口，斜插薯苗 3.5~5cm，薯苗露出土外 3 节左右，将根际用土按实即可。

（四）合理密植

甘薯的栽插密度应与栽插时期、品种特性、土壤肥力、光照强度、生产用途及栽插方法等密切配合。一般情况下，栽插期早的密度小些，栽插期晚的密度大些；大叶型品种密度小些，小叶型的密度大些；品种株型紧凑的密度大些，品种株型松散的密度小些；土壤肥力水平高的密度小些，土壤肥力水平低的密度大些；大田浇灌条件好的密度小些，大田浇灌条件差的密度大些；南方等光照强的区域密度小些，北方等光照弱的区域密度大些；鲜食用甘薯密度大些，工业淀粉用甘薯密度小些；一般北方地区单行垄作春薯种植密度为3 000~3 300株/亩，夏薯为3 500~4 000株/亩，南方地区秋薯和冬薯密度相对大些，大面积种植密度为4 000~6 000株/亩。

三、田间管理

（一）查苗补苗

在薯苗扦插后，常因干旱、病虫害危害、弱苗或栽培失误等引起少量死苗缺株，应及时查苗补苗，保证全苗。查苗补苗愈早愈好，宜在插后4~5d内进行。补苗成活后用2%磷酸氢铵水溶液浇施，促进补苗的快速生长。

（二）中耕除草

一般在栽后10d至封垄前中耕除草2~3次，如遇多雨、杂草多时还要增加中耕次数。中耕可以消除杂草、疏松土壤、同时防止露根、露薯，减少虫鼠为害。中耕深度应根据甘薯不同生长期的根系情况而定，一般是由深到浅，上浅下深。初次中耕是在甘薯生长初期，中耕深度可达7cm左右。块根形成后，为了不损伤根系和块根，中耕深度随之渐浅，一般以3cm左右为宜。培土时，一般培土厚度为5cm左右为佳，不宜太厚。

（三）合理施肥

根据不同生长时期确定追肥时期、种类、数量和方法，做到合理追肥。追肥一般施三次，即：①催藤肥，栽后10~20d亩施尿素10~20kg（或碳铵15~20kg）、距苗根15cm处，将行中用窖锄挖穴点施土中，及时盖肥，促进早分枝早封垄。②结薯肥，栽后40d至封垄前，亩施复合肥 15~20kg，与腐熟的油菜壳 750~1 000kg 拌匀，施于垄面，结合清沟培垄盖好肥料，促进多结薯、结大薯。③根外补肥，立秋至处暑，对藤叶生长旺盛的田块进行根外追肥。每 50kg 水对磷酸二氢钾 0. 1kg、尿素 0. 25kg，混匀后每亩喷液约 100kg 于叶面上，促进藤叶养料向块根运转，促使更多小薯变大薯，大薯长得更大。

（四）藤蔓管理

为控制主茎长度和长势，促进侧枝发生和分枝生长，当薯藤长到 30~40cm 时，打一次顶尖可促进多分枝，有利地协调地上和地下矛盾，有利于结薯大而均匀。大量试验表明，翻藤与剔藤都会造成减产，因而不必翻藤。为了满足养猪的青饲料需要，既要剔藤，又要甘薯高产，则必须分次、适量，并且每次剔藤后都要增施氮肥，以促进生长。

四、甘薯收获

（一）适时收获

甘薯是块根作物，块根是无性营养体，块根的膨大不受发育阶段影响，只与温度、地力有关。甘薯没有明显的成熟期，只要条件适宜，生长期越长，产量越高。在露地栽培中，不同地区就要根据当地的气候特点来选择合适的收获时间。收获时间不同，产量、品质、耐贮性有明显差异。甘薯的收获适期是在气温下降到 15℃开始，到气温 10℃以上、地温 12℃以上收获完毕，避免低温冷害对甘薯的为害。如果收获过早，会人为缩短甘薯的生长期，生长不充分，产量下降，品质差。但收获过晚，如果遇到 9℃以下的低温，会使薯块受冷害或冻害，不利于薯块安全贮藏，也影响食用。收获早晚还会影响到薯块出干率及淀粉含量。对不同用途、不同情况如需腾茬、甘薯加工、鲜食、留种用等原因其收获期应分别对待。①春薯加工区主要用于晒干、加工淀粉等，应于 10 月初至 10 月中旬收获，此期甘薯产量及烘干率均较高，且天气好，利于加工。②需早腾茬，可在 9 月下旬收获，但甘薯产量减少 10%左右。③留种用甘薯，必须在霜降前收获，甘薯不受冷害，过早收获气温高，入窖易造成病害发生。其他用途如作鲜食用商品薯，可早收，早上市，价格高效益好。

（二）收获技术要点

尽量选择天晴、土壤湿度较低时收获甘薯，收获前一天先把地上茎叶部分割去，割的时候在根部要留出一段，以便收获时有明确的目标。一般上午收获，中午在地里晾晒，经过严格选薯，剔除在田间遭受水浸、冷害、冻害、破伤、带病的薯块于当天下午运回贮藏。当天不能贮藏的，晚上必须要加盖覆盖物以防冷害。无论人工收刨或机械收获都要做到轻刨、轻挖、轻拿、轻装、轻运、轻放，尽量不损伤薯皮。

第二节　间套作甘薯高产栽培技术

随着紧凑型玉米品种引入，旱地多熟高产高效种植模式的应用，间套作模式可以有效改善作物争夺空间的矛盾，综合效益高于单作，资源利用率提高，有利于农业的平衡发展。

一、甘薯间套作种植模式

（一）小麦/春玉米/甘薯方式

于小麦预留行里套春玉米，麦后套栽甘薯。小麦按1.5~1.6m划线，播两行小麦，小麦行距40cm，保证预留行1.1~1.2m于便早春栽两行早玉米。玉米按宽窄行栽植，窄行0.33m，宽行1.1~1.2m。麦收后及时在玉米宽行正中施肥起垄，每垄栽两行甘薯，保证密度每亩栽4 000株。麦后甘薯必须抢在6月10日前栽完，最迟要在6月20日左右栽完。

（二）小麦（油菜）-夏玉米/甘薯方式

于密播小麦或油菜收获后，及时栽玉米，玉米行中套栽甘薯。夏玉米于3月底至4月上旬前期适期早播育，宽窄行起垄，玉米按窄行距0.33m起垄，保证密度每亩栽4 000株，甘薯按0.8m起垄，保证密度每亩栽4 000株。

（三）马铃薯/春玉米/甘薯方式

在马铃薯预留行中套春玉米，马铃薯收后，及时套栽甘薯。马铃薯按1.5~1.6m划线，播两行马铃薯，马铃薯行距50cm，保证预留行1.1~1.2m于早春栽两行早玉米。玉米按宽窄行栽植，窄行

0.33m，宽行1.1~1.2m。马铃薯收后及时在玉米宽行正中施肥起垄，每垄栽两行甘薯，保证密度每亩栽4 000株。马铃薯收后甘薯必须抢在6月10日前栽完，最迟要在6月20日左右栽完。

二、甘薯间套作配套栽培关键技术

（一）安排茬口、合理耕作

间套作模式核心技术是分带种植不同茬口的作物，间套作种植增加了土地负荷，因而合理安排茬口，搞好田间耕作管理，培肥土壤肥力和协调好各作物间光温资源，才能获得各作物的高产稳产，充分发挥耕地潜力。适当种植豆科、油菜等肥地的作物，尽量应用免耕栽培技术和加大秸杆还土力度，减少耕翻对土壤结构的破坏，增加土壤保水保肥能力，达到培肥土壤的目的。同时，不论何种间套作种植模式，都应该缩短套种作物之间的共生期，减少相互间荫蔽作用，各种作物宜选用中熟品种，早套种，早收割，保证各作物在灌浆结实期有足够的温光资源。

（二）选用优良种质、合理密植

选用紧凑型、半紧凑型玉米新品种，其株形较紧凑，透光性好，植株较矮健，抗倒伏力较强等特点，也为增加密度提供了可能性，同时为提高甘薯种植密度创造了条件。根据所做的甘薯密度试验得出结论，从经济效益分析，以4 000株/亩经济效益最好。在平栽条件下，密度大，产量高，各处理间差异均极显著，从经济效益来看，仍以4 000株/亩为佳，密度增大，增加薯苗成本20~40元，而鲜薯增产只100~200kg，按单价0.5元/kg计算，增产不增收。

（三）推广配方施肥

间套种植必须分别满足作物的施肥量，尤其不能认为给玉米施足了肥料而不另给甘薯施肥，一定要防止肥料不足而导致减产。玉米基肥采用复合肥（N：P_2O_5：K_2O=15：15：15），总养分含量为45%。亩施用量50kg，追肥分苗肥和穗肥两次施入，苗肥亩用尿素10kg；穗肥亩用尿素20kg。套栽在玉米行中的甘薯，在小麦或马铃薯收获后及时整土，将麦草（或马铃薯茎叶）翻入土内，每亩施复合肥（或复混肥）35kg拌火土200kg，撒在玉米宽行面上，通过起沟培垄使肥料与土壤混匀盖好。栽后15～20d内追施尿素5～10kg（或碳铵15～20kg），距薯蔸13.3cm处用窖锄挖穴施入，并清沟盖好肥料。玉米收获后，及时挖去玉米蔸、结合锄草，追施稀粪1 500～2 000kg/亩，促进藤叶生长，多结大薯。

（四）严禁剔藤

套栽甘薯在整个生长期内不可剔藤作饲料，否则，甘薯会减产。即使栽秋玉米，也不可剔藤或割藤，可在早玉米收获后及时将薯藤理向沟心，再挖去根茬，在窄行线上给秋玉米施肥，秋玉米栽后根据需要注意理藤2次，以免薯藤盖住秋玉米苗，而影响秋玉米生长势。

第六章　甘薯主要病虫害防治技术

甘薯是粮食、蔬菜、饲料兼用作物，营养价值很高，也是工业生产的原料，近来越来越受到人们的青睐，但是伴随着种植区域不断扩大，病虫害发生程度也有蔓延的趋势。甘薯病虫害主要有黑斑病、软腐病、根腐病、黑痣病、病毒病、甘薯瘟病、茎线虫病、蚁象、斜纹夜蛾、卷叶虫等。

第一节　甘薯病害防治技术

一、甘薯黑斑病

甘薯黑斑病又称黑疤病，俗名黑疔、黑膏药、黑疮等，是甘薯的重要病害。此病发生为害期很长，从育苗期、大田生长期到收获贮藏期都会发生。薯块受害时间最长，损失很大。而且病薯含有毒素，牲畜吃了也会中毒，甚至死亡。

（一）症状

为害薯苗茎基部和薯块，育苗期病苗生长不旺，叶色淡。病基部长出椭圆形或梭形病斑稍凹陷，病斑初期有灰色霉层，后逐步出现黑色刺毛状物和黑色粉状物。病斑逐渐扩大，苗的基部变黑，呈黑脚状而死，严重时苗未出土即死于土中。种薯变黑腐烂，造成烂床。圆筒形、棍棒形或哑铃形。分生孢子可随时萌发生出芽管，在芽管顶端再串生小的内生次生孢子；但有时也可萌发后形成厚垣孢子，暗褐色椭圆形，壁厚，能抵抗对甘薯黑斑病病原菌不利的农业植物病理学不良环境影响。

（二）病原

甘薯黑斑病是由甘薯长喙壳菌侵染引起。病菌以厚垣孢子和子囊孢子在贮藏窖或苗床及大田的土壤内越冬，或以菌丝体附在种薯上越冬，成为次年初侵染的来源。

（三）传播途径

黑斑病主要靠带病种薯传病，其次为病苗，带病土壤、肥料也能传病。用病薯育苗，长出病苗，病菌可直接侵入苗根基。在薯块上主要从伤口侵入，也可通过根眼、皮孔、自然裂口、地下虫咬伤口等侵入。在收获、贮藏过程中，操作粗放，造成大量伤口，均为病菌入侵创造有利条件。窖藏期若不注意调节温湿度，特别是入窖初期，由于薯块呼吸强度大，散发水分多，薯块堆积窖温高，在有病源和大量伤口情况下，很易发生烂窖。黑斑病发病温度与薯苗生长温度一致，最适温度为25~27℃，最高35℃；高湿多雨利于发病，地势低洼、土壤粘重的地块发病重；土壤含水量在14%~60%，病害随温度增高而加重。不同品种抗病性有差异；植株不同部位差异显著，地下白色部分最易感病，而绿色部分很少受害。

（四）防治方法

1. 培育无病苗

建立无病苗种地，严格控制病苗、病薯的调运传播，发现病薯、病苗及时处理。

2. 适时收获，安全贮藏

晴天收获留种薯，避免薯块淋湿和冻伤，贮藏室要清洁消毒，严格挑选健薯，剔除病薯入贮，以保证贮薯安全。

3. 种植无病壮苗

种前种苗最好喷施2%福尔马林消毒，薯块最好放入2%福尔马林溶液侵泡10min，以杀死病菌，苗床也要消毒。

4. 选好苗床

苗床最好选择向阳避风、土壤肥沃、排水良好的高旱地，床土最好用新土，或用新地作苗床，以断绝病源的发生危害。

5. 采用两次高剪移栽

第1次当苗长25cm左右时，从苗基部离地面3~6cm处剪下移栽；第2次再将繁殖苗离地10~15cm处剪下移栽到大田，这样可以保证无病健苗种植。

6. 合理轮作

黑斑病菌能在土壤中存活2年以上，因此，实行3年以上的轮作和改种，并加强大田管理能有效防止该病发生。

7. 药剂浸苗

用70%甲基托布津可湿性粉剂500~700倍液，蘸根部6~10cm处2~3min。

二、甘薯软腐病

甘薯软腐病俗称“水烂”，是甘薯收获及贮藏期重要的病害。该病常发生于贮藏后期，通常是薯块受到冻伤后，抵抗力较弱，病菌开始进行侵染。该种病菌会在薯块间传染，一旦暴发，将对甘薯产量和品质造成极大的损失。

（一）症状

薯块染病，初期在薯块表面长出灰白色霉，后变暗色或黑色，病组织变为淡褐色水浸状，后在病部表面长出大量灰黑色菌丝及孢子囊，黑色霉毛污染周围病薯，形成一大片霉毛，病情扩展迅速，2~3d整个块根即呈软腐状，发出恶臭味。

（二）病原

甘薯软腐病的病原是匍枝根霉，又称黑根霉，是真菌的一种，属接合菌纲的根霉属。该菌易从薯块伤口处侵染，生活适应性很强，可存留于空气、薯皮甚至窖土中。

（三）传播途径

该菌存在于空气中或附着在被害薯块上或在贮藏窖越冬，由伤口侵入。病部产生孢子囊借气流传播进行再侵染，薯块有伤口或受冻易发病。发病适温15~25℃，相对湿度76%~86%；气温29~33℃，相对湿度高于95%不利于孢子形成及萌发，但利于薯块愈伤组织形成，因此发病轻。

（四）防治方法

适时收获，避免冻害，甘薯应在霜降前后收完，收薯宜选晴天，避免造成伤口。入窖前精选健薯，剔除病薯，把水气晾干后适时入窖，提倡用新窖，旧窖要清理干净，或把窖内旧土铲除露出新土，必要时用硫黄熏蒸，每立方米用硫黄50g。对窖贮应据甘薯生理反应及气温和窖温变化进行三个阶段科学管理：一是贮藏初期，即甘薯发干期，甘薯入窖10~28d应打开窖门换气，待窖内薯堆温度降至12~

14℃时可把窖门关上；二是贮藏中期，即12月至翌年2月低温期，应注意保温防冻，窖温保持在10~14℃，不要低于10℃；三是贮藏后期，即变温期，从3月起要经常检查窖温，及时放风或关门，使窖温保持在10~14℃。

三、甘薯病毒病

甘薯病毒病症状与毒原种类、品种、生育阶段及环境条件有关。

（一）症状

病株表现花叶、皱缩、黄化、老叶出现紫红色羽状斑驳或环斑，茎蔓长势弱，薯块表皮粗糙，皮色变浅，产量低。一般减产20%~30%。

（二）病原

甘薯采用无性繁殖，体内病毒逐年积累，病情逐年加重，引起品种种性退化，产量和品质下降。病毒病种类有10余种，主要有甘薯羽状斑驳病毒（SPEMV）、甘薯潜隐病毒（SPLV）和甘薯黄矮病毒（SPYDV）3种。

（三）传播途径

薯苗、薯块均可带毒，进行远距离传播。经由机械或蚜虫、烟粉虱及嫁接等途径传播。其发生和流行程度取决于种薯、种苗带毒率和各种传毒介体种群数量、活力、传毒效能及甘薯品种的抗性，此外还与土壤、耕作制度、栽植期有关。病毒与细胞质共存于细胞中，难以采用药物防治。随着生物技术发展，利用甘薯茎尖病毒含量低或不带病毒的特性，进行茎尖分生组织培养，获取脱毒苗，再加速繁殖用于生产是防治甘薯病毒病的重要途径。

（四）防治方法

1. 选用抗病毒病品种及其脱毒苗

2. 用组织培养法进行茎尖脱毒，培养无病种薯、种苗

方法：取温室甘薯苗茎顶3cm左右芽段，用无菌水冲洗3次，在无菌试管内小心切0.2~0.4mm茎尖，接种在预先配好的无菌试管培养基中，通常用MS培养基，另外，可根据需要添加不同配比的激素。培养基一般盛在25cm×20cm的试管中，5~10cm。在温度22~

32℃，光强 2 000~5 000lx，日光照 16h，一般 2 个月左右成苗。脱毒苗繁育分原原种、原种和生产种三级。原原种用茎尖组织培养方法结合病毒鉴定技术获得的脱毒苗，在防虫温室或网室条件下生产的薯苗或薯块。原种用原原种薯或薯苗，在一定远距离隔离条件下生产的薯块。生产种用原种在大田条件下生产的薯块，它一般供大田用种，最多再繁殖一年大田利用，以后不宜作种薯利用。

3. 田间管理

加强薯田管理，大田发现病株及时拔除后补栽健苗，提高抗病力。

4. 药剂防治

发病初期喷洒 10%病毒王可湿性粉剂 500 倍液或 5%菌毒清可湿性粉剂 500 倍液、83 增抗剂 100 倍液、20%病毒宁水溶性粉剂 500 倍液、15%病毒必克可湿性粉剂 500~700 倍液，隔 7~10d 1 次，连用 3 次。

四、甘薯茎线虫病

甘薯茎线虫病又叫空心病，俗称“糠心病”，是由一种 2mm 以下的、像细线一样的线虫引起的，它的头部有铁钉状的口针，可以穿透甘薯的幼根或者表皮，钻到甘薯薯块内部，吸取营养，使甘薯肉形成灰、白、褐相间的空洞，变成“糠心”。该病是国内植物检疫对象之一，是一种严重为害甘薯生产的病害，发病轻者减产 20%~30%，重者减产 50%，甚至失收。在大田生长期和贮藏期均可发生。

（一）症状

甘薯茎线虫病主要为害甘薯块根、茎蔓及秧苗。茎线虫在薯块开始膨大时侵入薯体，感染茎线虫病的甘薯，薯蔓表皮龟裂，形成不规则褐斑，薯蔓内髓部变成黑褐色，严重发生时呈干枯状。受害薯块表皮出现一块块黑色晕斑，并形成较大的龟裂，薯块的内部变成褐、白或黑色腐烂。甚至在贮藏期还可引起薯块烂窖，失去食用价值。

（二）病原

甘薯茎线虫病原是一种寄生线虫，主要寄生在甘薯的块根及茎内，能以卵、幼虫、成虫三种虫态同时在薯块中于窖内越冬，也可以幼虫或成虫状态在土壤中越冬。

（三）传播途径

病原能直接通过表皮或伤口侵入。此病主要以种薯、种苗传播，也可借雨水和农具短距离传播。病原在7℃以上就能产卵并孵化并生长，最适温度25～30℃，最高35℃。湿润、疏松的沙质土利于其活动为害，极端潮湿、干燥的土壤不宜活动。

（四）防治方法

1. 加强检疫、保护无病区

严禁从病区调运种薯、种苗；对引进的可疑薯苗，进行消毒处理。

2. 建立无病留种地，培育无病壮苗

繁殖无病种薯、培育无病壮苗是防治甘薯茎线虫病的根本措施。

3. 清除病残体、减少病原线虫

每年育苗、栽种和甘薯收获时节，不要把病薯及病秧蔓等遗留田间，要全部收集起来深埋或烧毁。

4. 实行轮作或改制

重病田可改种水稻、玉米、高粱、棉花等作物，一般与非寄主作物轮作3~4年，但不能与马铃薯、番茄、花生等作物轮作。轮作3~4年以上的地块栽植甘薯，一般不会感染茎线虫病。

5. 药剂防治

（1）药剂浸苗。把薯苗下部一半浸入有效成分0.4%甲基异硫磷，或0.5%辛硫磷水溶液中10min，防病效果在80%以上。

（2）呋喃丹穴施。用3%呋喃丹颗粒剂，每亩2～3kg，加细砂150kg左右混拌均匀，栽薯时每穴先施入药砂50g，然后浇水栽苗，防病效果在90%以上。

第二节　甘薯虫害防治技术

一、甘薯蚁象

甘薯蚁象是甘薯主要虫害之一，又称甘薯象鼻虫或甘薯小象甲，属鞘翅目，蚁象虫科，是热带和亚热带地区甘薯生产上一种毁灭性害虫，通常使甘薯减产20%～50%，损失严重，甚至绝收，是甘薯生产主要限制因子之一。目前，世界上尚未找到有效抗虫基因，至今仍没有培育出高抗蚁象的品种。

（一）形态特征

成虫体长5~8mm，体型细长如蚁。全体除触角末节、前胸和足呈桔红色外，其余均为蓝黑色而有金属光泽。头部延伸成细长的喙，状如象鼻，复眼半球形略突，黑色；膝状触角10节，雄虫触角末节成棍棒状，雌虫则成长卵状。前胸长为宽的2倍，在后部1/3处缩入如颈状。两鞘翅合起来呈长卵形，显著隆起，宽于前胸，鞘翅表面具有不明显的22条纵向刻点；后翅宽且薄；足细长，腿节近棒状；卵乳白色至黄白色，椭圆形，壳薄，表面具小凹点；末龄幼虫体长5~8.5mm，头部浅褐色，近长筒状，两端略小，略弯向腹侧，胸部、腹部乳白色有稀疏白细毛，胸足退化，幼虫共5龄；蛹长4.7~5.8mm，长卵形至近长卵形，乳白色，复眼红色。

（二）生活习性

甘薯蚁象有明显世代重叠现象，多以成、幼虫、蛹越冬，成虫多在薯块、枯叶、土缝越冬，幼虫、蛹则在薯块、藤蔓中越冬，成虫昼夜均可活动或取食，白天喜藏叶背面为害叶脉、叶梗、茎蔓，也有藏在地缝处为害薯梗，晚上在地面上爬行。卵喜产在露出土面的薯块上，先把薯块咬一小孔，把卵产在孔中，一孔一粒，每雌产卵80~253粒。初孵幼虫蛀食薯块或藤头，有时一个薯块内幼虫多达数十只，少的几只，通常每条薯道仅居幼虫1只。早春成虫先在过冬植物上完成1代，再转移到田间危害。成虫飞翔力弱，怕直射日光，有假死性。

（三）为害症状

主要以幼虫为害，成虫取食薯藤和叶柄表皮，也为害嫩芽、嫩叶和叶背主脉。幼虫在薯块内和粗蔓中取食，形成隧道，并将粪便排泄于其中，而且还能传播细菌性病害，使受害部位变成黑褐色，产生特殊的恶臭和苦辣味，使甘薯不耐贮藏，不能食用，也不能作饲料。

（四）防治措施

由于蚁象多在地下块茎为害，世代重叠，给人工和药物防治带来很大困难，目前，对该虫还没有较理想的防治方法。

1. 加强检疫措施

从虫害区调运种薯、薯苗时，要严格实行检疫，带虫薯苗，必须要经有效的无害化处理后方可调运，从源头上堵住疫情传播渠道。

2. 农业防治

（1）田间管理。及时培土，适时灌水保持土壤湿度，防止薯块裸露。填塞垄面裂缝和覆盖薯蒂，减轻害虫侵害。

（2）清园灭虫。甘薯收获后将虫害薯、烂薯、坏蔓拾干净，集中放在水坑中浸 1~2d，幼虫及蛹被水浸没而死，防止成虫逃逸。

（3）轮作。有条件地区尽量实行水旱轮作，消灭虫源。

3. 化学防治

（1）药液浸苗。用 50%杀螟松乳油或 50%辛硫磷乳油 500 倍液浸湿薯苗 1min，稍晾即可栽秧。

（2）毒饵诱杀。在早春或初冬，用小鲜薯或鲜薯块、新鲜茎蔓置入 50%杀螟松乳油 500 倍药液中浸 14~23h，取出晾干，埋入事先挖好的小坑内，上面盖草，每亩 50~60 个，隔 5d 换 1 次。

4. 生物防治

采用 1. 25L 可乐瓶，内置雌虫性信息素诱芯，以 2%洗衣粉溶液为捕获介质，制作长方形诱捕器。将诱捕器固定在离地 40~50cm 高的木棍或竹竿上。田间诱捕器投放数量为 3 只/亩，棋盘式或梅花式排放，每隔 3~5d 更换一次诱捕介质，一个月更换一次新诱芯。

二、甘薯麦蛾

甘薯麦蛾又称甘薯小蛾，幼虫俗名甘薯卷叶虫、甘薯包叶虫、甘薯花虫，属鳞翅目谷蛾总科麦蛾科。甘薯麦蛾除为害甘薯外，还为害五爪金龙、月光花、牵牛花等旋花科植物。

（一）形态特征

甘薯麦蛾成虫体长 4~8mm，黑褐色；前翅狭长，黑褐色，中央有 2 个褐色环纹，翅外缘有 1 列小黑点。后翅宽，淡灰色，缘毛很长。卵椭圆形，乳白色变淡黄褐色。老熟幼虫细长纺锤形，长约 15mm，头稍扁，黑褐色；前胸背板褐色，两侧黑褐色呈倒八字形纹；

中胸到第二腹节背面黑色，第三腹节以后各节底色为乳白色，亚背线黑色。蛹纺锤形，黄褐色。

（二）生活习性

一年发生3~4代，以蛹在田间残株和落叶中越冬，越冬蛹于6月上旬开始羽化，6月下旬在田间即见幼虫卷叶为害，8月中旬以后田间虫口密度增大，为害加重，10月末老熟幼虫化蛹越冬。成虫趋光性强，行动活泼，白天潜伏，夜间在嫩叶背面产卵。幼虫行动活泼，有转移危害的习性，在卷叶或土缝中化蛹。7—9月温度偏高，湿度偏低年份常引起大发生。

（三）为害症状

甘薯麦蛾以幼虫为害甘薯，幼虫吐丝将薯叶的一角向中部牵引卷折起来，在卷叶取食叶肉和表皮，发生严重时薯叶大量卷缀，后期常出现成片“火焚”现象。

（四）防治措施

1. 及时清园

秋后要及时清除田间残株枯叶和杂草，以消灭越冬蛹，降低田间虫源。

2. 捏杀幼虫

开始见幼虫卷叶为害时，要及时捏杀新卷叶中的幼虫或摘除新卷叶。

3. 物理诱杀

在大面积种植田，利用成虫的趋光性用杀虫灯诱杀成虫。

4. 药剂防治

在幼虫发生初期施药防治，施药时间以16~17时最好，药剂可选用2%乳油1 500倍液、20%悬浮剂2 000倍液，收获前10d停止用药。

三、地下害虫

为害甘薯的地下害虫种类很多，主要有蟋蟀、蝼蛄、地老虎、蛴螬、金针虫五大类，这些害虫全是杂食性，可同时为害很多作物。防治方法如下。

（一）农业防治

精耕细作，消除杂草，灌水，轮作。

（二）物理及人工防治

人工捕杀，灯火诱杀，糖液诱杀，堆草诱杀。

（三）生物防治

培养大黑金龟乳状芽孢杆菌，接种土壤内，使蛴螬感病致死。

（四）化学防治

可结合甘薯茎线虫病的防治进行药剂浸苗，拌施毒土，毒饵诱杀，药剂喷撒。特别推荐采取农业措施防止地下害虫，化学防治必须符合国家对农产品安全生产的要求。

四、甘薯茎叶害虫

除甘薯麦蛾外，甘薯茎叶害虫主要还有甘薯斜纹夜蛾、甘薯潜叶蛾和甘薯天蛾等。防治方法如下。

（一）农业措施

冬、春季多耕耙甘薯田，破坏其越冬环境，杀死蛹，减少虫源；早期结合田间管理，捕杀幼虫；利用成虫吸食花蜜的习性，在成虫盛发期用糖浆毒饵诱杀，或到蜜源多的地方捕杀，以降低田间卵量。夜蛾盛发期可在甘薯地寻找叶背上的卵块，连叶摘除。

（二）药剂防治

每亩用2.5%敌百虫粉1.5~2kg喷粉；或用90%晶体敌百虫，或80%敌敌畏乳剂2 000倍液喷雾；或20%Bt乳剂500倍液喷雾。

第七章　甘薯贮藏加工技术

第一节　贮藏方式及存在的问题

甘薯收获的是块根，含水量大，组织幼嫩，皮薄易破损，容易受冻和感染病害。根据甘薯特点掌握贮藏保鲜技术，关键是调整贮藏温度和湿度，只要满足其贮藏条件，甘薯可贮藏 8 个月以上。

一、贮藏方式（贮藏的窖型）

甘薯贮藏方式各地自然条件和气候因素不同，贮藏式样繁多，各具特色。寒冷地区主要采用屋窑贮藏，温暖地方一般是屋房自然堆放贮藏。贮藏量一般以占窖内空间 70%左右为宜，以保证窖内氧气能维持薯块正常生理活动。

目前，甘薯的贮藏方式主要有非字窖（或防空洞窖）、小山洞窖（又叫横窖）、井窖（又叫直窖）、大屋窖及谷壳（或锯末）堆放等方式，谷壳（或锯末）贮藏法因其操作简单近年也逐渐被推广。

（一）窖藏法

目前甘薯的贮藏普遍还是窖藏。不管是哪种窖型，都要有良好的通气条件，较好的保温防寒功能，还要结构坚固，管理方便。应选背风向阳、地势高燥、地下水位低、土质坚实，并且管理、运输方便的地方建窖。根据气候、土质、水位不同选择适宜的窖型。地势高、水位低、土层厚的地区适合打井窖；地下水位高的地区适应棚窖。

1. 井窖

井窖是农民最普遍贮藏的方式，其特点是保温保湿，构造简单，节省物料，适宜地下水位较低和土层坚实的地方建造。方法是先挖一圆井，井口直径 50～70cm，深 2～5m，井底直径 1～1.5m。2m 深的井窖易受地面低温的影响，不易保温，常遭冻害。5m 深的井窖保温虽好，但散热慢，容易发生高温。利用此方法贮藏甘薯为害较大，农村每年秋收季节都用“火熏”方式为薯窖灭菌，窖内产生大量一氧化碳，为此吸入大量一氧化碳中毒的事件数不胜数，而井窖过深，长期封闭缺氧，下窖取薯也很容易因此会造成窒息，引发生命危险。

改良井窖：在地下土质条件较好的地方，开挖“非”字形的井窖，类似砖拱窖，窖顶和出入竖井的对面留出通风孔，通风孔高于地面，有抽风的作用，有利于通风换气，贮存量达数万千克。井窖深度一般为 4~6m，保温性能较好。冬季可以通过调节井口和通风孔的覆盖来保持合理温度。其效果较好。

2. 棚窖

棚窖既省工又省料，储藏量大，出入方便，缺点是保温性能差。选择户外背风向阳的地方挖窖，深 2~3m，宽 1.5m，长度随贮量而定。用竹木和秸秆作棚顶，表层加盖 30cm 秸秆、塑料等保温物，窖的南端留出入口，北端设高出窖顶的通风孔。甘薯入窖以后，及时查看窖内温度，通过调整窖口和通风孔的大小来调节温度。

3. 砖拱窖

目前效果最好的是砖拱窖（用砖砌成拱形大窖），坚固耐用，保温性能好，贮存量大，砖的吸水性好，调节湿度不滴水，出入窖方便，但建造成本高。一般南北向建造呈“非”字形窖，中间是走廊，两边是贮藏室。阳面开门，四周和顶上覆盖土层大于 1m，窖顶和四周墙上有通风孔，前期利于降温、散湿，后期有利于保温、防冻。只要管理得当，一般不需要加温即可安全贮藏越冬。

（二）谷壳（或锯末）围堆贮法

此法操作简单，选择无冷风直吹，地表干燥的屋子，地面铺一层谷壳（或锯末），厚 5~10cm，再在谷壳（或锯末）上圈围席（也可用石或砖堆码成圆形或方形），围席的大小和高度以贮藏甘薯多少而定。贮藏甘薯时中间留气孔，气孔用直径 10~15cm 的竹编篓，甘薯与围席留 3~5cm 间隙，用谷壳（或锯末）填满，以利保温。最顶层盖 5cm 厚谷壳（或锯末）以利防冻保温。此方法不耐冻害低温，而且经常有鼠害，鼠尿和腐烂的甘薯导致谷壳湿润生菌，造成菌源大面积的传播，增加甘薯的腐烂度。

（三）简易贮存库

可以选地新建或利用旧房进行改造，具体做法是在房子内部增加一层单砖墙，新墙与旧墙的间距保持 10cm，中间填充稻壳或泡沫板等阻热物，上部同样加保温层；与门相对处留有小窗便于通风，最好用排气扇进行强制通风；入口处要增加缓冲间，避免大量冷热空气的直接对流；贮存时地面要用木棒等材料架高 15cm，避免甘薯直接接地；地上库的向阳面可搭盖温室或塑料大棚，在冬季可利用棚内热空气对甘薯堆加热，即利用鼓风机将棚内热空气吹向室内，将室内的冷湿空气交换出来，既起到了保温作用，又能保持空气新鲜，减少杂菌污染，促进软腐薯块失水变干，不让其腐液影响周围健康薯块。大棚可用于春天育苗。

（四）冷库贮藏

将挑选的甘薯装箱（箱子两边各开 2 个孔），然后入库垛码或上架摆放，入库的甘薯先经愈伤处理，愈伤后将库温调至最适贮藏温度 12~15℃，即进入正常管理阶段，贮藏中如发现病薯应立即剔除，防止蔓延。

二、甘薯贮藏期的生理期变化

甘薯在贮藏过程中，其内部的水分、淀粉、糖粉和果胶质及其他营养元素都发生变化，使甘薯也变得不耐贮藏，这就要求贮藏要有适宜的温度及湿度。

（一）呼吸作用

甘薯收获后，薯块在贮藏期间生命活动仍在进行。呼吸作用的物质基础是水分的转化，是糖分在 O_2 的作用下放出 CO_2、水及热量。刚入窖的甘薯，当时气温偏高时，呼吸作用相当旺盛，大规模贮藏的甘薯，由于薯块群体大，呼出的 CO_2 和热量都很大，窖温很容易升高。据测定，1 000kg 薯块在适宜窖温时，每昼夜放出 CO_2 300~400g，每昼夜放出的热量可达 4 205kJ，这些热量能使 100kg 水上升 10℃。在贮藏初期，温度高，如果通风散热不良，或窖装的较满，或封窖过早，都会导致缺氧，不利于甘薯贮藏，引起烂薯。窖温越高呼吸强度越大，随着窖温的下降，呼吸作用会逐渐减弱，在 10~14℃温度下，呼吸强度基本稳定。

（二）水分变化

甘薯与其他粮食不同，块根内含大量水分，保管甘薯的环境要求较高的湿度，薯块在贮藏期间，如果窖内湿度小，薯块体内水分不断散失，加之呼吸作用，淀粉不断被转化成糖，而糖又有一部分被吸收消耗，因此重量不断减轻。在正常情况下，薯块在贮藏期自然减重5%～10%。保持最合适的湿度85%～90%，从而减少甘薯失重，提高甘薯的保鲜度。

（三）淀粉和糖分变化

刚收获的甘薯淀粉含量最高，出粉率也最高。甘薯在较高温度条件下，薯块在贮藏过程中，淀粉逐渐转化为糖和糖精，经过贮藏，薯块中淀粉由20%降到15%左右，糖的一部分作为呼吸作用的底物进行呼吸消耗，另一部被积累起来，因而在冬季存放越久的甘薯，食味比刚收获时的更甜。

（四）果胶质变化

甘薯细胞含有一定数量的果胶质，它起着巩固细胞壁提高薯块硬度、抵御外界不良环境的作用。甘薯长时间低于8℃受冷害，薯块中心部位的原果胶质比正常甘薯含量高出1倍，会出现硬心、煮不烂的现象。软腐病病菌侵染后，薯块中的一部分果胶质被病菌分泌的果胶酶分解，使果胶质变成可溶状态，因此出现软腐状。

（五）营养物质变化

维生素C等营养物质会随着储藏期的延长逐渐减少。如维生素C，在刚收获时含量最高，储藏30d损失10%左右，储藏60d损失30%左右。

（六）愈伤组织

甘薯皮完好的健康薯块，表皮具有保护薯块、防止病菌侵入的作用。甘薯在收获时皮薄而脆，很容易脱皮和发生断折损伤，这是采收和搬运过程中难以避免的。愈伤对于甘薯贮藏非常重要，特别对于那些收获时或收获后短时间受冷的甘薯更为重要，经过愈伤的甘薯可以增强对黑斑病和软腐病的抵抗能力。而薯块愈伤组织在16～17℃时，需30d才能形成；在10～15℃时，需一个多月才能形成。

三、贮藏条件

甘薯在收获后贮存期间仍然保持着呼吸等生理活动。贮存期间要求环境温度在 10~14℃，湿度控制在 85%左右，还要有充足的氧气。

（一）温度

甘薯贮藏最适温度为 12~13℃，在此范围内，呼吸相差很小。当温度上升至 15℃时，呼吸增强，容易生根萌芽，造成养分大量消耗，内部出现空隙，就是所谓的糠心。同时病菌的活动力上升，容易出现病害，加速黑斑病和软腐病的发生。低于 9℃易受冷害，造成甘薯细胞壁果胶质分离析出，继而坏死，薯块内部变褐发黑，发生“硬心”，煮不烂，后期易腐烂。一般温度在 12~13℃，甘薯呼吸强度最小，各种化学成分较为稳定，甘薯贮存的时间较长。

（二）湿度

甘薯贮藏最适湿度为 80%~95%。当窖内相对湿度低于 80%时，引起甘薯失水萎蔫，重量减轻，食用品质下降，口感变差；当相对湿度大于 95%时，薯堆内水气上升，在薯堆表面遇冷时凝成水珠浸湿薯块，时间长了会发生腐烂，薯块呼吸虽然降低，但微生物活动旺盛，易感染病害。

（三）空气成分

充足的氧气能够满足其呼吸，保持旺盛的生命力。当空气中 O_2 和 CO_2分别为 15%和 5%时，能抑制呼吸，降低有机养料消耗，延长甘薯贮藏时间。当 O_2不足 15%时，不但不利于薯块的伤口愈合，反而迫使薯块进行缺氧呼吸，产生大量酒精，引起薯块酒精“中毒”而发生腐烂。有很多甘薯软腐是由缺氧引起的，农村地窖的通风性差，呼吸产生的 CO_2积聚在底层，容易造成大面积腐烂，此时若同时发生冻害，则更容易坏烂。一般来说，甘薯块根正常呼吸转为缺氧呼吸的临界含氧量约在 4%左右。因此不管何种贮藏方式在管理上都要注意通风。入窖初期，气温较高，井窖尤其是深井容易产生缺氧，装薯过满或封窖过早都会缺氧。由于薯块的呼吸作用使窖内氧气不足，二氧化碳浓度过高，呼吸受到抑制，造成无氧呼吸，引起腐烂，并产生酒精。

四、烂薯原因

甘薯贮藏期间发生烂薯的主要原因有冷害、病害、湿害、缺氧等 5 种类型。

（一）冷害

冷害（指冰点以上的低温）是发生烂薯的主要原因之一。因冷害造成烂薯、烂窖有两种情况：①入窖前受冷害，立冬后收挖入窖或收后未及时入窖在窖外受冷害，入窖后 20d 左右就发生零星点片腐烂。②贮藏期间受冷害，主要原因是贮窖保温条件差，往往是因窖浅或地窖井筒过大、过浅。一般多在 1—2 月低温时期受冷害，到春季天气转暖时，多在窖口或薯堆由上而下发生大量腐烂。甘薯受冷后的典型腐烂症状是薯块两端或中间部位开始出现水渍状斑点与凹陷，以后在凹陷点长出真菌丝状体，病斑逐渐扩大蔓延到整个薯块。甘薯受冷腐烂，一般是在转入正常温度下，贮藏一段时间以后才逐渐表现出来的，受冷时间越长腐烂发生也越快，腐烂率也越高。

（二）病害

病害也是地窖贮藏甘薯烂薯的主要原因。造成烂薯的病害主要有甘薯软腐病、甘薯黑斑病和甘薯茎线虫病。病害引起烂薯的主要途径是：薯块带病或病菌由伤口侵入带病，进入贮藏窖，当窖内的温湿度适宜于病菌生长时，造成发病、传播、烂薯、烂窖。

（三）湿害

湿害也是地窖贮藏甘薯烂薯烂窖的重要原因之一。贮藏前期由于气温较高，薯块呼吸作用旺盛，放出较多 CO_2、水和热量，薯堆内水汽上升，遇冷时凝结成水珠，浸湿表层的薯块；或因下雨过多，地下水位上升，窖内淹水造成涝害，因湿度增加，适于病菌的繁殖和侵染，形成烂薯。

（四）干害

甘薯干害主要是窖内相对湿度过低，造成生理萎缩而渍烂。

（五）缺氧

部分地窖挖得过小，而贮量又过大，在入窖初期，气温较高，窖内薯块呼吸强度大，或封窖过早，就会造成缺氧烂薯烂窖。

解决甘薯贮藏烂薯的途径，一是确定适宜的甘薯收挖期；二是如何克服甘薯贮藏期的高温和低温；三是如何杜绝和减少病源；四是如何调节窖内的湿度、O_2浓度和 CO_2浓度。

五、入窖前准备

甘薯入窖前要作好贮藏窖的准备工作，尤其是要彻底消毒，以消灭潜伏在窖内的大量病菌，减少病害的发生和蔓延。操作上要做到“一刮、二撒、三熏”，“一刮”是指刮去旧窖四周陈土3cm左右，窖底铲一层，并要见新土。“二撒”是窖内外都要撒一层生石灰。“三熏”是指用硫黄熏窖，方法是按每立方米空间用硫黄50g，点燃后封闭窖口1～2d，再打开通气。也可用喷洒50%多菌灵可湿性粉剂1 500倍液或50%硫黄悬浮剂800倍液均匀喷洒地窖。谷壳贮藏时，所用材料必须是当年的、干燥的，杜绝重复使用，以减少菌源量。当用锯末时，最好也不重复使用，如果要重复利用，就应在当年夏季连续暴晒几天，以彻底杀灭病菌，然后干燥贮藏备用。

入窖前对甘薯进行精选，不同品种大小薯块分开、分别入窖。做到“十不入窖”：沾泥、破伤、有病、虫咬、受冻、雨淋、水浸、发芽、露头青、裂缝等薯块不准入窖。精选后的薯块可以进行药剂处理，药剂能杀死薯块表面及浅层伤口内的细菌，显著减轻甘薯贮藏期间的病害，增强耐贮性，减少贮藏期间的损失。一般是用25%多菌灵可湿性粉剂对水250～300倍或者用甲基托布津对水500～800倍浸薯块10～15min，捞出淋去药水，待表面水分稍干后入窖贮藏。窖内装放甘薯一般以占窖内空间70%左右为宜。

六、贮藏期间的管理

刚收获的鲜薯呼吸旺盛，放出大量的水分和热量，窖内温度高，湿度大，此时要注意通风换气，降温散湿，否则薯块容易出芽，消耗养分，导致腐烂，发生软腐病。谷壳（或锯末）围堆贮藏甘薯法因谷壳（或锯末）自身调节，管理简单，只是注意气温太低（0℃以下）时，要用双层麻袋盖住气孔保温，待温度升高后要去除。整个贮藏期间，不能翻动薯块，绝对防止雨水浸入。井窖、改良井窖、棚窖等贮藏法管理较复杂，要特别注意如下几点。

（一）贮藏初期（入窖后20～30d）

此期主要是以散湿、降温为主。由于甘薯入贮时外界气温较高，且刚收获的薯块呼吸作用旺盛，能放出大量的热量、水气和CO_2，使窖内温度高、湿度大，常出现“发汗”现象，促使薯块发芽，消耗养分，导致病害蔓延，易造成“烧窖”，导致薯块大量腐烂。因此，要及时打开门窗或通风口降温降湿，外界气温高时夜间要打开门窗，白天关闭，必要时用排风扇，温度降低后白天打开晚上关闭。要求窖温稳定在10~14℃，相对湿度80%~95%。

（二）贮藏中期（入窖后20d至立春）

此期注意保温，以防寒为主。由于此期经历时间最长，且处于寒冷季节，同时薯块呼吸作用已减弱，产生热量少，是薯块最易受冷害的时期。因此，这一阶段应以保温防寒为中心，力求室温不低于10℃，保持12~13℃为宜，要经常注意当地的天气预报，定期观测窖内的温度变化，注意门窗关闭，采用封闭门窗、气孔，窗外培土，增加覆盖物保温，窖内堆稻草、麻袋等保温措施，使窖内温度保持在11~14℃，相对湿度80%~90%为宜。

（三）贮藏后期（立春至出库）

立春以后气温逐渐回升，但早春天气寒暖多变，且薯块经过长期贮藏，呼吸强度微弱，生理机能衰退，对不良环境的抗御能力差，极易招致软腐病的危害。在贮藏中期受冷害的薯块，亦多在此时开始发生腐烂。此期的管理应以稳定窖温，适当通风换气。如气温升高，窖温偏高，湿度又大，可逐步揭除覆盖物，在晴天中午打开门窗（或井口）通气排湿降温，下午再关门窗。如遇寒潮，应关闭门窗（或井口），盖上覆盖物，做好保温防寒防冻工作。

在贮藏期间要注意两点，一是勤检查，发现烂薯及时剔除；二是下窖前一定要用灯试验如火不灭，才能进窖，防止无氧中毒。选择晴朗、无风、气温高于9℃的天气出库（窖）。装运过程中应避免机械损伤，控制好温度，避免冷、热造成的损失。

七、存在的问题

安全贮藏就是要使甘薯在整个贮藏期不腐烂、不受热、不受冻。综合恩施地区各地相关资料，贮藏期甘薯损失在30%~40%，造成了极大的浪费与不必要的经济损失。目前存在的主要问题如下。

（一）贮藏温度低

甘薯最适宜的贮藏温度在10~14℃内，但是恩施州农户目前常用的贮藏方式和贮藏技术，到了立冬以后随着气温的下降，贮藏的温度会长期低于10℃以下，因而产生的冷害和冻害引起薯块的大量腐烂，严重影响了甘薯的品质和产量。

（二）入窖质量差

入窖质量就是要求入窖薯块完整、薯皮干燥、无病烂及其他杂质等。甘薯收获期相对比较集中，由于农户劳力不足，时间紧迫，同时农户图省事、不愿多投入等原因，不经预贮、挑选，直接将带土的块茎包括病烂伤薯一起入窖，降低了入窖质量。尤其是病烂薯块，将各种病菌直接接种到薯堆内，成为发病苗源。此外，伤薯的伤口易受病菌侵染，为病害的进一步扩大蔓延创造了条件。

（三）品种混贮

一些农户沿袭旧的贮藏习惯，将不同品种或不同用途薯块贮藏在同一个窖内，造成品种混杂，病害传播，严重影响了种性。同时对保证食用品质和加工价值极为不利。

（四）管理不科学

由于贮藏设施简单，而且许多农户在贮藏管理方面养成了懒惰的"自然管理"习惯，贮藏期间对窖内温湿度既不进行检查调节也不通风换气，任其自然发展，很容易造成病伤、腐烂等损失。

第二节　加工技术

一、薯干

薯干是自然晾干或烘烤而成，口味香甜，柔软而有韧性。其加工工艺为：原料洗净→去皮→蒸熟→切条、粒→干燥→上霜→成品。

选料：选择表皮光滑细嫩、无虫孔、无破烂、无异味，质量为100~150g的鲜薯。

清洗：将鲜薯冲洗干净，切忌放在竹编器具中揉搓，以免损伤表皮。

去皮：将洗净的薯块剥净表皮。

蒸煮：将洗净的鲜薯按大小分批放入蒸笼，用大火蒸煮至甘薯刚熟过心即可，出笼冷却。

切条、粒：将薯块切成厚1~3cm的长条或1cm左右的薯粒。

干燥：将薯条放在烘烤架上以旺火烘烤。烘至半干时转为小火，以防烘焦；烘至八成干时，取出、冷却。成品以口嚼薯条感觉软而绵为宜。

上霜：薯条冷却后放入瓷坛或其他密闭的容器。半月后薯条表面长出一层白霜，即“薯霜”。上霜的薯干以又白又厚的“严霜”为佳。

二、甘薯脯

薯脯是以红心甘薯为原料加工而成的蜜饯食品，其营养丰富，风味佳，色泽好。近年来薯脯加工有较大发展，产品畅销国内外。加工工艺为：原料选择→清洗→去皮→切分→酸液、食盐水处理→护色硬化→熬糖→调整糖液pH值→糖渍→控糖→烘烤→回软→包装→成品。

选料：选择浅红色、黄色或紫色中等淀粉含量的甘薯品种，表皮要光滑。

去皮：用不锈钢刀去皮，削皮后随即放入水中，以防氧化变色。

切条及护色：将薯块切成6cm×0.6cm×0.6cm或4cm×1.0cm×1.0cm的细条，立即投入0.27%氯化钙、0.31%柠檬酸和0.04%抗坏血酸的护色液中，浸泡1h护色。

漂洗：经过护色处理后的原料，反复漂洗至无钙味。

预煮硬化：将护色漂洗后的薯条沥干水分，放入沸水锅中，为防止薯条发生软烂，可加入0.2%氯化钙进行硬化处理。在90℃左右的热水中预煮10min，捞起再漂洗。

糖煮：称取薯条重量15%的蔗糖与薯条一起水煮至无生味，滤去糖液，用凉水洗去表面糖液。

烘烤：将薯条铺在烘盘上送入烘房，烘烤温度在60℃左右，烘至薯条表面不粘手即可。烘烤时间10~12h。

回软包装：薯条从烘房取出后，在阴凉处摊开降至室温，吹干表面，用聚乙烯薄膜食品袋，将成品按要求分级定量装入，也可散装出售。

三、甘薯淀粉类制品

（一）甘薯淀粉

甘薯块根中淀粉含量较高，一般含量为10%~30%，淀粉不仅是食品加工的原料，而且还应用于其他工业。用鲜甘薯生产淀粉的主要工序为：清洗→磨浆→过滤→沉淀→精制→晾晒→成品。甘薯淀粉加工技术简便，适合于广大薯产区采用。甘薯淀粉质量的好坏，直接影响着由淀粉进一步加工产品的质量和农民经济收入，因此，必须注意加工技术水平的不断提高。

清洗：将薯块洗净，除净薯块外皮泥沙杂质。

磨浆：将洗净的甘薯用切丝机切碎，再用打浆机或石磨磨成浆状，使浆液均匀细腻，应防止因受空气氧化而变色。

过滤：每50kg甘薯浆加清水100kg，置于池中搅拌均匀，再加入石灰水，用量为鲜甘薯重量的1%，以促使淀粉沉淀。沉淀后的浆液，用筛网过滤，使淀粉与薯渣充分分离。

沉淀：在过滤的浆液中加入0.2%~0.5%的漂白粉并拌匀，静置沉淀12~24h，除去黄水和二浆水，即成粗制淀粉。

精制：在粗制淀粉中加入2~3倍的清水稀释，用80目网过滤，除去粗纤维，再加0.2%的漂白粉，2h后通入二氧化碳气体，边通气边搅拌，以脱去淀粉的氯离子。

晾晒：精制后的淀粉要除去水分，可用晾晒或烘干的方法进行。先将沉淀粉切成大小适中的块，摆放在清洁席子上或木板上晾晒1~2d，然后搓成更小的块直至呈粉状晾干或烘干，即为成品。在烘的过程中，烘温不超过65℃，以防烘焦，为此，必须注意翻动，防止受热不匀而影响质量。

（二）粉条粉皮

粉丝、粉皮及粉条是目前生产量最大的甘薯食品，在农村中普遍都有生产。以甘薯淀粉为原料制作的粉丝、粉皮、粉条，是恩施州的传统食品。

1. 工艺流程

配料→原料粉碎→沉淀粉浆→冲芡捏粉→漏粉捞丝→硫黄熏色→成品。

2. 操作方法

配料：选白色甘薯干，去皮洗净，用净水浸泡。蚕豆粉要求无杂质、无病虫害、色泽好。原料配比：甘薯干 80%～90%，蚕豆粉 10%～20%。若采用鲜甘薯加工，应选个大肉白、无变质、无病害的薯块，其配比：鲜甘薯 300～350kg，蚕豆 8～16kg。

原料粉碎：将薯干（或鲜甘薯）及蚕豆投入粉碎机内粉碎，再将细料转送到吊箩筛，吊箩筛上需要安自来水管向下放水，促使粉浆随水流入沉淀池内，清出箩筛内残渣可作猪饲料。

沉淀粉浆：当粉浆流入贮池后，让其自然沉淀，夏季 3～4h，春秋 7～8h，冬季 22～24h。沉淀完毕，放出泡清水，清除底层含杂质的浆液，再放入新水，将粉浆充分搅匀。这样反复沉淀 2～3 次，得洁白的淀粉，捞起，晾干。

冲芡捏粉：从晾干的混合淀粉中，先取出 5%的混合粉，加入配成含淀粉 5%左右的稀浆液，通入蒸汽（无通入蒸汽条件的亦可先用水调匀淀粉，再用沸水稀释），使其成为糊化粉浆，与其余的干混合淀粉混合，并将 1%～1.5%的明矾和少量的清水倒入捏合机搅拌均匀，便成为淀粉面团，待用。

漏粉捞丝：将淀粉面团搅匀放入漏瓢加压，让生粉丝均匀地落入开水锅中，沸水浸约 1min，粉丝便成透明状漂浮于水时，迅速捞起，放入冷水中冷却，冲洗净，随后晾干或晒干。

四、甘薯全粉

甘薯全粉是甘薯脱水制品中的一种。它是以新鲜甘薯为原料，经清洗、去皮、切片、护色、蒸煮、冷却、捣泥等工艺过程，脱水干燥而得到细颗粒状、片屑状或粉末状产品。甘薯全粉包含了新鲜甘薯中除薯皮以外的淀粉、蛋白质、糖、脂肪、纤维、灰分、维生素、矿物质等全部干物质。复水后具有新鲜甘薯的营养、风味和口感。其含水量较低（一般为 7%～8%），贮藏期长，解决了甘薯贮藏期间霉烂，储藏期短的问题，且其加工过程中用水少，无废料，产品用途广，在油炸制品、焙烤制品、松饼、面类制品、馅饼、早餐食品、婴儿食品等领域均可应用。此外，甘薯全粉由于其在加工过程中基本上保持了细胞的完整性，因此它能够最大限度地保留甘薯中原有的营养和功能性成分，使其丰富的营养和特异的功能性得以表达，这对于充分利用我国丰富的甘薯资源、改善人们的食物结构、提高农民收入有着较重要的经济和现实意义。

五、甘薯膨化食品

甘薯小食品包括油炸薯片及膨化食品等，此类食品体积小、味道好、营养丰富，适宜于出差、旅游携带，而且此类甘薯食品成本低廉，市场潜力较大。

六、甘薯糕点

以鲜薯为主要原料，配以适量的面粉、白糖、奶油、香精等进行定型烘烤，制成风味独特的各色糕点，如甘薯沙琪玛、甘薯小西饼、薯卷等。目前，美国及日本等一些国家把甘薯作为保健食品，常把20%~30%的薯泥掺些米面，再添加一些鸡蛋、奶油制成各种各样的婴儿保健糕点，深受消费者欢迎。

七、甘薯饲料

甘薯的块根、茎叶及加工后的各种副产物，均含有丰富的营养成分，是畜禽良好的饲料。甘薯的新鲜藤蔓可以青贮后直接用作各种动物的饲料，也可以按比例制成配合饲料，除了提供丰富的营养外，还可以提供大量的纤维素。

八、速冻制品

速冻甘薯、速冻甘薯茎尖是我国出口的特殊速冻食品，在山东等地有生产。此外，甘薯茎尖是一种无公害的绿叶蔬菜，病虫害很少，基本上不喷洒农药，经过简单的加工处理可制得安全方便、营养丰富的产品。

九、甘薯饮料

选料：选择无病变、无霉烂、无发芽的新鲜红心或紫心甘薯，清洗干净后去皮，切分。

热烫：将切分好的薯块，立即投入100℃的沸水中热烫3~5min。

粉碎：烫好的薯块进入破碎机破碎成细小颗粒（加入适量的柠檬酸或维生素C进行护色）。

磨浆：料水比为1：（4~6），胶体磨磨浆，反复两遍。

调配：将9%砂糖、0.18%柠檬酸和0.4%复合稳定剂（琼脂：CMC-Na=1：1）溶解，与料液混合均匀。

加热与均质：将料液加热至55℃，进入均质机均质，均质压力为40MPa。

脱气与罐装：均质后的料液进入真空脱气罐进行脱气处理，然后加热到70~80℃，罐装到饮料瓶中，压紧瓶盖。

杀菌、冷却及检验：采用常压沸水杀菌，条件为100℃、15min，然后逐级降温至35℃左右，取出后用洁净干布擦净瓶身，检查有无破裂等异常现象。

另外，紫心甘薯因富含紫色花青素而呈现鲜艳的紫色，紫色花青素具有强烈脱除氧自由基、抗氧化、延缓衰老、提高肌体免疫力等许多生理保健功能而倍受人们关注，因此有着广阔的开发前景。

1. 鲜食上市

选用优良的鲜食紫心甘薯品种，挑选、分级，清洗、晾干，包装上市。

2. 提取紫色花青素

紫色花青素提取，一般采用酸化水提取或直接用酸化乙醇提取，分离后滤液进行真空浓缩，再用等体积的95%乙醇沉淀，去除可溶性膳食纤维，滤液蒸馏分离后得到花青素粗品。

3. 开发休闲食品

可直接加工成具有保健功能的各种休闲食品，如紫薯糕，紫薯酱，紫薯片，紫薯果脯及紫薯粉丝等产品。

4. 开发全粉和薯泥

储存运输方便，可广泛用作食品加工配料。

参考文献

[1] 江苏省农业科学院，山东省农业科学院．中国甘薯栽培学 [M]. 上海：上海科技出版王家庄，1984.

[2] 陆淑韵，刘庆昌，李惟基．甘薯育种学 [M]. 北京：中国农业出版社，1998.

[3] 张立明，王庆美，王荫墀．甘薯的主要营养成分和保健作用 [J]. 杂粮作物，2003，23 (3)：162-166.

[4] 张超凡．甘薯高产栽培技术——农村实用技术培训教程 [M]. 长沙：中南大学出版社.

[5] 毛志善，高东．甘薯优质高产栽培与加工 [M]. 北京：中国农业出版社，2004.

[6] 李艳芝，姚文华，苏文瑾．恩施州甘薯产业发展的现状分析与对策 [J]. 湖北农业科学，2014，53 (24)：5950-6053.

[7] 米谷，薛文通，陈明海．我国甘薯的分布、特点与资源利用 [J]. 食品工业科技，2008，(6)：324-326.

[8] 李明福，徐宁生，陈恩波．不同栽插方式对甘薯生长和产量的影响 [J]. 广东农业科学，2011 (6)：32-33.

[9] 肖利贞，王裕欣．甘薯栽插技术 [J]. 农村新技术，2015 (8)：7-9.

[10] 王宏，何琼．甘薯优质高产种植关键环节及主要集成技术 [J]. 四川农业科技，2011 (9)：18-20.

[11] 陈功楷．优质高产甘薯新品种引选与栽培技术研究 [D]. 南京农业大学，2009.

[12] 于千桂．甘薯安全贮藏的关键技术 [J]. 蔬菜，2008 (10)：24-25.

[13] 张晓申，王慧瑜，李晓青．甘薯的收获和安全贮藏技术 [J]. 陕西农业科学，2009 (6)：236-239.

[14] 殷宏阁. 甘薯病虫害综合防控技术 [J]. 土肥植保, 2015, 5 (242): 22-23.

[15] 郭小浩. 甘薯窖藏技术及病害防治措施研究 [J]. 安徽农业科学, 2015, 43 (4): 146-147.

[16] 孙清山. 甘薯两种虫害的发生及防治 [J]. 植保技术, 2013, 24: 14.

[17] 邱文忠, 蔡少强. 甘薯小象甲的发生为害及综合防治 [J]. 现代农业科技, 2008, 20: 130-131.

[18] 黄立飞, 黄实辉, 等. 甘薯小象甲的防治研究进展 [J]. 广东农业科学, 2011 (增刊): 77-79.

[19] 李国强. 甘薯主要病虫害防治技术 [J]. 植物保护, 28-29.

[20] 张勇跃. 甘薯主要病害的防治技术研究 [D]. 西北农林科技大学, 2007, 5-22.

[21] 张振芳, 王海宁. 甘薯地下害虫防治 [J]. 西北园艺, 2016, 1: 41-42.

[22] 王海宁, 高琪, 张伟. 甘薯地下害虫防治技术 [J]. 陕西农业科学, 2014, 60 (07): 121-122.

[23] 杜鑫, 林波. 几种甘薯常见病虫害的识别与防治 [J]. 植保技术, 2014, 11: 82.

[24] 张红芳. 薯田常见蛾类的虫害及其防治 [J]. 种植与环境, 2012, 11: 234.

[25] 连喜军, 李洁, 王呟, 等. 不同品种甘薯常温贮藏期间呼吸强度变化规律 [J]. 农业工程学报, 2009, 6: 310-312.

[26] 连喜军, 王呟, 李洁. 不同因素对甘薯呼吸强度影响 [J]. 食品加工, 2008, 1: 37-39.

[27] 张瑞霞. 防治甘薯烂窖的贮存方法 [J]. 科研·技术推广, 2013, 10: 117.

[28] 王燕华. 甘薯安全储藏技术 [J]. 现代农业科技, 2008, 15: 262.

[29] 陈香艳，崔晓梅，魏萍，等．甘薯安全贮藏及高效生态栽培管理技术 [J]．中国种业，2012，5：69-70.
[30] 张有林，张润光，王鑫腾．甘薯采后生理、主要病害及贮藏技术研究 [J]．中国农业科学，2014，47（3）：553-563.
[31] 孙照，李新生，徐皓．甘薯采后生理及贮藏保鲜技术研究进展 [J]．行业综述，2016，6（16）：49-50.
[32] 吕美芳．甘薯储藏方法 [J]．粮经作物，2015，11（248）：7.
[33] 张晓申，王慧瑜，李晓青．甘薯的收获和安全贮藏技术 [J]．陕西农业科学，2009，6：236-239.
[34] 钱蕾．甘薯的收获与安全贮藏技术 [J]．农技推广，2016，7：139.
[35] 刘勇，李丽．甘薯的收获与贮藏 [J]．粮油，2009，10：15.
[36] 孙爱芹，周雪梅．甘薯的贮藏及栽培管理技术 [J]．农技服务，2008，25（3）：13.
[37] 郭小浩．甘薯窖藏技术及病害防治措施研究 [J]．安徽农业科学，2015，43（4）：146-147.
[38] 涂刚，何丽，涂晓娅．甘薯贮藏烂薯原因调查及其解决途径 [J]．粮食作物，2011，2：106-108.
[39] 黎英，陈文毅，黄振军，等．低糖、松软、无添加甘薯脯工艺的研究 [J]．食品工业，2014 ，35（12）：107-111.
[40] 郭书普．马铃薯、甘薯、山药病虫害鉴别与防治技术图解 [M]．化学工业出版社，2012（1）：：22-122.
[41] 李永梅，陈照光，等．甘薯优质高产栽培技术 [J]．现代农业科技，2008（19）：240-244.
[42] 张立明，马代夫．中国甘薯主要栽培模式 [M]．北京：中国农业科学技术出版社，2012.
[43] 马代夫，刘庆昌．中国甘薯育种与产业化 [M]．北京：

中国农业大学出版社，2005.
[44] 王裕欣，肖利贞．甘薯产业化经营［M］．北京：金盾出版社，2010.
[45] 张超凡．甘薯 马铃薯高产栽培新技术［M］．长沙：湖南科学技术出版社，2015.

编写：程群　叶兴枝　徐　怡

黄牛产业

第一章　概　述

第一节　牛的起源及分布

一、牛的起源

咸丰县饲养的本地牛主要是恩施黄牛，恩施黄牛是湖北省恩施山区的一个古老黄牛品种。早在殷周时期土家族先民即以渔牧为业，养殖牲畜。春秋前期，境内已“土植五谷，牲具六畜”，即牛、猪、羊、马、犬、猫。从历史上看，历代朝廷和各级地方官员都十分重视饲养耕牛。清政府曾明令：“不准杀牛，以利农耕。”在清同治四年编纂的《咸丰县志》中也记载：“县境山多田少，一切耕作，皆用牛耕，大抵高原宜黄牛，平地宜水牛”。新中国成立后，各级党委政府在制定一系列耕牛保护措施的同时，还组织专业技术人员对其品种资源进行了调查。1959 年湖北省开展地方家畜家禽良种调查时，将鄂西南山区的小型役用黄牛定名为“恩施黄牛”。1985 年和 2004 年两次都载入了《湖北省家畜家禽品种志》。

恩施黄牛是产区特定的自然环境条件、社会经济条件和产区人民群众长期选育而形成。产区境内地势高低悬殊，山高坡陡，高山湿重寒冷，二高山地区温凉，耕地多为坡地和小块梯田，土层瘠薄，土壤粘重，易于板结。农作物主要种植旱地作物，水稻较少。草山草坡面积大，水热条件好，植物种类多，野生牧草资源丰富，夏秋饲草供应量多质好，冬春枯草季节饲草不足，精饲料用量较少。这些特点使恩施黄牛形成了能适应不同气候环境，体质强健，行动敏捷，善于爬山越岭，适于在山地放牧，在小块坡地、水旱田耕作，能吃苦耐劳、耐粗饲，夏秋上膘能力强，春季复膘速度快等优良特性。

恩施黄牛历来都是恩施山区农业生产的主要畜力，本地区农民在长期饲养过程中，积累了丰富的选种育种经验，形成口诀，世代相传。诸如“上选一张皮，下选四个蹄，前选胸膛宽，后选屁股齐”；

公牛“前身高一掌，只听犁耙响”；母牛“肚大尾宽，下儿无边”；四肢“现筋现骨，寸骨连蹄”。在饲养管理上，要求早晚放牧，夜草不断，特别是在几个关键时期注意抓秋膘、保冬膘、催春膘，保证耕牛四季平安。群众的长期选种育种也是恩施黄牛形成的重要因素。

二、牛的分布

咸丰县草食畜牧业重点分布在二高山地区，分布的主要乡镇有高乐山镇、朝阳寺镇、黄金洞乡、活龙坪乡、唐崖镇、清平镇、坪坝营镇、大路坝区。

第二节　发展养牛产业的重要意义

牛肉肉质好、味道鲜美，且市场价格稳定，养牛已成为咸丰县农民的一项重要经济来源。以恩施黄牛为母本，与引进的西门塔尔、安格斯、海福特或利本赞杂交后，其杂种后代个体加大，生长速度提高，牛肉质量大大改善。随着社会的进步，经济的发展和人民生活水平的提高，人们对牛肉的需求量日益增加，养牛业已成为咸丰农民致富的重要途径。发展养牛产业不仅能加快粮食及农副产品的转化，推动种植业和种草业的发展，精准推进产业扶贫，延伸畜牧产业链，大力促进畜牧产业结构调整，使咸丰县草食牧业可持续发展，增加农民经济收入。

第三节　黄牛产业的发展概况

2016 年咸丰县牛存栏 7.1 万头、出栏 2.52 万头，能繁母牛存栏 10 头以上的有 179 户 2 774头。该县草场资源丰富，现拥有可利用的草场面积 146 万亩，饲用价值较高的优质牧草有 30 多种，草食畜牧业具有较大的发展潜力。2014 年咸丰县被列入国家能繁母牛扩群增量补贴县和新一轮退耕还草项目县。另外，全国南方现代草地畜牧业推进行动项目的实施和《恩施州肉牛能繁母牛奖励办法》的出台也为咸丰县草食畜牧业的发展增加了动力。2016 年，在县委、县政府的带领下，咸丰县围绕天上坪、水杉坪、二仙岩、龙家界四大牛羊养殖片，积极打造草食牧业拓展区，形成绿色产业链，大力推进了草食畜牧业的发展。草山草坡如图 1-1 所示、粮改饲试点如图 1-2 所示。

图 1-1　咸丰县草山草坡

图 1-2　咸丰县粮改试点（饲用青贮玉米）

第二章　黄牛及饲养环境

第一节　黄牛品种介绍

恩施黄牛瘤峰明显，垂皮发达，被毛浓密有光泽，毛色多为黄色，次为黑、褐、草黄等色。皮厚有弹性，头短，额宽平。公牛较粗重，母牛较清秀，角形以笋角居多，公牛颈短粗，母牛颈薄而长。背腰较宽，平直。胸深宽，腹较大，尻倾斜。四肢短，筋腱明显，并节突出，前肢正直，后肢多内靠，蹄质坚实。尾长至飞节，尾帚较发达。恩施黄牛体型较小，体质紧凑，结实有力，为良好的小型役用牛。据统计，恩施黄牛平均初生体重公犊为 13.39kg，母犊为 13.80kg，周岁时体重公牛为 108.22kg，母牛为 98.05kg，成年时体重公牛为 210.60kg，母牛为 186.09kg。

恩施黄牛如图 2-1、图 2-2 所示。

图 2-1　恩施黄牛（公牛）

图 2-2　恩施黄牛（母牛）

第二节　黄牛的饲养环境

恩施黄牛一般以放牧为主（图 2-3），冬春季节适度补饲的饲养方式；规模养牛场一般采取半牧半舍的饲养方式（图 2-4）。种牛一定要有运动场所。牛场要制定防疫、检疫及其他卫生制度，要定期消毒，保持饲养环境的清洁卫生。要有充足的饲草料储备场所，并储备足量的饲草料。

图 2-3 恩施黄牛群放牧

图 2-4 舍饲恩施黄牛群

第三章 黄牛的繁殖技术

第一节 黄牛种牛的选择

四肢发达，体型紧凑，行动敏捷。全身被毛浓密有光泽，皮厚有弹性，头短，额宽且平，背腰平直且宽广，胸深腹大。公牛整体较粗重，颈短且粗，睾丸发育正常；母牛较清秀，颈薄而长，乳房匀称，乳头整齐。公牛选择产肉性能好的，母牛在产肉性能好的基础上还要求繁殖率高。

第二节 发情鉴定技术

一、外部观察法

观察母牛的外部表现和精神状态，以牛的性兴奋、外阴变化等判断其是否发情和发情程度。根据母牛表现可分为 3 个时期。

发情初期：发情母牛爬跨其他牛，神态不安，哞叫，但不愿接受其他牛的爬跨，外阴部轻微肿胀，黏膜充血呈粉红色，阴门流出透明黏液，量少而稀薄如水样，黏性弱。

发情中期（高潮期）：母牛很安静的接受其他牛的爬跨，发情的母牛后躯可以看到被爬跨留下的痕迹。阴门中流出透明的液体，量增多、黏性强，可拉成长条呈粗玻璃棒状，不易扯断。外阴部充血、肿胀，皱纹减少，黏膜潮红，频频排尿。

发情后期：此时母牛不再接受其他牛的爬跨，外阴部充血肿胀开始消退，流出的黏液少，黏性差。

在清晨和傍晚要特别注意观察母牛的行为。从牛的发情初期开始，每天早上、中午、傍晚和晚上 4 次仔细观察发情情况，则发情检出率可达 80%以上。

二、阴道检查法

采用开膣器张开阴道，观察阴道壁的颜色和分泌的黏液、子宫颈的变化。发情时，牛的阴道湿润、潮红、有较多黏液，子宫颈口张开，轻度肿胀。此法不能精确判断发情程度，已不多用，但有时可作为母牛发情鉴定的参考。

三、直肠检查法

将手臂伸进母畜的直肠内，隔着直肠壁用手指摸卵巢及卵泡的变化。触摸卵巢的形状、质地，卵泡发育的部位、大小、弹性，卵泡壁的厚薄以及卵泡是否破裂、有无黄体等（图 3-1）。发情初期卵泡直径 1~1.5cm，呈小球形，部分突出于卵巢表面，波动明显；发情中期（高潮期）泡液增多，泡壁变薄，紧张而有弹性，有一触即破的感觉；发情后期卵泡液流出，形成一个小的凹陷（图 3-2）。

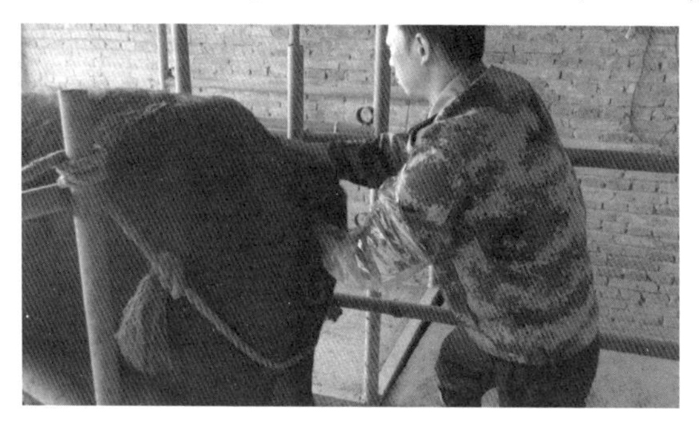

图 3-1　直肠检查法

注：湖北省种公牛站供图

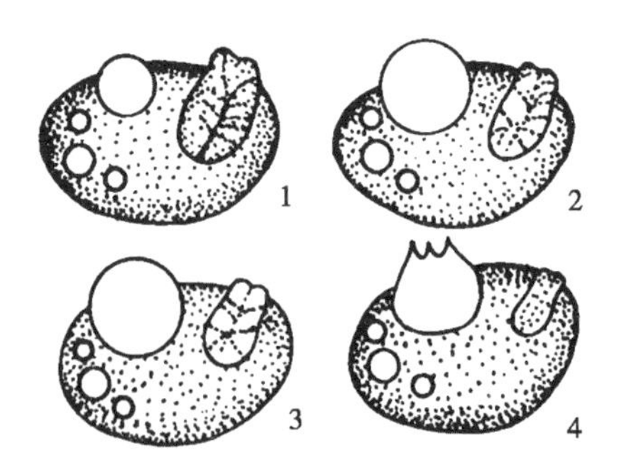

图 3-2　牛卵泡发育过程模式

注：湖北省种公牛站供图

第三节　适时配种技术

发情鉴定是牛人工授精的基础，其关键在于如何准确掌握输精的合适时间。黄牛发情时间短，一般18~48h，发情旺期持续6~8h，排卵一般发生在发情旺期结束后的8~12h。为了准确把握输精适期，有技术的可通过直肠检查法，触摸发情母牛的卵泡发育情况来把握最佳的配种时间，在卵泡成熟时输精受胎率最高。生产中一般实行2次输精，上午发情下午输精，第二天早晨再输一次。下午发情第二天早晨输精，晚上再输一次。

第四节　人工授精技术

一、冻精解冻

主要有自然解冻、手搓解冻和温水解冻。其中，以温水解冻效果最佳。水温控制在（40±2）℃，将冻精从液氮内取出，快速放入温水中，左右轻轻摇动10~15次取出擦干即可，要求显微镜检查活力达到0.35方可使用。

二、精液装枪

将细管冻精解冻后，用毛巾拭干水渍，用锋利剪刀剪掉封口部，输精推杆拉回10cm，将细管棉塞端插入输精推杆深约0.5cm，套上外套管（图3-3）。

三、人工输精方法

直肠把握输精法（图3-4）：先把发情母牛保定在配种架内，输精员剪短指甲并磨光滑，清洗手臂或带上一次性长臂手套，涂上润滑剂，将手伸入母牛直肠内掏出宿粪，然后清洗、消毒母牛外阴部，擦干。一只手伸入直肠内摸到子宫颈并将它轻轻握住，另一只手持输精枪，从阴门呈45°角斜向上插5~10cm，避开尿道口，再平行向前插，到达子宫颈外口，两手相互配合，使输精枪插入子宫颈并通过明显的三道“关卡”，用食指感觉达子宫颈内口，然后轻轻注入精液（5s输完即可），缓慢退出。输精完毕，应认真检查输精枪，若发现精液倒留或回流，必须重新解冻、装枪重输。

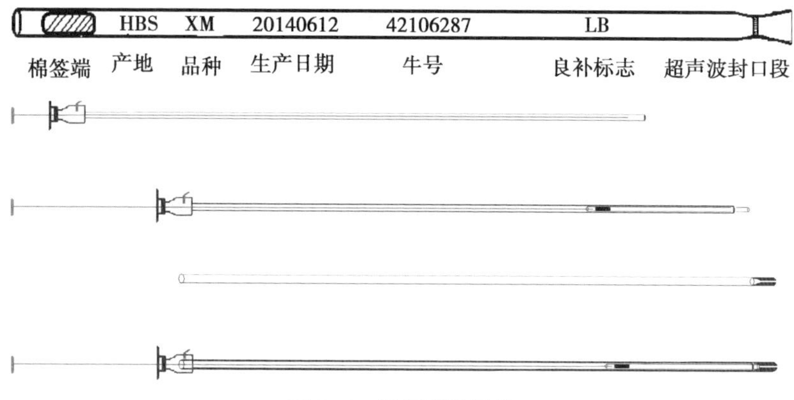

图 3-3　细管精液装枪

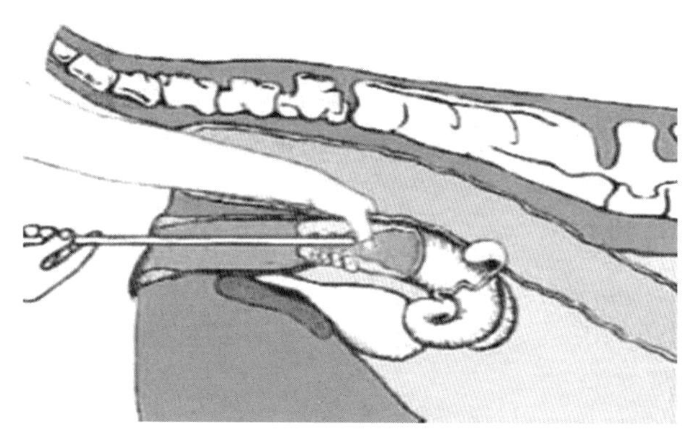

图 3-4　直肠把握输精法

第五节　生殖激素的合理应用

生殖激素影响牲畜的生殖机能，其作用是直接调节母畜的发情、排卵、生殖细胞在生殖道内的运行、胚胎附植、怀孕、分娩泌乳、以及公畜精子的生成、副性腺分泌等生殖环节的某一方面，并与第二性征具有密切关系。介绍几种主要生殖激素在牛繁殖中的应用。

一、促黄体素释放激素 A3（LRH-A3）

1. 提高受胎率

在配种时肌注 $LRH-A_3$ 25μg，可使受胎率提高 15%以上。这一方法用于卵泡未充分发育成熟或排卵延迟的母牛，治疗效果良好。

2. 母牛产后康复

在母牛产后 40 左右肌注 $LRH-A_3$ 10μg，间隔 6d 肌注 PG 0. 2mg，再间隔 1d 肌注 $LRH-A_3$ 10μg，可明显提高母牛产后 60d 的发情率和受胎率。

3. 治疗卵泡囊肿

$LRH-A_3$ 300～500μg，可治疗卵泡囊肿。

4. 诱发排卵

当遇到排卵延迟时，可在配种前数小时或第一次配种时肌注 $LRH-A_3$ 50～100μg，诱发排卵，提高受胎率。

二、兽用氯前列烯醇（PG Cloprostenol）

1. 同期发情与诱发发情

PG 肌内注射是最简单的同期发情方法，用量为 0. 4～0. 6mg（依牛体大小而定）。

2. 治疗生殖机能紊乱

PG 是治疗持久黄体最有效的激素。肌注 0. 4～0. 6mg 或宫内注射 0. 2～0. 3mg，用药 48h 候黄体消退，治愈率接近 100%，并可迅速引起发情。肌注 PG 0. 3～0. 6mg 或宫内注射 0. 15～0. 3mg，可有效治疗黄体囊肿。PG 还可治疗子宫积液和子宫内膜炎治愈后的黄体残留症。

3. 产后子宫复旧，缩短产犊间隔

母牛产后次日肌注 PG 0. 2～0. 4mg，可促进乳汁分泌，子宫复旧。在母牛产后 30d 肌注 0. 2mg，间隔 12d 重复用药，其第一情期受胎率与未用药者无明显差异，但 90d 内不反情率差异明显。在母牛产后 40d 左右肌注促排 3 号 10μg，间隔 6d 肌注 PG 0. 2mg，再间隔 1d 肌注促排 3 号 10μg，可明显提高母牛产后 60d 内的发情率和受胎率。

三、促卵泡素（FSH）

1. 治疗不发情

对于泌乳期乏情的母牛可隔两日肌注 1 次 FSH，剂量 100~200 单位，一般注射 2~3 次即可引起发情。对于卵巢静止而不发情的母牛，用 FSH 200 单位加注 LH 100 单位，治愈率较高。

2. 卵巢交替发育

卵巢两侧交替发育，但无大卵泡成熟者，常表现为母牛短期内迅速返情。用 FSH 200 单位，无效者可加注一次。

3. 治疗卵巢疾病

对于卵巢囊肿，肌注 FSH 200~400 单位，可促进卵泡成熟排卵。对于黄体囊肿，肌注 FSH 100~300 单位。

四、孕马血清促性腺素（PMSG）

1. 诱发发情

对乏情母牛给予 750~1 500 单位 PMSG，可促进卵泡发育和发情。10d 内仍未发情的可稍加大剂量再次处理。

2. 超数排卵

PMSG 用量 2 500 单位，在性周期的第 16~17d 处理。如果在周期的其他时间，可选择超排处理 48h 后注射 PG。

3. 提高同期发情效果

在用孕激素或 PG 进行同期发情处理结束时，给予 1 000~1 500 单位 PMSG，可提高处理后的发情率和受胎率。

五、人绒毛膜促性腺激素（HCG）

1. 诱发发情

母牛产后 25~30d，用 1 000~1 500 单位 PMSG 处理，4d 后肌注 1 000单位 HCG，注射后 24、36~48h 两次输精，可获得正常的受胎率，并缩短产犊间隔。

2. 同期排卵

在同期发情处理后注射 1 000 单位 HCG，可以使排卵进一步同期化，提高同期发情后的受胎率。一般在孕激素处理结束后 24~48h 或 PG 处理后 48~72h 注射 HCG，在注射 HCG 同时进行第一次输精。

3. 治疗卵泡囊肿

注射 10 000~20 000 单位 HCG 可治愈。未加强效果可配合 10~15mg 地塞米松。

4. 治疗乏情与排卵延迟

乏情母牛用 1 000~2 000 单位 HCG 肌注，隔 7、11d 再进行注射，可治疗乏情，情期受胎率可达 85%。对于排卵延迟的母牛，一般在配种前数小时或第一次配种时，肌注 1 000~2 000单位 HCG。

5. 治疗黄体发育不全

母牛发情后第 6 天肌注 1 500单位 HCG，可促进黄体发育，提高受胎率。

6. 治疗公牛性欲低下

肌注 5 000~10 000 单位 HCG，可提高公牛性欲，并有效改善精液品质。

六、垂体促黄体素（LH）

1. 卵巢静止引起的不发情

FSH 200 单位加 LH 100 单位肌注，治愈率 85%以上，一次无效可加注一次。

2. 诱发排卵

在配种前数小时或第一次配种时肌注 50~100 单位 LH，可诱发母牛排卵，从而提高受胎率。

3. 超数排卵

超排处理后 72h，肌注 100~200 单位 LH，能够促进卵泡成熟与排卵，增强排卵效果。

第六节　杂交优势的利用

不同种群（品种或品系）个体杂交的后代往往在生产力、生产性能等方面在一定程度上优于其亲本纯繁群平均值，这种现象称为杂种优势。

恩施黄牛体型偏小，生长速度慢，出肉率较低。目前较好的杂交改良方式为安格斯牛、西门塔尔牛父本与恩施黄牛母本杂交。经过杂交改良，其杂种后代既保持了本地品种耐粗饲、抗病力强的特点，又继承了引进优良肉牛品种的生长速度快，产肉率高的优点。杂交个体生长速度加快，出肉率增加，饲养周期缩短，生产成本降低，经济效益提高。如图 3-5 安格斯公牛（左）、西门塔尔公牛（右）所示。

图 3-5　安格斯公牛（左）、西门塔尔公牛（右）

第四章　黄牛的饲养管理

第一节　饲养技术

一、母牛饲养技术

母牛主要有两个生产指标：一是能每年产一个犊牛，并且产的奶够犊牛吃2个月；二是维持自身生命，寿命10年产8头犊牛。过肥，既浪费饲料又不易怀孕；过瘦，也不易怀孕且影响寿命；不肥不瘦才是最经济的膘情。母牛最经济的膘情是：在母牛静立状态下，刚好能看到最后面的三根肋骨。只能看到二根肋骨是偏肥，看到一根或看不到肋骨是过肥，看到四根是偏瘦，五根是过瘦。要尽量使用粗饲料，增加粗饲料的量，改变精粗搭配的比例就能保持母牛的膘情。

舍饲母牛，先喂青草、干草或秸秆，再喂精料；放牧母牛，收牧后投喂干草或秸秆和补喂精料。胡萝卜等块茎饲料，喂前应先洗净泥土，切碎后单独补饲或与精料拌匀后饲喂。

1. 空怀母牛饲养管理

空怀母牛如果膘情差，粗饲料质量不好或饲料单一应当适当补喂精料，以利于尽快发情受孕，在母牛空怀期每头每天补饲1~2kg精料补充料。

2. 怀孕母牛饲养管理

从怀孕至怀孕第9个月，母牛主要以青草、干草或秸杆饲喂，甜菜、胡萝卜等块茎饲料是母牛补饲的较好饲料。从怀孕第九个月到产犊，每头每天补饲2kg精料补充料。

3. 产犊母牛的饲养管理

产后母牛应立即给温水饮用，并添加少量麦麸和食盐；在日粮中补充精料。根据母牛膘情，最少每头每天补充1~2kg，最多可补充3~4kg。产后2个月内不劳役或减轻劳役，饮足清洁水，补充矿物质，以促进产奶量的提高。母牛产奶充足，哺乳期犊牛生长速度更快。

带犊母牛饲料以青粗饲料为主，有条件的尽量饲喂些干青草或青绿饲草。母牛每天需喂给体重8%~10%的青草，0.8%~1%的秸秆或干草，同时每天要补充矿物质和食盐，磷酸氢钙或石粉砺粉50~70g，食盐40~50g，也可以利用营养舔砖，保证充足的清洁饮水。

4. 适时配种

恩施黄牛母牛的初情期为10~12月龄，初配年龄为1.5~2岁，繁殖率为40%~50%。能繁母牛分娩后40~80d，观察母牛是否发情，便于适时配种；一个情期平均为21d，配种后仍要继续观察两个情期，看是否有返情现象。

二、犊牛饲养技术

1. 母乳喂养

犊牛能及时吃到不受污染的新鲜恒温母乳，有利于消化，生长发育快。要尽早哺喂初乳，一般出生后0.5~1h，最迟不得超过两小时哺喂初乳。

2. 吃草训练

犊牛出生后3周开始训练吃草料，以刺激瘤胃发育，增强瘤胃功能，补充不足部分的营养。训练犊牛所用饲料每次都应是新料，最好是颗粒料。一般情况下通过1周的饲喂，犊牛便可学会自己吃料。

3. 及时补喂精料

训练饲喂至2月龄，日喂0.4~0.5kg，3月龄日喂0.8~1kg，以后每增加2个月，日增加精料0.5kg，至6月龄断奶时犊牛日喂精料达2kg。也可以采用犊牛代乳粉和早期断奶技术，以提高犊牛日增重，提高母牛繁殖率。

三、肉牛育肥技术

一般用于育肥的牛有两种：犊牛育肥和架子牛育肥。

（一）犊牛育肥

1. 育肥犊牛的选择

选择早期生长发育速度快的牛品种，以公犊牛为最佳，或者选择有优良肉牛血统的杂种犊牛。体重一般要求初生重35kg以上，健康无病。

2. 育肥要点

一是犊牛出生后3日内母乳喂养或人工哺乳，但出生3日后必须改由人工哺乳，1月龄内按体重的8%~9%喂给牛奶。二是补充精料。精料量从7~10日龄开始练习采食后逐渐增加到0.5~0.6kg，青干草或青草任其自由采食。1月龄后喂奶量保持不变，精料和青干草则继续增加，直至育肥到6月龄出栏，也可继续育肥至7~8月龄或1周岁出栏。出栏时期的选择，根据消费者对犊牛肉口味喜好的要求而定。

3. 犊牛育肥关键控制技术

一是犊牛在4周龄前要严格控制喂奶速度、奶温及奶的卫生等，以防消化不良或腹泻，特别是要吃足初乳。二是5周龄后可拴系饲养，减少运动，但每日需晒太阳3~4h。三是夏季要防暑降温，冬季室外温度较低，宜在室内饲养，保证室温在0℃以上。四是刷拭牛体，保持牛体卫生。五是供给充足饮水。采用自由饮水或人工喂水每天2~3次，夏季饮凉水，冬季饮20℃左右温水。六是根据成本高低来选择采用全乳还是代用乳饲喂。

（二）架子牛育肥

1. 育肥架子牛的选择

品种：要选购良种肉牛或肉乳兼用牛与本地牛的杂交牛。

性别：选择不去势的公牛和母牛。

年龄：最好选择1~2岁的牛进行育肥。计划饲养3~5个月出栏的，应选购1~2岁的架子牛；秋天购买架子牛于第二年出栏的，应选购1岁左右的牛；利用大量糟渣类饲料育肥的，选购2岁牛较好。

体重：一般杂交牛在一定的年龄阶段其体重大致为6月龄体重120~200kg，12月龄体重180~250kg，18月龄体重220~310kg，24月龄体重280~380kg。

外貌：外貌要符合品种特征，身体各部位结合紧凑，头小颈短，站姿标准，肩胛骨及肋骨开张较好，背腰坚强平坦，腹部紧凑不下垂，尻部宽平，肢蹄健康，被毛光亮。

健康状况：健康的架子牛双眼有神，呼吸有力，尾巴灵活，采食良好。

2. 架子牛育肥要点

驱虫、健胃：在育肥之前必须驱除牛体内外的寄生虫。一般按每50kg体重用克虫星5g，混于饲料中喂服（或者伊维菌素0.2mg/kg体重内服或皮下注射）；在驱虫3d后进行健胃，对于消化不良的瘦弱牛要灌服健胃散（0.4~0.8 g/kg体重），每天1次，连用2d。

饲养管理：架子牛育肥主要采用舍饲拴系饲养。冬天要注意保暖，夏天要防暑降温。拴牛用的绳长度为40cm左右，能防止牛回头舔毛，且能限制活动。喂饲的顺序是先粗后精，先喂后饮，定时定量，日喂3~4次。每日用硬毛刷对牛体表刷拭1~2次。每周用消毒液对牛舍消毒1次。

架子牛育肥阶段的饲料及身体生长特点：架子牛育肥前期粗料、矿物盐的饲喂尤为重要，主要是促进牛的骨骼、瘤胃的发育。育肥中后期改为低蛋白、高能量精料，提高精料的用量比例，主要以肉牛的生长速度，以及后期满足肌间脂肪沉积及形成大理石花纹的营养需要。肉牛每天摄入的饲料干物质为体重的2%~3%。

出栏：架子牛经过育肥，全身肌肉丰满，脖子隆起，采食量下降，体重500~600kg时，就要及时出栏。

规模养牛企业或养牛专业合作社，建议采取母牛分散寄养或代养，架子牛或犊牛集中育肥的养殖模式。

第二节　牛场管理制度

一、免疫制度

对国家规定强制免疫的动物疫病进行强制免疫。

坚持常年按程序免疫，做到应免尽免，对新补栏的牛群要及时补免。

免疫工具严格消毒，严格按免疫操作要求、接种部位和剂量实施免疫。

建立完整的免疫档案，并佩戴免疫标识。

二、消毒制度

根据生产实际，制定消毒计划和程序，确定消毒用的药物及其使用浓度、方法。牛场常用消毒剂主要有：火碱、生石灰、百毒杀、福尔马林、高锰酸钾、漂白粉、新洁尔灭等。

做好日常消毒。定期对圈舍、道路、周围环境进行消毒，定期向消毒池内投放消毒剂；同时要严格人员、运输车辆、诊疗器械的消毒工作。

加强圈舍的强化消毒，包括对发病和死亡牛的消毒。牛出栏后应对空畜舍进行彻底清洗和消毒。

注意环境卫生，防蚊、防蝇、防鼠，消灭疫病传播媒介。

三、兽药、饲料管理使用制度

兽药管理使用制度。按《兽药管理条例》规定执行，并填写用药记录。

饲料管理使用制度。按《饲料和饲料添加剂管理条例》规定执行，并建立饲料及添加剂使用记录。

四、无害化处理制度

（一）病死畜禽的无害化处理

畜禽养殖场应严格按照动物无害化处理规程进行病死畜禽的无害化处理。

病死或死因不明畜禽的无害化处理应在动物防疫监督机构的监督下进行。

无害化措施以尽量减少损失，保护环境，不污染空气、土壤和水源为原则。

无害化处理的方式一般为高温焚烧、深埋。

采取深埋的无害化处理场所应在感染的畜禽养殖场内或附近，远离居民区、水源、泄洪区和交通要道。

对污染的排泄物和杂物等物品，也应喷洒消毒剂后与尸体共同深埋。

无法采取深埋方法处理时，应采用焚烧处理。焚烧时应符合环境要求。

（二）粪污无害化处理

养殖场不得将粪污随意堆放和排放，采取干、湿分离的方法及时将干粪运至储存或处理场所堆积发酵，以便作为肥料还田利用。干粪至少每日清扫一次，污水排入污水池或沼气池，便于处理利用。

场内的排水系统要实行雨、污分离，场内的污水收集系统最好采取暗沟布设。

五、隔离制度

种牛引进后应在隔离舍隔离观察45d以上，经隔离观察合格的可混群饲养。提倡自繁自养。

患病的牛应及时隔离诊治或处理，隔离期一般21d以上。

规模养殖场禁止无关人员进入生产区。进入时须进行严格的消毒。

第三节　牛场选址与规划设计

一、牛场选址

牛场地势要高燥、向阳、平坦、避风、有缓坡。坡度以1°~3°为宜。要有充足水源，水质较好。土壤以砂壤土和壤土为宜。

牛场应建在居民点下风处；距离其他小型养殖场200m以上，大型牛场、猪场1 500m以上。距离工厂、居民区一般不少于500m；距离公路或铁路主线300~500m。

肉牛育肥场面积按存栏肉牛计算，每头牛的牛床面积大致为3~5m^2，一般全场总建筑面积占场地面积20%左右。

二、牛场规划设计

1. 场区规划

一般分为管理区、生产区和隔离区。从上风口至下风口依次设计管理区、生产区和隔离区。坡高处至坡低处依次为管理区、生产区和隔离区。除饲料外，其他仓库应设在管理区；生产区除牛舍外，还包括饲料的供应、贮存、加工调制设施设备，并应保证卫生安全。生活区与生产区保持100m以上的距离，管理区与生产区要严格分开，保证50m以上的距离，生产区各畜舍之间要保持不小于20m的距离为宜，生产区与隔离区最好有300m的距离。

区域布局如图4-1所示。

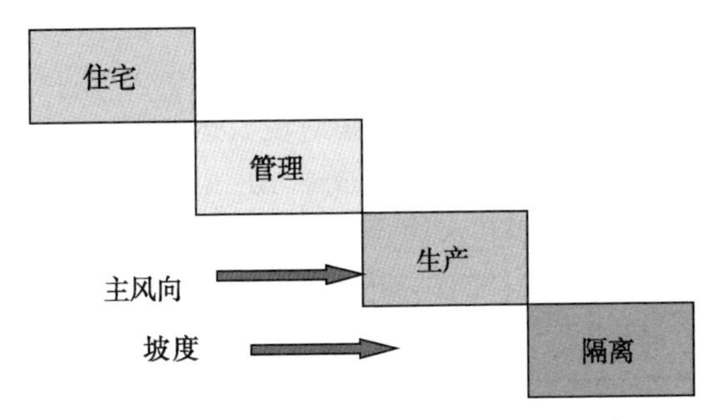

图 4-1　牛场各区依地势、风向配置示意

2. 牛舍的设计

根据当地的地理条件可设计为单列式牛舍和双列式牛舍。单列式牛舍净道与污道分设在牛栏两侧，一侧净道，一侧污道；双列式牛舍中间为净道路，牛舍两侧为污道。

牛床：牛床是牛吃料和休息的地方。牛床的长度和宽度依牛体大小而定。一般牛床的设计是使牛前躯近料槽后壁，后肢接近牛床边缘，粪便直接落入粪沟即可。育肥牛床长为 1.9~2.1m，宽为 1.2~1.3m；成年母牛床长为 1.8~2m，宽 1.1~1.3m；种公牛床长为 2~2.2m，宽 1.3~1.5m；6 月龄以上育成牛床长 1.7~1.8m，宽 1~1.2m。牛床应高出地面 5cm，保持平缓的坡度为宜，以利于冲洗和保持干燥。

牛饲槽：设计为固定式和活动式的均可。饲槽长度与牛床宽相同，上口宽 60~70cm，下底宽 35~45cm，近牛侧槽高 40~50cm，远牛侧槽高 70~80cm，底呈弧形，在饲槽后设栏杆，用于拦牛。

粪沟：沟宽 35~40cm，深 10~15cm，沟底呈一定坡度，以便污水流淌。

清粪通道：也是牛进出的通道，路宽 1.5~2m，牛栏的两端也留有清粪通道 1.5~2m。

饲料通道：设在饲槽前，通道高出地面 10cm 为宜，一般宽 1.5~2m。

牛舍的门：牛舍的门通常设在牛舍两端，正对饲料通道，较长的牛舍在纵墙背风向阳侧也设门，便于人、牛出入。门应设成双推门，不设槛，其大小为（2~2.2）m×（2~2.2）m。

运动场：饲养种牛、犊牛的牛舍应设有运动场。运动场每头牛应占面积约为：成年牛 15~20m²，育成牛 10~15m²，犊牛 5~10m²。在运动场内一侧设置补饲槽和水槽。

牛“165”养殖模式栏圈设计图如 4-2、图 4-3 所示。

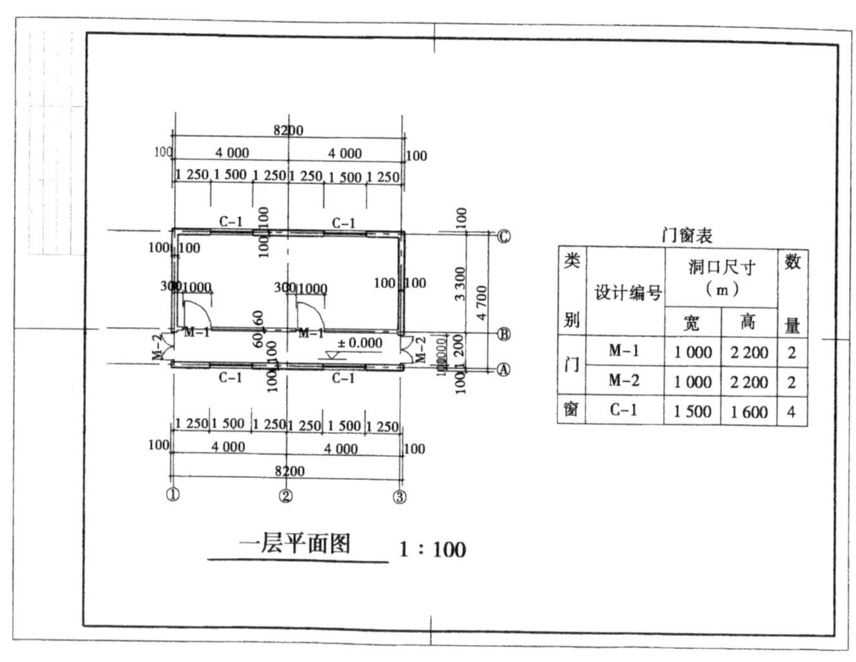

类别	设计编号	洞口尺寸（m）		数量
		宽	高	
门	M-1	1 000	2 200	2
门	M-2	1 000	2 200	2
窗	C-1	1 500	1 600	4

图 4-2 牛“165”养殖模式栏圈平面设计

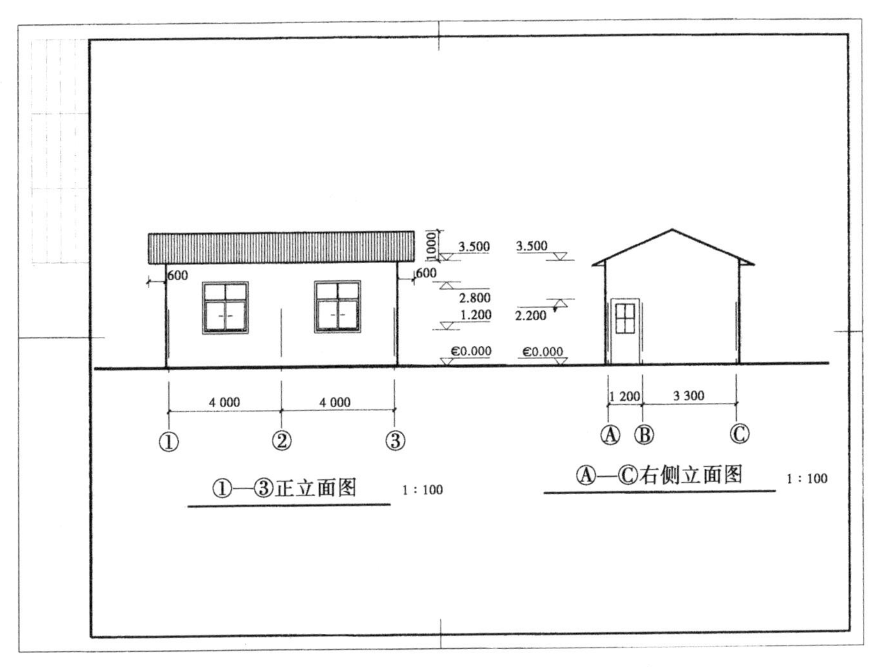

图 4-3　牛“165”养殖模式栏圈立体设计

第五章　牛的疫病诊断及防治

第一节　临床诊断简介

一、望诊

对牛的精神状态、躯体各部分（四肢、口舌、毛色、眼结膜等）及粪尿的变化情况观察，从而对牛的状况给予一定的评价，为疾病的诊断奠定基础。

二、听诊

通过听病牛呼吸、咳嗽、嗳气和借助听诊器对牛机体各组织器官进行诊断的一种方法。借助听诊器主要是对心率、瘤胃、肠音等进行听诊。正常情况下牛心率值为 50～80 次/min，心率值高常与代偿性反应有关。

三、问诊

问诊主要是与牛主进行交流，对患病牛进行调查的一种方法。在与牛主的交流中了解病牛的病症、饮食、饲养管理、当地流行病方面的情况，找出疾病发生的原因。

四、触诊

摸寒热，主要是摸口、鼻、耳、角、体表、四肢等部位的寒热。牛正常体温为 37.5～39.5℃。

五、嗅诊

嗅诊主要是通过对病牛呼出的气味和排泄物气味来判断牛的发病情况。

第二节　疫病防治

一、疫病预防

我国对动物疫病采取“预防为主”的防控方针。非传染性疾病主要是对饲养环境、饲料、管理方面进行防控；传染性疾病的防控主要抓好传染源、传播途径、易感动物3个环节。国家对严重危害养殖业生产和人体健康的动物疫病实施强制免疫，湖北省强制免疫的牛疫病主要是口蹄疫。

二、常见疾病防治

（一）口蹄疫

1. 临床症状

病牛体温升高达40~41℃，精神沉郁，食欲下降，采食咀嚼困难，流涎，涎多时呈白色泡沫挂满口角、并呈长线状流至地面，跛行。在唇内面、齿龈、舌面、乳头表皮、趾间及蹄冠部柔软皮肤上形成大小不等水疱，进而破溃、形成溃疡、糜烂、结痂。患病成年牛一般良性经过，2周左右自愈。患病犊牛水疱症状不明显，但表现出血性肠炎和心肌炎症状，病死率高。口蹄疫症状及心脏病变如图5-1所示。

2. 防治措施

疫苗接种是预防该病的最有效措施，口蹄疫疫苗免疫期一般为半年，具体时间参照产品说明书。运输应激是诱发口蹄疫的重要因素之一，引牛前必须查询牛只的免疫情况，确保牛进行了疫苗接种并处于免疫保护期。

发生口蹄疫疫情后，应按国家《口蹄疫防控技术规范》，以“早、快、严、小”为原则，牛主积极配合畜牧部门进行隔离、封锁、扑杀、消毒、紧急免疫等措施，把疫情控制在最小范围内，避免疫情扩散，将损失降到最低。

（二）牛传染性胸膜肺炎

1. 临床症状

早期症状：精神沉郁，厌食，发热，咳嗽，脖颈前伸；晚期症状：胸部疼痛，不愿活动，肘部外展，双腿张开，呼吸时呻吟。慢性病例肺炎症状较轻，活动时咳嗽加剧，消瘦，反复低烧，数周后临床症状消失；犊牛多发性关节炎，有时会有肺炎症状发生。

2. 防治措施

一是加强饲养管理，做好圈舍卫生消毒。夏季圈舍内牛不宜拥

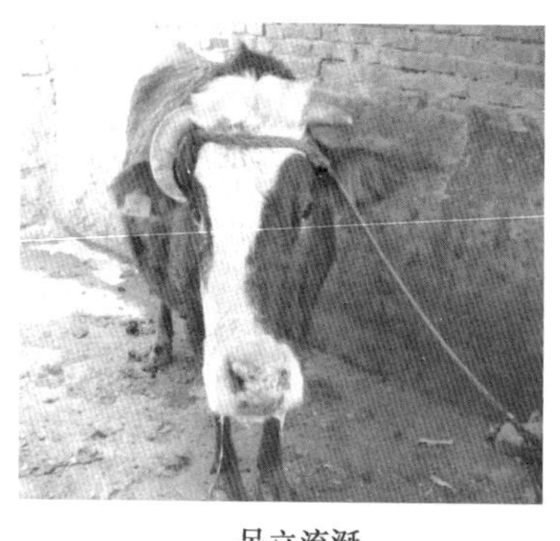
呆立流涎

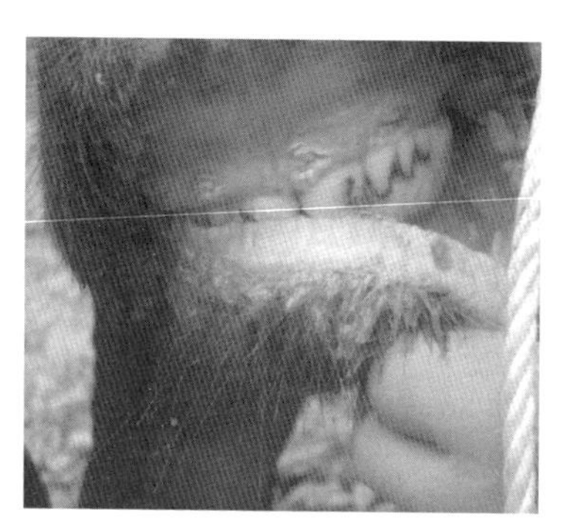
齿龈烂斑

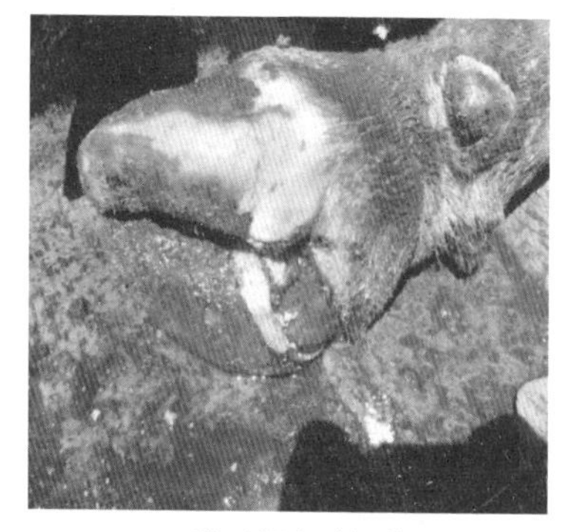
蹄踵部皮肤损伤

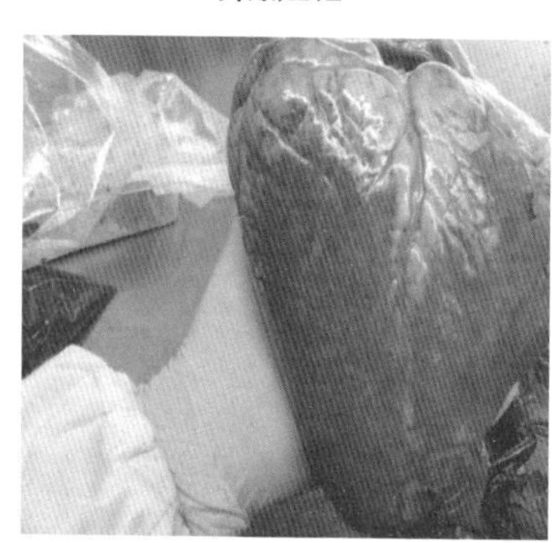
“虎斑心”

图 5-1 口蹄疫临床症状及心脏病变

注：华中农业大学供图

挤、保持空气畅通，注意长途运输等应激因素引发该病；冬季要注意圈舍保暖，保持舍内通风换气；要饲喂富含蛋白质和维生素的饲草；二是做好疫苗接种工作，接种疫苗是控制和消灭该病的主要措施。

治疗要按照“早发现、早诊断、早治疗、早隔离、早灭源”的原则。治疗时，可以在清肺止咳散拌料口服的同时，用咳喘灵、瘟毒清，头孢王分别肌内注射，每天一次，连续注射 2~3d，经临床应用可迅速控制本病。

（三）牛病毒性腹泻（黏膜病）

1. 临床症状

本病是由牛病毒性腹泻—黏膜病病毒引起的牛的一种接触性传染

病，以腹泻和消化道黏膜坏死、糜烂或溃疡为主要临床特征。该病毒也常导致持续感染。病牛和持续感染牛及康复带毒牛是主要传染源，病毒经黏膜（口腔、鼻、消化道和生殖道）入侵牛体，经血液或淋巴循环分布到全身。6~18 月龄牛最易感，妊娠母牛感染可导致流产、早产、死胎、弱胎和屡配不孕。临床症状及病变如图 5-2 所示。

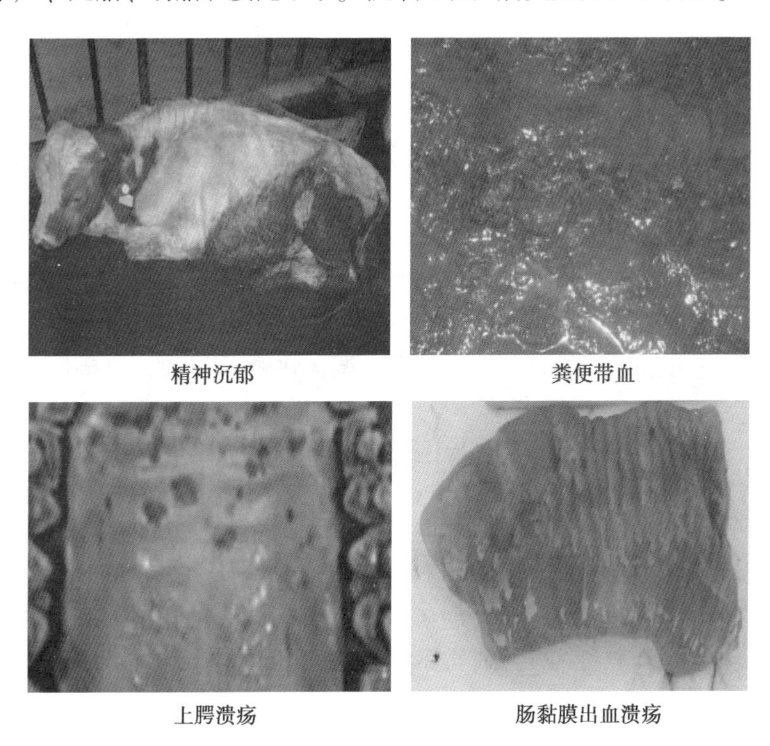

精神沉郁　粪便带血

上腭溃疡　肠黏膜出血溃疡

图 5-2　牛病毒性腹泻临床症状及病变

注：华中农业大学供图

2. 防治措施

活疫苗主要应用于育肥牛和小母牛，灭活疫苗主要用于怀孕和犊牛。要加强饲养管理，坚持自繁自养，不从疫病区购牛；对新购牛需进行严格检测，确保引进的牛健康。

一旦发现该病，采取隔离治疗或急宰淘汰。本病无特效治疗方法，主要进行对症治疗。针对腹泻病例，通过收敛、补液、补盐、强心等措施减轻病情，并通过广谱抗生素防止继发感染。

（四）腐蹄病

1. 临床症状

腐蹄病是牛秋、冬常见病，其病因主要是草料中钙、磷不平衡，致角质蹄部疏松，加上圈舍潮湿泥泞，蹄部经常为粪尿、泥浆浸泡，使局部组织软化。还有因石子、铁屑、坚硬的草木、玻璃碴等刺伤软组织而引起蹄部发炎。病牛食欲降低，喜趴卧，站立时患蹄负重减轻，走路跛行、疼痛，用叩诊锤或手按压蹄部时出现痛感。用刀切削扩创后，蹄底小孔或大洞中即有污黑的臭水流出，趾间也能看到溃疡面，上面覆盖着恶臭的坏死物。

2. 防治措施

加强饲养管理，一是圈舍勤起垫料，防止泥泞，运动场要干燥，设有遮阴棚；二是若草料中缺锌与铜，每头牛每日每千克体重补喂硫酸铜、硫酸锌各 45mg。如钙、磷失调，缺钙补骨粉，缺磷则加喂麸皮。

对病牛的治疗：用 20%硫酸锌溶液洗涤蹄部；用 10%硫酸铜溶液浴蹄 2~5min，间隔 1 周再进行 1 次；修整蹄形，挖去蹄底腐烂组织，用 5%碘酊棉球填塞患部；青霉素 20 万单位溶解于 5mL 蒸馏水中，再加入 50mL 鱼肝油混合搅拌，制成乳剂，涂于腐烂创口，深部腐烂可用纱布蘸取药液敷在创面，然后包扎，每天换药 1 次；如遇化脓，排脓后向脓腔内注入青霉素+链霉素+鱼腥草（2：1：10mL）即可，连用 2~3d。

（五）瘤胃臌气

1. 临床症状

病牛腹部增大，尤其是左肷部明显突出，严重时可高过脊背，按压有弹性，叩诊呈鼓音。病牛站立不稳、惊恐、眼球突出，精神萎靡不振，反刍停止，呼吸困难，疼痛不安。主要原因是牛采食大量易发酵的饲料，如幼嫩多汁的青草，开花前的苜蓿、紫云英、豌豆藤以及腐败变质的饲料，发酵产生大量气体，使牛嗳气障碍，引起瘤胃急剧膨胀。

2. 防治措施

加强饲养管理，不饲喂发霉的饲料，防止贪食过多幼嫩多汁的豆科牧草，尤其是舍饲转为放牧时，应先喂些干草或粗饲料，适当限制在牧草幼嫩茂盛时和霜露浸湿的牧地上的放牧时间。若饲喂豆科牧草（尤其是未开花的豆科牧草），应控制饲喂量。

若病情较重可用手术疗法排出瘤胃气体，一是将导管插入瘤胃内，来回抽动导管使气体排出；二是进行瘤胃穿刺术，即在左肷部最高点，用碘酊消毒后的套管针迅速刺入，慢慢放气，气体排出后再向瘤胃注入20mL来苏儿。对一般轻症病例，可给制酵剂，如鱼石脂10~20g，或松节油30mL，一次内服；或烟叶末100g，菜油（或石蜡油）250~500mL，松节油40~50mL，常水500mL，一次内服，多在30min左右见效。对于泡沫状瘤胃臌胀，可用植物油或液状石蜡250~500mL，一次内服；或二甲基硅油10~15g，加温水适量，一次内服。也可用硫酸镁500~800g或人工盐400~500g，福尔马林20~30mL，加水5 000~6 000mL，制作缓泻制剂，一次内服。

三、中毒病防治

（一）霉饲料中毒

要及时清除发霉变质的饲料，并给牛补充维生素，增进食欲，治疗病牛。

（二）有毒植物中毒

主要有棉籽饼中毒、蓖麻饼中毒、菜籽饼中毒、马铃薯和马铃薯茎叶中毒、烂菜叶中毒、苜蓿中毒等。治疗时利用催吐药或泻药排出胃肠毒物，并适量注射高渗溶液排出细胞内有毒物质。为了有效进行预防，一是要植物煮熟再喂，二是不要喂发芽的幼苗。

（三）有机磷农药中毒

可利用2%~3%碳酸氢钠溶液或生理盐水洗胃，还可灌服活性炭，同时用特效解毒药胆碱酯酶复活剂或用解磷定（碘磷定、解磷毒等）。

（四）重金属中毒

主要有铅、汞、银、铜等中毒。可利用灌服牛奶或豆浆，还可以用活性炭治疗，并进行利尿或催吐排毒。

四、寄生虫病

牛采食粗饲料、牧草等经常接触地面，易感染各种寄生虫，体外也易感染虱子、螨、蜱等寄生虫。寄生虫除直接引起牛生长发育受阻、生产性能降低、饲料报酬下降外，严重时还会引起发病死亡。

(一) 体内寄生虫的防治

主要采用口服药物、肌肉或皮下注射两种方法进行体内驱虫。具体方法如下。①全群普通性驱虫。用阿维菌素或伊维菌素，剂量为每千克体重0.2mg，一次混料喂服；也可选用注射剂一次性皮下注射。该类药物对体内寄生虫线虫和体表寄生虫均有效。②左旋咪唑。每千克体重剂量6~8mg，一次混料喂服或溶水灌服；也可配成5%注射液，一次性肌内注射，主要用于驱除线虫。③丙硫苯咪唑。每千克体重剂量10~20mg，粉（片）剂用菜叶或树叶包好，一次性投入牛口腔深部吞服。也可混饲喂服或制成水悬液，一次口服。主要用于驱除线虫。④吡喹酮。剂量为每千克体重30~60mg，粉（片）剂用菜叶或树叶包好，一次投入牛口腔深部吞服。该药主要对吸虫或绦虫有效。⑤贝尼尔（血虫净）。每千克体重剂量3~7mg，极限量1g，用水溶解后深部肌内注射。该药主要对血液原虫有效。

(二) 体外寄生虫的防治

主要采用体表喷洒、擦拭、喂服或肌内注射等方法进行体外驱虫。①可用0.3%的过氧乙酸逐头对牛体喷洒后，再用0.25%的螨净乳剂进行一次普通擦拭。②用阿维菌素或伊维菌素，剂量为每千克体重0.2mg，一次混料喂服；也可选用注射剂一次性皮下注射。该类药物对体内寄生虫线虫和体表寄生虫均有效。

第六章　种草养牛技术

第一节　牧草品种与种草技术

人工种草养牛可利用冬闲田种草，也可以退耕还草。适于养牛的禾本科牧草有一年生黑麦草、多年生黑麦草、鸭茅、墨西哥玉米等，豆科牧草有红三叶、白三叶、紫花苜蓿等。豆科牧草与禾本科牧草混播时，豆科牧草播种量一般不超过 30%，以防止牛食入过多豆科牧草引起胀气。

一、一年生黑麦草

（一）牧草特征

一年生黑麦草（图 6-1）是禾本科越年生草本植物，叶片较宽，呈浅绿色，有光泽，小穗花较多。一年生黑麦草抗寒耐霜，秋冬生长良好，夏季炎热则生长不良。

图 6-1　一年生黑麦草

（二）栽培技术

一年生黑麦草春秋两季均可播种，以秋播为佳，单播播种量为每亩 0.75~1.5kg。播前耕翻整地，施足底肥。以条播为宜，条播行距为 15~30cm，播深为 1~2cm。施用氮肥是提高一年生黑麦草产量和品质的关键措施，一般施氮量为每亩 10kg 左右。

（三）牧草利用

一年生黑麦草营养物质丰富、品质优良、适口性好，主要用于解决冬春饲草不足的问题。一年生黑麦草生长快、分蘖力强、再生性好、产量高，亩产鲜草 8 000~10 000kg。黑麦草高度达 40cm 时即可刈割，刈割时留茬应高于 5cm，一般每年可刈割 4~5 次。可刈割饲喂、可调制干草，也可作为青贮和放牧利用，草高 30cm 左右即可放牧利用。生产上为提高饲草质量和产量，为冬春提供优质牧草，一年生黑麦草多与三叶草混播。

二、多年生黑麦草

（一）牧草特征

多年生黑麦草（图 6-2）为禾本科多年生牧草，平均寿命 4~5 年。其须根发达，叶片窄而长，一般长 5~15cm，宽 0.3~0.6cm。多年生黑麦草喜温暖湿润的气候，最适生长温度为 20℃，高于 35℃则生长受阻。适于在透水性好、肥力高的黏土或黏壤土生长。

图 6-2　多年生黑麦草

（二）栽培技术

多年生黑麦草种子细小，播种前需要精细整地，保持土壤平整、细碎，保持良好的土壤水分。播种前施足底肥，每亩施厩肥 1 200kg 或钙镁磷肥 25kg。春秋季均可播种，以秋播为佳，单播播种量为每亩 1~1.5kg，山区播种时间以 8 月下旬至 9 月上旬为宜。播种方法有撒播和条播，根据利用方式可单播或混播。采用条播时行距 15~20cm，播深 1.5~2cm。多年生黑麦草播种后应及时除草，或者当其生长到两个月时连同杂草一起刈割，刈割后，多年生黑麦草生长迅速，加之分蘖多，茎叶旺盛，可抑制杂草生长。混播时可不除草应适时刈割和放牧。

（三）牧草利用

在咸丰县多年生黑麦草与红三叶、白三叶混播，供放牧利用最为理想。多年生黑麦草除放牧利用外，还可调制干草和青贮利用，一般在抽穗前刈割。多年生黑麦草一年可刈割 3~4 次，亩产鲜草 3 000~4 000kg。

三、鸭茅

（一）牧草特征

鸭茅（图 6-3）是禾本科多年生草本植物，平均寿命 7 年。其须根发达，茎直立、光滑，疏丛型，株高 60~130cm，叶片灰绿至深绿色。鸭茅喜温凉湿润气候，10~28℃生长最适，30℃以上发芽率低，生长减慢。鸭茅耐阴性强，其耐热性和耐寒性也较多年生黑麦草强，高海拔地区也能安全越冬。鸭茅能适应各种土壤条件，以湿润肥沃的黏土或沙土最适宜。

图 6-3 鸭茅

（二）栽培技术

鸭茅苗期生长缓慢，幼苗细弱，播前需精细整地，播后注意消灭杂草。播种时间以 9 月下旬至 10 月中旬为宜，山区可提前。单播播种量为每亩 0.75~1.0kg，播种宜浅，土表稍加覆土即可。鸭茅多与红三叶、白三叶、黑麦草、苇状羊茅等 2~3 种同时混播。

（三）牧草利用

鸭茅以刚抽穗时刈割最好，此时茎叶柔嫩，质量最佳。刈割时留茬不低于 5cm，以免伤害分蘖节基部和根部。鸭茅播种当年产量最低，第三年产量最高，亩产鲜草可达 2 500~3 000kg。鸭茅草丛厚密，经久不衰，与三叶草混播耐牧性强，再生性强，最适于放牧利用。其饲草也可刈割青饲、晒制干草、制作青贮。

四、墨西哥玉米

（一）牧草特征

墨西哥玉米（图 6-4）属一年生草本植物，株高 3~4m，茎秆粗壮，叶片宽大，分蘖枝多达 30 个以上。该品种喜温暖、耐热，对土壤要求不严格，但最适宜在土肥条件好的坏境栽培。

图 6-4　墨西哥玉米

（二）栽培技术

墨西哥玉米一般清明前后播种，播种量为每亩 1~1.5kg，可直播，但以育苗移栽为佳。育苗移植：播种前将种子晒 2~4h，然后在 25~30℃水中浸泡 24h，晾干后在苗床上播种，30~40d，苗出 3~5 片叶，高 15cm 左右进行移植。直播定植：采用直播，每窝 2~4 粒种子，用焦土覆盖，待苗高 15cm 左右，定苗每窝一株，缺苗的补苗。行株距以 0.6m 为宜，每亩 1 600~2 000株。大田整地要深翻，精耕细作，重施基肥。

（三）牧草利用

墨西哥玉米生长期长，产量高。叶长到1m以上时开始刈割，留茬10~15cm，以后每隔20~25d刈割一次，每次留茬比上次茬口高1.5cm左右，全年可刈割6次以上。一般亩产鲜草可达1万kg，高的可达1.5万~2万kg。该草草质柔软、清香可口、易消化、饲用率高，一般鲜草饲喂，也可晒干或制作青贮饲料。

五、红三叶

（一）牧草特征

红三叶（图6-5）为豆科多年生草本植物，平均寿命4~6年。主茎分枝，直立或半直立，茎圆中空，高达1m左右。掌状三出复叶，叶片为卵型或长椭圆形，叶表面中央有白色或淡灰色“V”字形斑纹，茎叶均有绒毛，花红色。红三叶喜温暖湿润气候，能耐-8℃低温。红三叶不耐干旱不耐涝，以排水良好，土质肥沃的黏壤土生长最佳。在海拔800m以上山区生长旺盛，持续时间长。

图6-5　红三叶

（二）栽培技术

红三叶种子细小，要求整地均匀、松散，必须施足基肥，每亩施厩肥1 000~1 500kg，或钙镁磷肥25kg。以秋播为宜，高山地区可提前至8月中旬播种。单播播种量每亩0.5~0.75kg，条播行距30cm，播深1~2cm。也可撒播。红三叶苗期生长缓慢，需加强田间管理，注意中耕除草。

（三）牧草利用

红三叶一般在初花期至盛花期刈割，但应考虑草层高度与倒伏情况提早或延迟刈割。秋播牧草可在次年4月，春播牧草可在出苗80d左右，草层高达40~50cm时，无论开花与否，均应刈割。春播当年可刈割2~3次，亩产鲜草1 000~3 000kg；秋播第二年一般亩产鲜草3 000~3 500kg。红三叶可用来制作干草、青贮饲料，也可作绿肥。生产上多与禾本科牧草混播建立人工草地供放牧和刈割青饲。

六、白三叶

（一）牧草特征

白三叶（图6-6）是豆科多年生草本植物，高10~30cm，平均寿命7~8年。茎实心、光滑、细长，茎匍匐蔓生。掌状三出复叶，叶卵型，叶面有“V”形白斑，叶片光滑无毛，叶缘有细锯齿，花白色或略带粉红。

图6-6　白三叶

（二）栽培技术

白三叶种子较红三叶种子小，幼苗生长缓慢，加之根系入土不深，整地务必精细匀散，杂草清除干净；底肥一般每亩施厩肥1 000kg左右，或施钙镁磷肥25kg。白三叶可春播，但以秋播为宜，秋播可避免与一年生杂草竞争，一般在9月中旬至10月中旬播种，高山可提前至8月。播种量每亩0.25~0.5kg。可条播也可散播，条播行距30cm。不宜播种太深，一般稍加覆土即可，土壤潮湿可不盖土。

（三）牧草利用

白三叶粗蛋白含量高，营养丰富，饲用价值高。刈割青饲以初花期品质最佳。二高山以上地区春播当年可刈割 2 次，秋播来年可刈割 3~4 次。白三叶茎叶匍匐，再生力强，多与多年生黑麦草、鸭茅等混播，以提高产量，既可放牧利用，又可青贮。

七、紫花苜蓿

（一）牧草特征

紫花苜蓿（图 6-7）为豆科多年生草本植物，一般寿命 5~7 年。根系发达，入土深 3~6m，茎直立或半直立，三出复叶，长卵型，有短柄。紫花苜蓿喜温暖半干旱气候，抗寒、抗旱性强。喜中性或微碱性土壤，不耐强酸性土壤。

图 6-7　紫花苜蓿

（二）栽培技术

苜蓿根系入土深，喜欢土层深厚、干燥、排水良好的钙质土壤，栽培种植技术要求不高。四季均可播种，以 6—8 月播种为佳。播种前对播种地要深翻，使其根部充分发育。可条播或撒播，条播行距 30cm。单播播种量每亩 1~1. 2kg。紫花苜蓿需水量大，同时又不耐水淹，多雨季节应及时抗涝排水。

（三）牧草利用

紫花苜蓿鲜草的最佳采收期为孕蕾末期或初花期，盛花期后将影响草的质量，当年种植的苜蓿只能在霜前收割一茬，两年以上的苜蓿一般在 6 月和 9 月各采收一茬。紫花苜蓿粗蛋白、维生素和矿物质含量丰富，营养价值高，适口性好，可制成优质青干草、草粉或颗粒饲料，或配置全价配合饲料。

第二节 牧草处理方法和种草养畜注意事项

一、牧草处理方法

常用的牧草处理方法有干贮（晒干贮存）、青贮、微贮、氨化处理等。如图 6-8、图 6-9 所示。

图 6-8 牧草包裹青贮

图 6-9 牧草干贮装包

二、种草养畜注意事项

根据饲养畜禽品种不同，选择一种适合当地自然条件的牧草当家品种，切不可盲目引种。采购牧草种子应选择正规厂家，避免不必要的损失。

种植牧草也要像种植农作物一样做好除杂草、追肥、灌溉、排水、病虫害防治等田间管理。

牧草利用时要控制好干草和青草、禾本科和豆科牧草搭配比例，防止家畜腹泻和胀气。

放牧利用播种时最好撒播，合理安排放牧周期，科学轮牧。

如在冬闲田种草，可在来年种植农作物前将草地翻耕，使牧草腐烂，变作肥料用以肥田。

参考文献

[1] 丁山河，陈红颂．湖北省家畜家禽品种志［M］．武汉：湖北科学技术出版社，2004.

[2] 张向东．恩施自治州畜牧兽医志［M］．恩施，2004.

[3] 罗晓瑜，刘长春．肉牛养殖主推技术［M］．北京：中国农业科学技术出版社，2013.

[4] 樊家英．肉牛养殖技术手册［M］．恩施，2014.

[5] 生殖激素的应用［PPT］．http：//www.docin.com/p-496464632.html.

编写：樊家英　王　瑜　吴长江

山羊产业

第一章　概　述

第一节　山羊的起源及分布

一、山羊的起源

咸丰县本地山羊品种主要有马头山羊和白山羊。马头山羊在咸丰县饲养历史比较悠久，关于马头山羊的形成历史有两种意见：其一认为马头山羊是有角山羊发生分离变异后，再经长期选育而成，无角为显性基因；其二认为是有角山羊导入外血后选育而成。白山羊的形成：由于咸丰山区的地形、气候复杂，地势相差悬殊，植被多为灌丛，呈季节性生长。白山羊为了适应山地生活条件，形成了上“秋膘”的能力，以维持枯草季节的需要，故民间素有“白露肥羊羊”之说。白山羊就是在这种特定的生态条件和长期的定向选择下，形成了具有结实的体质、发达的消化器官、强健的四肢、行动灵活、善于攀登等特点。

二、山羊的分布

咸丰县草食畜牧业重点分布在二高山地区，分布的主要乡镇有高乐山镇、朝阳寺镇、黄金洞乡、活龙坪乡、唐崖镇、清平镇、坪坝营镇、大路坝区。

第二节　发展山羊产业的重要意义

近几年，咸丰县草食畜牧业在调整畜牧业经济结构、增加农民收入方面发挥着与日俱增的作用。随着社会的进步、经济的发展和人民生活水平的提高，人们对羊肉的需求量日益增加，而且羊肉价格相对稳定、抗市场风险能力强，养羊业已成为咸丰农民致富的重要途径。马头山羊和白山羊品种资源潜力巨大，两品种适应性能强，耐粗饲，肉质细嫩，适宜生产鲜羊肉和制作腊羊肉。同时，两品种羊皮质量较好，适宜进行皮类深加工。

第三节　山羊产业的发展概况

2016年年末咸丰县羊存栏2.11万只、出栏2.08万只。咸丰县草场资源丰富，现拥有可利用的草场面积146万亩，饲用价值较高的优质牧草有30多种，草食畜牧业具有较大的发展潜力。2014年咸丰县被列入国家能繁母羊扩群增量补贴县和新一轮退耕还草项目县。另外，全国南方现代草地畜牧业推进行动项目的实施也助推了咸丰县草食畜牧业的发展。2016年在县委、县政府的带领下，咸丰县围绕天上坪、水杉坪、二仙岩、龙家界四大牛羊养殖片，积极打造草食牧业拓展区，形成绿色产业链。草山草坡如图1-1、人工饲草地如图1-2所示。

图1-1　咸丰县草山草坡

图1-2　人工饲草地（一年生黑麦草）

第二章　山羊的品种

一、马头山羊

马头山羊结构匀称、体质结实，全身被毛白色，毛短贴身，有光泽，绒毛少；头大小适中，无角，有角痕，额较窄，形似狗头；耳长而灵活，皮薄而柔软，富弹性。公羊肩、背、腹部被毛较长，颌下有髯，颈较粗短，颈下多有两个肉垂，前胸发达；母羊颈较细长，清秀，后躯发育良好，肢间距离大，肢势端正，蹄质坚实，乳房较为发达。马头山羊初生重比角羊大，生长速度快。其肉用性能较好，在全年放牧的情况下，12月龄阉羊体重可达40kg左右，18月龄可达50~60kg，如适当补料可达80~90kg。马头山羊肉质细嫩，味道鲜美。其板皮质地优良，结构致密，拉力强、弹性好、油性足。马头山羊如图2-1所示。

图2-1　马头山羊群

二、白山羊

白山羊全身被毛白色，头大小、长短适中，公母羊均有角，并向两后侧倒偏，额上有髯毛，颌下有髯。母羊颈较细长、清秀，公羊颈较粗短、雄壮。背腰较平直，腹大而圆。四肢肌腱明显，蹄质坚实，前肢直立，后肢略弯曲。白山羊板皮厚薄均匀，质地紧密细致，油性足，弹性强，肉用性能较好，宰前活重 50kg 以上的，屠宰率可达 60%~65%。其肉质细嫩，营养丰富。白山羊如图 2-2 所示。

图 2-2　白山羊

第三章　山羊的繁殖技术

第一节　种羊选择

种羊场要有畜牧部门颁发的《种畜禽生产许可证》和《种羊合格证》，种羊外貌要符合其品种的特征。公羊要选择1~2岁，睾丸发育正常，膘情中上等但不要过肥过瘦。母羊多选择周岁左右处于配种期的，母羊要强壮，乳头大而均匀。

第二节　发情鉴定技术

一、外部观察法

发情母羊主要表现为喜欢接近公羊，并强烈地摇动尾部，当被公羊爬跨时站立不动，外阴部分分泌少量黏液。成年羊比青年羊表现明显。初配母羊兴奋不安，食欲减退，反刍停止，外阴部及阴道充血、肿胀、松弛，并有少量黏液排出，主动接近公羊。

二、阴道检查法

用阴道开膣器观察阴道的黏液、分泌物及子宫颈的变化来判断母羊是否发情和发情程度。发情母羊的阴道黏膜充血，呈现出粉色或深红色，有透明黏液流出。

三、试情法

试情法在生产中较常用。试情公羊选择体格健壮、性欲旺盛的2~5周岁的公羊。在试情时要注意。

试情公羊与母羊的比例为1：（20~40），最多不超过60只。

每群羊应早晚各试情一次，对于1~2周岁母羊，应根据情况酌情增加一次试情，每次试情应保证在半小时以上。

试情公羊应每隔5~6d排精或本交一次，以保证其试情的积极性。

发现试情公羊爬跨母羊，要将该母羊及时挑出圈外，避免公羊射精影响其性欲。

第三节　适时配种技术

羊出生后4~6个月性成熟，一般母羊在10月龄以上进行初配。山羊发情时间一般为40h，在发情后30~36h排卵，母羊发情后12~24h配种最适宜。一般母羊一个情期应输精两次，发现发情时输精一次，间隔10~12h进行第二次输精。

第四节　人工授精技术

一、精液的稀释

公羊采精后对精液进行稀释，可扩大精液量，增加每次采精的可配母羊数，提高种公羊的利用率，还可供给精子营养，增强精子活力，有利于精液的保存、运输和输精。目前生产实践中最为常用的是用注射用生理盐水或经过过滤消毒的0.9%氯化钠溶液将精液稀释1~2倍，每头份的输精量为0.1~0.2mL。

二、输精前的准备

输精人员应穿工作服，肥皂水洗手擦干，用75%酒精消毒后再用生理盐水冲洗；开膣器、输精枪、镊子清洗后用纱布包好用高压锅蒸汽消毒；对待输精的母羊外阴部进行清洗，以1/3 000新洁尔灭溶液或酒精棉球进行擦拭消毒，待干燥后再用生理盐水棉球擦拭；精液要置于35℃的温水中5~10min，轻轻摇匀后进行输精。

三、输精方法

将用生理盐水湿润后的开膣器插入阴道深部触及子宫颈后，稍向后拉，使子宫颈处于正常位置，轻轻转动开膣器90°，打开开膣器，开张度在不影响观察子宫的情况下张开的越小越好。输精枪应慢慢插入到子宫颈内0.5~1.0cm处，插入到位后缩小开膣器开张度，并向外拉出1/3，然后将精液缓缓注入。输精完毕后，让羊保持原姿势片刻，放开母羊后使其原地站立5~10min。

第五节　生殖激素的合理应用

生殖激素影响牲畜的生殖机能，其作用是直接调节母畜的发情、排卵、生殖细胞在生殖道内的运行、胚胎附植、怀孕、分娩泌乳、以及公畜精子的生成、副性腺分泌等生殖环节的某一方面，并与第二性征具有密切关系。几种主要生殖激素在羊繁殖中的应用如下。

一、促性腺激素释放激素（GnRH）

GnRH 在临床上主要用于母羊卵巢静止、卵泡囊肿、提高配种受胎率、同期发情或超数排卵；用于公羊去势、治疗公羊少精症或无精症，提高公羊繁殖力。

二、促卵泡素（FSH）

FSH 在临床上主要用于超数排卵、治疗母羊卵巢疾病（卵巢静止、持久黄体等）、提高公羊精子密度和活力。

三、促黄体素（LH）

LH 在临床上主要用于诱导排卵、预防流产、治疗卵巢疾病、治疗公羊不育症。LH 对排卵延迟、不排卵和卵泡囊肿有较好疗效。

四、孕马血清促性腺素（PMSG）

PMSG 在临床上主要用于催情、超数排卵、促进排卵、治疗排卵延迟、治疗持久黄体、促进公畜性机能、治疗公畜阳痿。

五、雌激素（E2）

E2 在临床上主要用于催情、羊的人工刺激泌乳、促进产后胎衣排出、治疗母羊性器官发育不全、公羊的化学去势。

六、催产素（OT）

OT 在临床上主要用于诱导发情、提高受胎率、诱发同期分娩、催产、治疗产后子宫出血、治疗胎衣不下、子宫积脓和排出死胎。

第六节　杂交优势的利用

利用杂交优势生产肉羊，应根据不同品种特性并结合当地生态条件来确定合适的杂交组合。一般以当地母羊作为母本，以引进的优良肉用品种作为父本进行杂交生产。

肉山羊生产一般以二元杂交为主，杂交父本多选用波尔山羊、南江黄羊等。杂交品种表现为生活力强，生长速度快，成熟早，适应性强，繁殖性能好，饲料报酬高，产肉多且品质好，可节省饲养成本，增加收益。由于杂交所产生的杂交后代在生活力、抗病力、繁殖力、育肥性能、胴体品质等方面均比亲本具有不同程度的提高，因而成为肉羊生产中所普遍采用的一项实用技术。

第四章　羊的饲养管理

第一节　饲养技术

一、母羊饲养技术

母羊的饲养管理包括空怀期、妊娠期和哺乳期3个阶段。

1. 空怀期的饲养管理

空怀期是指羔羊断奶到配种受胎时期。空怀期母羊营养好坏直接影响配种、妊娠状况。因此，应在配种前1个月按饲养标准配制日粮进行短期补饲，补饲日粮要逐渐减少，如果受精卵着床期间营养水平骤然下降，会导致胚胎死亡。

2. 妊娠期的饲养管理

母羊的妊娠期平均为150d，分为妊娠前期和妊娠后期。妊娠前期是受胎后前3个月，胎儿生长速度较慢，所需营养少，但要避免吃霉烂饲料，避免母羊剧烈运动，以防早期隐性流产。妊娠后期是妊娠的最后两个月，这时的营养水平至关重要，它关系到胎儿发育，羔羊初生重，母羊产后泌乳力，羔羊出生后生长发育速度及母羊下一繁殖周期。因此妊娠后期的饲养标准应增加30%~40%，特别是蛋白质、钙、磷含量。但不宜养得过肥，过肥也易出现食欲不振，反而使胎儿营养不良。

3. 哺乳期的饲养管理

哺乳期大约90d，前两个月为满足羔羊快速生长发育的需要，必须提高母羊的营养水平，提高泌乳量。饲料应尽可能多提供优质干草、青贮料及多汁饲料，饮水要充足。后一个月羔羊采食能力增强，对母乳的依赖性降低，应逐渐减少母羊的日粮供给量，逐步过度到空怀母羊日粮标准。

二、公羊饲养技术

种公羊的饲养管理要求比较精细，维持中上等膘情，力求常年保持健壮繁殖体况。配种季节前后应保持较好膘情，使其配种能力强，精液品质好，提高利用率。种公羊的饲料要求营养含量高，有足量优质的蛋白质、维生素 A、维生素 D 以及无机盐等，并且容易消化、适口性好。可因地制宜，就地取材，力求饲料多样化，合理搭配，以使营养齐全。种公羊的日粮应根据非配种期和配种期的不同饲养标准来配合，再结合种公羊的个体差异作适当调整。

三、羔羊饲养技术

初生羔羊体质较弱，抵抗力差，易发病，搞好羔羊的护理工作是提高羔羊成活率的关键。

1. 尽早吃饱初乳

初乳是指母羊产后 3~5d 内分泌的乳汁，初乳营养丰富，易被羔羊消化，是任何食物不可代替的食料。初乳中还含有较多的免疫球蛋白和白蛋白，以及其他抗体和溶菌酶，对抵抗疾病，增强体质具有重要作用。羔羊在初生后半小时内应该保证吃到初乳，对不会吃乳的羔羊要进行人工辅助。

2. 编群

羔羊出生后对母羊、羔羊进行编群。一般可按出生天数来分群，母羊、羔羊一起单独管理。分群原则是：羔羊日龄越小，羊群就要越小，日龄越大，组群就越大，同时还要考虑到羊舍大小，羔羊强弱等因素。在编群时，应将发育相似的羔羊编群在一起。

3. 羔羊的人工喂养

多羔母羊或泌乳量少的母羊，其乳汁不能满足羔羊的需要，应对其羔羊进行补喂。可用羊奶、羊奶粉或其他流动液体食物进行喂养，当用羊奶、羊奶喂羔羊，要尽量用鲜奶。也可喂其他流体食物如豆浆、小米汤、代乳粉或婴幼儿米粉。这些食物在饲喂前应加少量的食盐及骨粉，有条件再加些鱼油、蛋黄及胡萝卜汁等。

4. 断奶

采用一次性断奶法，断奶后母羊移走，羔羊继续留在原舍饲养，尽量给羔羊保持原来环境。

四、育成羊饲养技术

育成羊是指由断奶至初配的公母羊。育成羊在良好饲养条件下，会有很高的增重能力。公母羊对饲养条件的要求和反应不同，公羊生长发育较快，营养需要较多，如营养不良则发育不如母羊。对严格选择的后备公羊更应提高饲养水平，保证其充分生长发育。

第二节 羊场管理制度

一、免疫制度

对国家规定强制免疫的动物疫病进行强制免疫。

坚持常年按程序免疫，做到应免尽免，对新补栏的畜禽要及时补免。

免疫工具严格消毒，严格按免疫操作要求、接种部位和剂量实施免疫。

建立完整的免疫档案，已疫畜禽必须佩戴免疫标识。

二、消毒制度

根据生产实际，制定消毒计划和程序，确定消毒用的药物及其使用浓度、方法。消毒药物应交叉使用。

做好日常消毒。定期对圈舍、道路、周围环境进行消毒，定期向消毒池内投放消毒剂；同时要严格人员、运输车辆、诊疗器械的消毒工作。

加强圈舍的强化消毒，包括对发病和死亡畜禽的消毒处理。畜禽出栏后应对空畜舍进行彻底清洗和消毒。

注意环境卫生，防蚊、防蝇、防鼠，消灭疫病传播媒介。

三、兽药、饲料的管理使用制度

兽药按照《兽药管理条例》的规定执行。兽药使用单位，应当遵守国务院兽医行政管理部门制定的兽药安全使用的规定，并建立用药记录。禁止将人用药品用于动物。

饲料和饲料添加剂按照《饲料和饲料添加剂管理条例》的规定执行。养殖者应当按照产品使用说明和注意事项使用饲料。禁止在反刍动物饲料中添加乳和乳制品以外的动物源性成分。

四、无害化处理制度

（一）病死畜禽的无害化处理

畜禽养殖场应严格按照动物无害化处理规程进行病死畜禽的无害化处理。

病死或死因不明畜禽的无害化处理应在动物防疫监督机构的监督下进行。

无害化措施以尽量减少损失，保护环境，不污染空气、土壤和水源为原则。

无害化处理的方式一般为高温焚烧、深埋。

采取深埋的无害化处理场所应在感染的畜禽养殖场内或附近，远离居民区、水源、泄洪区和交通要道。

对污染的排泄物和杂物等物品，也应喷洒消毒剂后与尸体共同深埋。

无法采取深埋方法处理时，应采用焚烧处理。焚烧时应符合环境要求。

（二）粪污无害化处理

养殖场不得将粪污随意堆放和排放，要采取有效措施及时单独清出。粪污要及时运至储存和处理场所，实现日产日清。

场内的排水系统要实行雨水和污水收集系统分离，场内的污水收集系统要采取暗沟布设。

场内粪便的储存与处理要有专门的场地，可以采用自然堆积发酵方式进行无害化处理，处理后的沼渣及沼液可用于农田施肥。

五、隔离制度

种羊引进后应在隔离舍隔离观察30~45d，经隔离观察合格的方可混群饲养。提倡自繁自养。

患病的羊应及时隔离诊治或处理，隔离期一般21d以上。

禁止无关人员进入生产区，确应工作需要必须进入的人员、车辆应进行严格消毒。

生产区禁养、禁带其他动物。

第三节　羊场选址与栏圈建设

一、选址与布局

羊场选址要距离生活饮用水源地、居民区和主要交通干线、其他畜禽养殖场及畜禽屠宰加工、交易场所 500m 以上。地势较高，排水良好，通风干燥。水源稳定，有贮存、净化设施。

羊场总体布局按管理区、生产区、隔离区进行布局。生产区位于管理区下风向或侧风向处，隔离区位于生产区下风向或侧风向处。某羊场平面布局如图 4-1 所示。

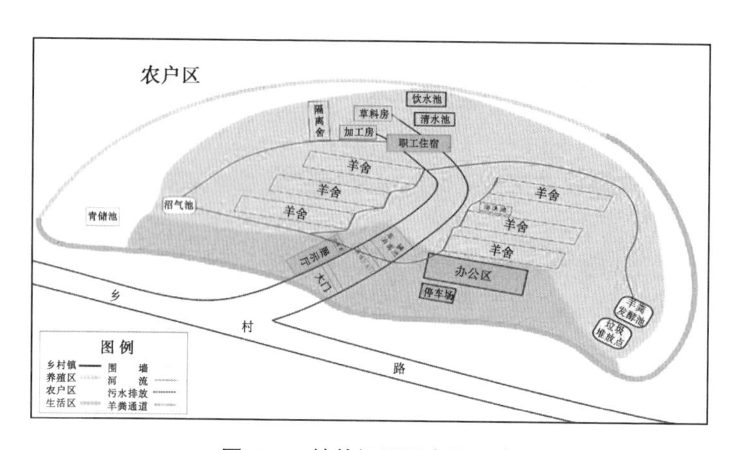

图 4-1　某羊场平面布局示意

二、栏圈建设

以“1235”养羊模式为例（“1235”养羊模式：一个农户建设一栋标准化羊舍、饲养 20 只能繁母羊、种植 3 亩优质牧草、年出栏商品肉羊 50 只）。

建筑面积为 50～60m²，公母羊分栏；建有活动式隔栏，可临时隔离怀孕母羊栏及产羔栏。

羊舍高度一般为 2.5m 左右。

羊舍一般门宽 1.5m，高 1.8m，窗户面积一般占地面面积的 1/15。窗应向阳，距地面 2m 以上。

羊舍内建成楼台式羊床，羊床用木条或竹片构筑，木条或竹片间隔为1.5~2.0cm，以利粪便漏下。楼台与地面距离为1.5m，便于清扫粪便。

羊舍附属设施应有饲槽、水槽、草架、青贮窖和沼气池等配套设施建设。

“1235”羊舍图如图4-2、图4-3所示，规模养舍如图4-4所示。

图4-2 “1235”羊舍内部

图4-3 “1235”羊舍外部

图4-4 规模羊舍内部结构

第五章　羊的疫病诊断及防治

第一节　临床诊断简介

一、望诊

对羊的精神状态、躯体各部分（四肢、口舌、毛色、眼结膜等）及粪尿的变化情况观察，从而对动物的状况给予一定的评价，为疾病的诊断奠定基础。

二、听诊

通过听羊呼吸、咳嗽、嗳气和借助听诊器对羊机体各组织器官进行诊断的一种方法。借助听诊器主要是对心率、瘤胃、肠音进行听诊。正常情况下羊心率值为 70~80 次/min，心率值高常与代偿性反应有关。

三、问诊

问诊主要是与畜主进行交流，对患病动物进行调查的一种方法。在与畜主的交流中了解病畜的病症、饮食、饲养管理、当地流行病方面的情况，找出疾病发生的原因。

四、触诊

摸寒热，主要是摸口、鼻、耳、角、体表、四肢等部位的寒热。羊正常体温为 37.5~39.5℃。

五、嗅诊

嗅诊主要是通过对病畜身上的气味和排泄物气味来判断动物的发病情况。病畜的气味主要是由于疾病产生败气，从体窍和排出物发出。

第二节　疫病防治

一、疫病预防

我国对动物疫病采取“预防为主”的防控方针。非传染性疾病主要是对饲养环境、饲料、管理方面进行防控；传染性疾病的防控主要抓好传染源、传播途径、易感动物三个环节。国家对严重危害养殖业生产和人体健康的动物疫病实施强制免疫，湖北省强制免疫的动物疫病有6种，分别是口蹄疫、高致病性禽流感、高致病性猪蓝耳病、猪瘟、新城疫、小反刍兽疫。

二、常见疾病防治

（一）小反刍兽疫（羊瘟）

1. 临床症状

小反刍兽疫是一种急性、烈性、接触性传染病，自然发病仅见于山羊和绵羊，山羊发病严重，绵羊也偶有严重病例发生。病初似感冒，后逐步加重，以发热、口炎、腹泻、肺炎为特征，后期出现带血水样腹泻，严重脱水，消瘦，随之体温下降，出现咳嗽、呼吸异常。发病率高达100%，在严重暴发时，死亡率为100%。

2. 防治措施

本病尚无有效的治疗方法，防控主要靠疫苗免疫，严禁从疫区引种。病初使用抗生素和磺胺类药物可对症治疗和预防继发感染，使用羊全清配合刀豆素肌内注射，1次/d，连用2d，羊舍周围用碘制剂消毒药每天消毒两次。在非疫区发现病例，应严密封锁，扑杀患羊，隔离消毒。

（二）布病

1. 临床症状

布病是由布氏杆菌引起的传染病，人畜共患。母羊比公羊易感，成年羊比羔羊易感。母羊感染后受胎率下降、流产、胎衣不下，流产多在孕后3—4月；公羊感染后发生睾丸炎、不育；有的病羊发生关节炎、滑囊炎、导致跛行。人感染布病轻度患者乏力、头痛、关节痛、肌肉酸痛；重者体温呈波型热、寒颤、盗汗、乏力、关节痛、神经痛、脾肿大、睾丸炎、滑囊炎、腱鞘炎、恶心，个别患者关节硬化。

2. 防治措施

坚持自繁自养，必须引种时严格检疫程序，隔离观察，防止从疫区购买畜产品和饲料。加强饲养管理，按时清除粪便，定期消毒，保持畜舍清洁卫生、通风和干燥，做好杀虫灭鼠工作。对检出阳性的病畜及时隔离和淘汰，对已感染的病畜要集中焚烧或深埋，对病畜所产的流产胎儿、排泄物和乳制品要进行严格消毒，做无害化处理，以控制传染源，切断传播途径。

（三）口蹄疫

1. 临床症状

口蹄疫是由口蹄疫病毒感染引起的急性、高度接触性人畜共患传染病，传染性极强，感染率可达 100%。病畜口腔黏膜或牙龈出现水疱、烂斑和弥漫性炎症，蹄冠、蹄踵和趾间发生水疱和烂斑，跛行。哺乳羔羊特别敏感，并发心肌炎、出血性胃肠炎等症状，发病急、死亡快。

2. 防治措施

疫苗接种是预防该病的最有效措施，口蹄疫疫苗免疫期一般为半年，具体时间参照产品说明书。运输应激是诱发口蹄疫的重要因素，引羊前必须检查免疫文件，确保羊进行了疫苗接种并处于免疫保护期。

发生口蹄疫疫情后，应按国家《口蹄疫防控技术规范》，以“早、快、严、小”为原则，按规定依法执行隔离、封锁、扑杀、消毒、紧急免疫等措施，力求把疫情控制在最小范围内消灭，避免疫情扩散，将损失降到最低。

（四）传染性脓疱（羊口疮）

1. 临床症状

传染性脓疱俗称羊口疮，由传染性脓疱皮炎病毒引起的人畜共患病，皮肤或黏膜的损伤是传播条件。病畜口唇等部位形成丘疹、水疱、脓疱和疣状痂皮。患病动物采食或吮乳困难，引起消瘦、生长发育缓慢。羔羊敏感，4 月龄以前的羔羊发病最多。一般病程 2 周左右，痂皮干燥脱落而痊愈。严重病畜痂垢不断增厚，肉芽组织增生，嘴唇肿大外翻呈桑葚状，阻碍羔羊吮乳，导致瘦弱而死。如图 5-3 所示。

2. 防治措施

预防方面要做好消毒和接种。加强饲养管理，挑出饲料和饲草中的铁丝、芒刺等异物，饲料和饮水中适量加盐，减少羊啃土啃墙，保护口腔黏膜。本病只要做到早观察、早发现、早用药，并不难治疗。用 0.1%高锰酸钾或 5%硼酸、2%明矾等冲洗患处，去痂垢，涂上混有病毒灵和维生素 B_2 的红霉素软膏或碘甘油，每日两次，使用抗生素预防继发感染。对患病的羔羊要加强护理，人工哺乳。

（五）羊痘（羊天花）

1. 临床症状

羊痘是由羊痘病毒引起的一种急性、烈性、接触性传染病，一年四季均可发生，以春季为多。发病初期病羊体温升高，精神不振，毛短或无毛的部位皮肤黏膜发生红斑、丘疹和疱疹，数日后形成水疱，随之变为脓疮，破裂或干燥结痂。此病具有高度传染性，羔羊易感染、死亡率高，孕羊易流产。

2. 防治措施

羊痘目前无特效药，免疫接种是最有效的预防措施。在生产中要从非疫区引羊，加强饲养管理、提高羊群抵抗力。病羊要及时隔离，病变部位用 0.1%高锰酸钾溶液清洗，涂碘甘油。为防止继发感染，肌注青链霉素或磺胺嘧啶钠，也可用痊愈的羊血清皮下注射，大羊 10~20mL，小羊 5~10mL。环境、用具要彻底消毒，病死羊焚烧或深埋。

三、中毒病防治

（一）氢氰酸中毒

采食富含氰苷糖苷的饲料引起的中毒，如高粱、苏丹草、玉米等作物幼苗，刈割后的再生苗毒性最高。羊中毒后症状一般由兴奋、呼吸困难立即转入脉搏徐缓，瞳孔扩大，眼球震颤，肌肉痉挛和惊厥，快者半小时内死亡。治疗：静脉注射亚硝酸钠、硫代硫酸钠。

（二）亚硝酸盐中毒

亚硝酸盐中毒一般是采食堆积发热后产生亚硝酸盐的青饲料而引起的中毒。起病快，组织缺氧而致发绀，休克甚至死亡。轻症者经过休息、大量饮水后一般可自行恢复。重症者用1%的亚甲蓝，按1~2mg/kg体重剂量，5%葡萄糖稀释，静脉滴注。预防：青草一次不要割太多，割多了摊开散放，不能堆积。

四、寄生虫病

寄生虫寄生在羊体表或体内，使羊被毛粗乱无光泽，不直接致死，但消耗营养，使羊消瘦，影响生长发育，抵抗力下降。常规驱虫用伊维菌素或阿维菌素驱除线虫、疥、螨、蜱、虱、蚤等。

羊场要做好消毒灭源工作，切断寄生虫的传播途径，防止感染羊群。对病羊及时治疗。驱虫应在专门的、有隔离条件的场所进行，驱虫后隔离一段时间，驱虫后的粪便应集中堆积发酵。

第六章　种草养羊技术

第一节　牧草品种与种草技术

人工种草养山羊可利用冬闲田种草，也可以退耕还草。适于养羊的禾本科牧草有一年生黑麦草、多年生黑麦草、鸭茅、墨西哥玉米等，豆科牧草有红三叶、白三叶、紫花苜蓿、多花木兰等。豆科牧草与禾本科牧草混播时，豆科牧草播种量一般不超过 30%，以防止山羊食入过多豆科牧草引起胀气。

一、一年生黑麦草

（一）牧草特征

一年生黑麦草（图 6-1）是禾本科越年生草本植物，叶片较宽，呈浅绿色，有光泽，小穗花较多。一年生黑麦草抗寒耐霜，秋冬生长良好，夏季炎热则生长不良。

图 6-1　一年生黑麦草

（二）栽培技术

一年生黑麦草春秋两季均可播种，以秋播为佳，单播播种量为每亩 0.75~1.5kg。播前耕翻整地，施足底肥。以条播为宜，条播行距为 15~30cm，播深为 1~2cm。施用氮肥是提高一年生黑麦草产量和品质的关键措施，一般施氮量为每亩 10kg 左右。

（三）牧草利用

一年生黑麦草营养物质丰富、品质优良、适口性好，主要用于解决冬春饲草不足的问题。一年生黑麦草生长快、分蘖力强、再生性好、产量高，亩产鲜草 8 000~10 000kg。黑麦草高度达 40cm 时即可刈割，刈割时留茬应高于 5cm，一般每年可刈割 4~5 次。可刈割饲喂、可调制干草，也可作为青贮和放牧利用，草高 30cm 左右即可放牧利用。生产上为提高饲草质量和产量，为冬春提供优质牧草，一年生黑麦草多与三叶草混播。

二、多年生黑麦草

（一）牧草特征

多年生黑麦草（图 6-2）为禾本科多年生牧草，平均寿命 4~5 年。其须根发达，叶片窄而长，一般长 5~15cm，宽 0.3~0.6cm。多年生黑麦草喜温暖湿润的气候，最适生长温度为 20℃，高于 35℃则生长受阻。适于在透水性好、肥力高的黏土或黏壤土生长。

图 6-2　多年生黑麦草混播草地

（二）栽培技术

多年生黑麦草种子细小，播种前需要精细整地，保持土壤平整、细碎，保持良好的土壤水分。播种前施足底肥，每亩施厩肥 1 200kg 或钙镁磷肥 25kg。春秋季均可播种，以秋播为佳，单播播种量为每亩 1~1.5kg，山区播种时间以 8 月下旬至 9 月上旬为宜。播种方法有撒播和条播，根据利用方式可单播或混播。采用条播时行距 15~20cm，播深 1.5~2cm。多年生黑麦草播种后应及时除草，或者当其生长到两个月时连同杂草一起刈割，刈割后，多年生黑麦草生长迅速，加之分蘖多，茎叶旺盛，可抑制杂草生长。混播时可不除草应适时刈割和放牧。

(三) 牧草利用

在咸丰县多年生黑麦草与红三叶、白三叶混播，供放牧利用最为理想。多年生黑麦草除放牧利用外，还可调制干草和青贮利用，一般在抽穗前刈割。多年生黑麦草一年可刈割 3~4 次，亩产鲜草 3 000~4 000kg。

三、鸭茅

(一) 牧草特征

鸭茅（图 6-3）是禾本科多年生草本植物，平均寿命 7 年。其须根发达，茎直立、光滑，疏丛型，株高 60~130cm，叶片灰绿至深绿色。鸭茅喜温凉湿润气候，10~28℃生长最适，30℃以上发芽率低，生长减慢。鸭茅耐阴性强，其耐热性和耐寒性也较多年生黑麦草强，高海拔地区也能安全越冬。鸭茅能适应各种土壤条件，以湿润肥沃的粘土或沙土最适宜。

图 6-3　鸭茅

(二) 栽培技术

鸭茅苗期生长缓慢，幼苗细弱，播前需精细整地，播后注意消灭杂草。播种时间以 9 月下旬至 10 月中旬为宜，山区可提前。单播播种量为每亩 0.75~1.0kg，播种宜浅，土表稍加覆土即可。鸭茅多与红三叶、白三叶、黑麦草、苇状羊茅等 2~3 种同时混播。

（三）牧草利用

鸭茅以刚抽穗时刈割最好，此时茎叶柔嫩，质量最佳。刈割时留茬不低于 5cm，以免伤害分蘖节基部和根部。鸭茅播种当年产量最低，第三年产量最高，亩产鲜草可达 2 500~3 000kg。鸭茅草丛厚密，经久不衰，与三叶草混播耐牧性强，再生性强，最适于放牧利用。其饲草也可刈割青饲、晒制干草、制作青贮。

四、墨西哥玉米

（一）牧草特征

墨西哥玉米（图 6-4）属一年生草本植物，株高 3~4m，茎秆粗壮，叶片宽大，分蘖枝多达 30 个以上。该品种喜温暖、耐热，对土壤要求不严格，但最适宜在土肥条件好的坏境栽培。

图 6-4 墨西哥玉米

（二）栽培技术

墨西哥玉米一般清明前后播种，播种量为每亩 1~1.5kg，可直播，但以育苗移栽为佳。育苗移植：播种前将种子晒 2~4h，然后在 25~30℃ 水中浸泡 24h，晾干后在苗床上播种，30~40d，苗出 3~5 片叶，高 15cm 左右进行移植。直播定植：采用直播，每窝 2~4 粒种子，用焦土覆盖，待苗高 15cm 左右，定苗每窝一株，缺苗的补苗。行株距以 0.6m 为宜，每亩 1 600~2 000株。大田整地要深翻，精耕细作，重施基肥。

（三）牧草利用

墨西哥玉米生长期长，产量高。叶长到 1m 以上时开始刈割，留茬 10~15cm，以后每隔 20~25d 刈割一次，每次留茬比上次茬口高 1.5cm 左右，全年可刈割 6 次以上。一般亩产鲜草可达 1 万 kg，高的可达 1.5 万~2 万 kg。该草草质柔软、清香可口、易消化、饲用率高，一般鲜草饲喂，也可晒干或制作青贮饲料。

五、红三叶

（一）牧草特征

红三叶（图 6-5）为豆科多年生草本植物，平均寿命 4~6 年。主茎分枝，直立或半直立，茎圆中空，高达 1m 左右。掌状三出复叶，叶片为卵型或长椭圆形，叶表面中央有白色或淡灰色“V”字形斑纹，茎叶均有绒毛，花红色。红三叶喜温暖湿润气候，能耐-8℃低温。红三叶不耐干旱不耐涝，以排水良好，土质肥沃的黏壤土生长最佳。在海拔 800m 以上山区生长旺盛，持续时间长。

图 6-5　红三叶

（二）栽培技术

红三叶种子细小，要求整地均匀、松散，必须施足基肥，每亩施厩肥 1 000~1 500kg，或钙镁磷肥 25kg。以秋播为宜，高山地区可提前至 8 月中旬播种。单播播种量每亩 0.5~0.75kg，条播行距 30cm，播深 1~2cm。也可撒播。红三叶苗期生长缓慢，需加强田间管理，注意中耕除草。

（三）牧草利用

红三叶一般在初花期至盛花期刈割，但应考虑草层高度与倒伏情况提早或延迟刈割。秋播牧草可在次年 4 月，春播牧草可在出苗 80d 左右，草层高达 40~50cm 时，无论开花与否，均应刈割。春播当年可刈割 2~3 次，亩产鲜草 1 000~3 000kg；秋播第二年一般亩产鲜草 3 000~3 500kg。红三叶可用来制作干草、青贮饲料，也可作绿肥。生产上多与禾本科牧草混播建立人工草地供放牧和刈割青饲。

六、白三叶

（一）牧草特征

白三叶（图 6-6）是豆科多年生草本植物，高 10~30cm，平均寿命 7~8 年。茎实心、光滑、细长，茎匍匐蔓生。掌状三出复叶，叶卵型，叶面有“V”形白斑，叶片光滑无毛，叶缘有细锯齿，花白色或略带粉红。

图 6-6　白三叶

（二）栽培技术

白三叶种子较红三叶种子小，幼苗生长缓慢，加之根系入土不深，整地务必精细匀散，杂草清除干净；底肥一般每亩施厩肥 1 000kg左右，或施钙镁磷肥 25kg。白三叶可春播，但以秋播为宜，秋播可避免与一年生杂草竞争，一般在 9 月中旬至 10 月中旬播种，高山可提前至 8 月。播种量每亩 0. 25~0. 5kg。可条播也可散播，条播行距 30cm。不宜播种太深，一般稍加覆土即可，土壤潮湿可不盖土。

（三）牧草利用

白三叶粗蛋白含量高，营养丰富，饲用价值高。刈割青饲以初花期品质最佳。二高山以上地区春播当年可刈割2次，秋播来年可刈割3~4次。白三叶茎叶匍匐，再生力强，多与多年生黑麦草、鸭茅等混播，以提高产量，既可放牧利用，又可青贮。

七、紫花苜蓿

（一）牧草特征

紫花苜蓿（图6-7）为豆科多年生草本植物，一般寿命5~7年。根系发达，入土深3~6m，茎直立或半直立，三出复叶，长卵型，有短柄。紫花苜蓿喜温暖半干旱气候，抗寒、抗旱性强。喜中性或微碱性土壤，不耐强酸性土壤。

图6-7　紫花苜蓿

（二）栽培技术

苜蓿根系入土深，喜欢土层深厚、干燥、排水良好的钙质土壤，栽培种植技术要求不高。四季均可播种，以6—8月播种为佳。播种前对播种地要深翻，使其根部充分发育。可条播或撒播，条播行距30cm。单播播种量每亩1~1.2kg。紫花苜蓿需水量大，同时又不耐水淹，多雨季节应及时抗涝排水。

（三）牧草利用

紫花苜蓿鲜草的最佳采收期为孕蕾末期或初花期，盛花期后将影响草的质量，当年种植的苜蓿只能在霜前收割一茬，两年以上的苜蓿一般在6月和9月各采收一茬。紫花苜蓿粗蛋白、维生素和矿物质含量丰富，营养价值高，适口性好，可制成优质青干草、草粉或颗粒饲料，或配置全价配合饲料。

八、多花木兰

(一) 牧草特征

多花木兰（图6-8）是豆科多年生灌木，高80~220cm，茎直立，花紫红色。多花木兰喜湿，耐旱，抗逆性强，但不耐水渍，在弱酸性环境下生长良好。一般不会出现严重的病虫害。

图6-8 多花木兰

(二) 栽培技术

多花木兰种子硬实，播种前需对种子进行处理。一般采用机械摩擦法，少量的种子可用浓硫酸浸泡10min，洗去酸液，晾干播种。单播每亩播种量1~1.5kg，播深2~3cm。直播或育苗移栽均可。条播行距0.5~0.7m；移栽一般以1~2年生苗为宜，早春移植。

(三) 牧草利用

多花木兰蛋白质含量高，嫩枝和叶片质地柔软，具有甜香味，适口性好，为羊所喜食。株高达100cm以上时即可刈割利用，亩产鲜草2 500kg以上，第一年可刈割利用3~4次，第二年为6~7次。可刈割青饲或青贮，也可晒制干草或干草粉。

第二节　牧草处理方法和种草养畜注意事项

一、牧草处理方法

常见的牧草处理方法有青贮、微贮、氨化处理等。青贮窖如图 6-9 所示。

图 6-9　可使用机械的青贮窖

二、种草养畜注意事项

根据饲养畜禽品种不同，选择一种适合当地自然条件的牧草当家品种，切不可盲目引种。采购牧草种子应选择正规厂家，避免不必要的损失。

种植牧草也要像种植农作物一样做好除杂草、追肥、灌溉、排水、病虫害防治等田间管理。

牧草利用时要控制好干草和青草、禾本科和豆科牧草搭配比例，防止家畜腹泻和胀气。

放牧利用播种时最好撒播，合理安排放牧周期，科学轮牧。

如在冬闲田种草，可在来年种植农作物前将草地翻耕，使牧草腐烂，变作肥料用以肥田。

参考文献

[1] 丁山河，陈红颂．湖北省家畜家禽品种志 [M]．武汉：湖北科学技术出版社，2004.

[2] 张向东．恩施自治州畜牧兽医志 [M]．恩施，2004.

[3] 现代肉羊饲养技术 [M]．辽宁省畜牧局.

[4] 王淑霞，冯晓毅．羊的发情鉴定技术 [J]．黑龙江动物繁殖，2010.01

[5] 罗金升．羊人工授精技术操作规范 [J]．新疆畜牧业，2011.51.

[6] 江喜春．山羊配种技巧 [J]．科学种养，2010.07.

编写：王　瑜　樊家英　吴长江

附录　常见物理量名称及其符号

单位名称	物理量名称	SI（国际单位制符号）
千米	长度	km
米	长度	m
厘米	长度	cm
毫米	长度	mm
平方米	面积	m^2
公顷	面积	hm^2
升	体积	L
毫升	体积	ml 或 mL
摄氏度	温度	℃
吨	质量	t
千克	质量	kg
克	质量	g
微克	质量	μg
毫克	质量	mg
小时	时间	h
分钟	时间	min
秒	时间	s
氢离子浓度指数	酸碱度	pH
勒克司	光照度	Lux 或 lx
千焦	热量或做功	kJ
兆帕	压力强度	MPa
抗生素单位	质量	U